Photoshop应用案例

Photoshop运用技巧

颜色替换

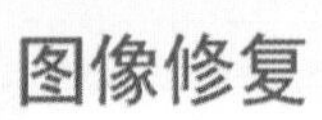

图像修复

图像调整

Photoshop运用技巧

照片上色

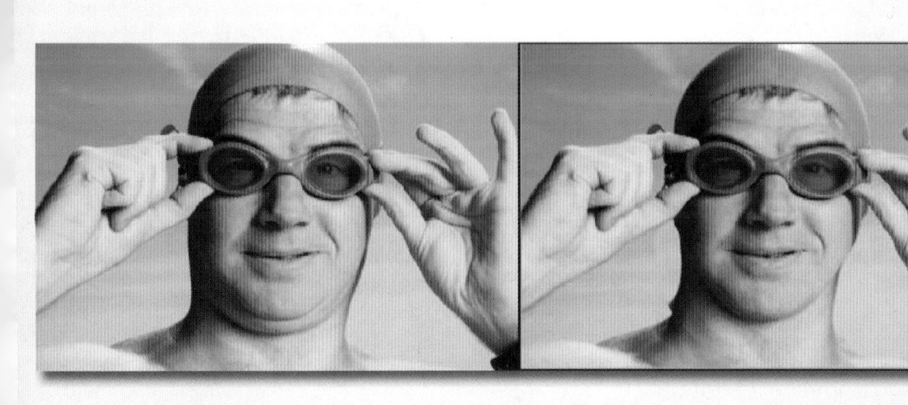

照片美容

图像抠图

Photoshop综合实例

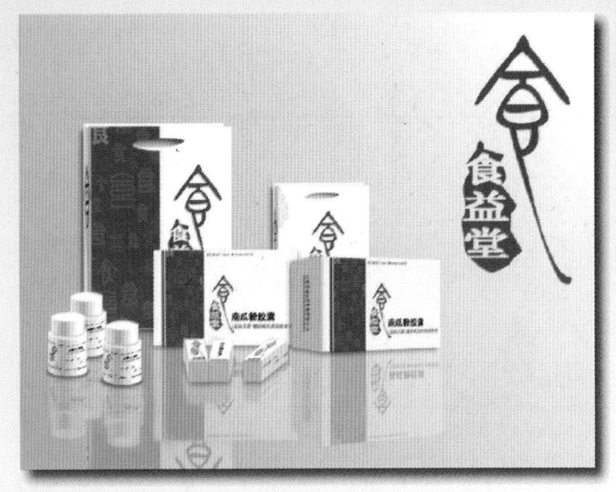

宣传海报

宣传单

杂志广告

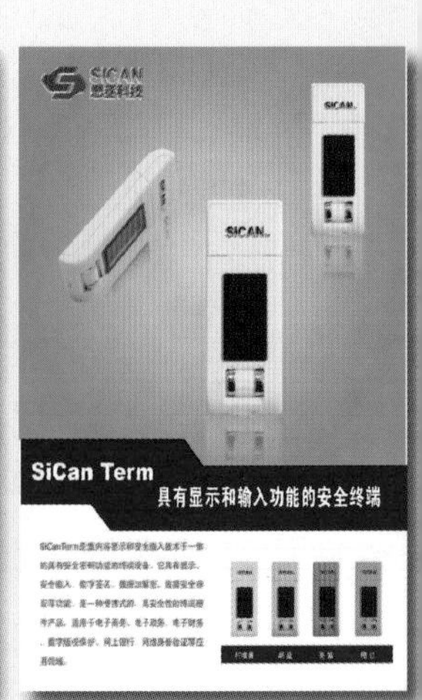

画册

高职高专信息技术类专业项目驱动模式规划教材

数字平面制作技术（Photoshop）

夏 琰 张永华 刘 改 主 编
张 帆 乔 丹 陈慧颖 副主编

清华大学出版社
北 京

内 容 简 介

本书主要介绍 Photoshop CS5 图形图像处理软件的主要功能。前 6 章介绍该软件的界面、工具及命令等，每章都设置一个新手进阶项目，并将所学技巧进行应用。从第 7 章开始以典型的企业真实案例做参考、基于工作过程导向的理念开发的 4 个拓展训练项目，将理论与实践相结合，培养学生职业技能素质，提高操作能力。

本书既可作为高职高专计算机、艺术设计相关专业的教材，也可作为利用 Photoshop 进行平面设计的初学者的参考书。

图书在版编目(CIP)数据

数字平面制作技术：Photoshop/夏琰，张永华，刘改主编. --北京：清华大学出版社，2013
高职高专信息技术类专业项目驱动模式规划教材
ISBN 978-7-302-32667-0

Ⅰ. ①数… Ⅱ. ①夏… ②张… ③刘… Ⅲ. ①平面设计－图象处理软件－高等职业教育－教材
Ⅳ. ①TP391.41

中国版本图书馆 CIP 数据核字(2013)第 122378 号

责任编辑：孟毅新
封面设计：傅瑞学
责任校对：刘　静
责任印制：王静怡

出版发行：清华大学出版社
网　　址：http://www.tup.com.cn，http://www.wqbook.com
地　　址：北京清华大学学研大厦 A 座　　邮　　编：100084
社 总 机：010-62770175　　邮　　购：010-62786544
投稿与读者服务：010-62776969，c-service@tup.tsinghua.edu.cn
质 量 反 馈：010-62772015，zhiliang@tup.tsinghua.edu.cn
课 件 下 载：http://www.tup.com.cn，010-62795764
印 装 者：北京国马印刷厂
经　　销：全国新华书店
开　　本：185mm×260mm　印　张：14.5　插　页：2　字　数：337 千字
版　　次：2013 年 12 月第 1 版　　印　　次：2013 年 12 月第 1 次印刷
印　　数：1～3000
定　　价：33.00 元

产品编号：048794-01

前言

《国务院关于加快培育和发展战略性新兴产业的决定》中将新一代信息技术确定为战略性新兴产业。温家宝总理在两会中也指出，要大力培育战略性新兴产业，积极推进“三网”融合，这将大大地促进平面媒体、网络媒体、移动媒体3种不同媒介的汇聚与互动互补。可见，平面设计无论是在过去、现在还是未来，都拥有无限的发展空间。

在平面设计行业中，Photoshop软件一直是备受推崇的设计制作软件之一，了解和掌握Photoshop软件技术，是从事流媒体设计、平面广告设计、数码影像设计等相应工作必须具备的能力，因此，Photoshop软件成为高职院校计算机应用专业、电脑艺术设计专业等相关专业的必修课程。

目前，市面上现存的Photoshop教材虽然很多，但少有教材能将理论与实践充分联系。基于这样的现状，编者经过充分的市场调研与分析，结合多年的高职教学经验，编写了本书。本书基于Photoshop CS5环境进行编写，内容翔实、可操作性强，所选项目均来自企业具有典型性的真实案例，并在其基础上修改、整合、序化而成。真正将理论与实践相结合，致力于培养学生职业技能素质，提高学生操作能力和思考问题的能力。本书教材已经使用3次，在使用过程中不断得到完善，得到教师和学生的认可。

本书在编写过程中，周晓红、刘心美、郭明珠参与了部分内容的编写工作，在此表示感谢。

由于编写时间有限，书中难免有疏漏之处，真诚期待来自读者的宝贵意见！

编　者

2013.11

目录

第1章 Photoshop CS5 基础 …… 1
1.1 Photoshop CS5 入门 …… 2
1.1.1 安装 Photoshop CS5 …… 2
1.1.2 运行 Photoshop CS5 …… 3
1.1.3 新建文件 …… 6
1.1.4 打开文件 …… 9
1.1.5 存储文件 …… 10
1.2 图层 …… 11
1.2.1 图层的概念 …… 11
1.2.2 “图层”面板 …… 12
1.2.3 图层的合并 …… 14
1.2.4 图层的复制 …… 15
1.3 常用工具 …… 15
1.3.1 移动工具 …… 15
1.3.2 选框工具组 …… 15
1.3.3 套索工具组 …… 17
1.3.4 魔棒工具组 …… 18
1.3.5 裁剪工具组 …… 18
1.3.6 画笔工具组 …… 19
1.3.7 渐变工具 …… 21
1.3.8 文字工具组 …… 22
1.3.9 图像修饰工具 …… 23
1.3.10 橡皮擦工具组 …… 28
1.3.11 3D 对象工具 …… 29
1.3.12 其他工具 …… 29
1.4 设置前、背景色 …… 30
1.5 新手上路——电影宣传海报制作 …… 31
1.6 知识回顾 …… 35
第2章 路径 …… 36
2.1 路径概述 …… 36

2.1.1 路径的概念 …… 36
2.1.2 路径的组成 …… 36
2.1.3 “路径”面板 …… 38
2.2 路径工具 …… 38
2.2.1 钢笔工具组 …… 39
2.2.2 选取工具组 …… 39
2.2.3 形状工具组 …… 40
2.3 路径的创建与调整 …… 43
2.3.1 创建路径 …… 43
2.3.2 调整路径 …… 50
2.4 路径的管理与应用 …… 53
2.4.1 管理路径 …… 54
2.4.2 应用路径 …… 58
2.5 新手上路 …… 63
2.5.1 新手上路——婚纱背景替换 …… 63
2.5.2 新手上路——描边路径的应用 …… 65
2.6 知识回顾 …… 70
第3章 通道和蒙板 …… 71
3.1 通道 …… 71
3.1.1 通道的概念 …… 71
3.1.2 “通道”面板 …… 71
3.1.3 通道的应用 …… 72
3.2 蒙板 …… 76
3.2.1 蒙板的概念 …… 76
3.2.2 蒙板的分类 …… 76
3.2.3 蒙板的应用 …… 78
3.3 新手上路——人物抠图 …… 81
3.4 知识回顾 …… 85
第4章 滤镜 …… 86
4.1 初识滤镜 …… 86
4.1.1 滤镜的分类 …… 86
4.1.2 滤镜的一般使用规则与技巧 …… 86
4.1.3 滤镜库 …… 88
4.1.4 智能滤镜 …… 89
4.2 常用滤镜 …… 90
4.2.1 风格化滤镜组 …… 90
4.2.2 画笔描边滤镜组 …… 92
4.2.3 模糊滤镜组 …… 93

4.2.4　扭曲滤镜组 …… 95
4.2.5　锐化滤镜组 …… 98
4.2.6　视频滤镜组 …… 98
4.2.7　素描滤镜组 …… 99
4.2.8　纹理滤镜组 …… 102
4.2.9　像素化滤镜组 …… 104
4.2.10　渲染滤镜组 …… 105
4.2.11　艺术效果滤镜组 …… 106
4.2.12　杂色滤镜组 …… 109
4.2.13　其他滤镜组 …… 110
4.3　外挂滤镜 …… 110
4.3.1　外挂滤镜概述 …… 110
4.3.2　外挂滤镜的安装方法 …… 110
4.4　新手上路——杂志广告制作 …… 111
4.5　知识回顾 …… 113
第5章　图像色彩及处理 …… 114
5.1　图像色彩概述 …… 114
5.2　自动校正图像色彩命令 …… 115
5.2.1　自动色调 …… 115
5.2.2　自动对比度 …… 115
5.2.3　自动颜色 …… 116
5.3　图像色彩的基本调整命令 …… 116
5.3.1　色阶 …… 116
5.3.2　曲线 …… 118
5.3.3　亮度/对比度 …… 119
5.3.4　色彩平衡 …… 120
5.3.5　色相/饱和度 …… 121
5.4　图像色彩的高级调整命令 …… 123
5.4.1　可选颜色 …… 123
5.4.2　替换颜色 …… 124
5.4.3　渐变映射 …… 125
5.4.4　阴影/高光 …… 126
5.4.5　通道混合器 …… 128
5.5　特殊图像色调调整命令 …… 130
5.5.1　反相调整 …… 130
5.5.2　阈值调整 …… 130
5.5.3　色调分离 …… 131
5.6　新手上路——照片效果美化 …… 131

5.7 知识回顾 …… 136
第6章 动作与动画 …… 137
6.1 动作 …… 137
6.1.1 动作基础知识 …… 137
6.1.2 动作的使用及编辑 …… 140
6.2 动画 …… 142
6.2.1 动画基础知识 …… 142
6.2.2 编辑动画 …… 145
6.3 新手上路——“转动的地球”动画制作 …… 150
6.3.1 “转动的地球”制作方法一 …… 150
6.3.2 “转动的地球”制作方法二 …… 154
6.3.3 “转动的地球”制作方法三 …… 155
6.4 知识回顾 …… 158
第7章 拓展训练一:宣传海报制作 …… 159
7.1 效果展示 …… 159
7.2 模型制作 …… 160
7.3 标识制作 …… 165
7.4 效果合成 …… 169
第8章 拓展训练二:宣传单制作 …… 176
8.1 效果展示 …… 176
8.2 背景制作 …… 177
8.3 字体设计 …… 180
8.4 图像处理 …… 181
8.5 效果合成 …… 183
第9章 拓展训练三:杂志广告制作 …… 185
9.1 效果展示 …… 185
9.2 服饰处理 …… 186
9.3 背景制作 …… 190
9.4 效果图合成 …… 198
第10章 拓展训练四:画册制作 …… 208
10.1 效果展示 …… 208
10.2 封面制作 …… 208
10.3 内页制作 …… 216
知识回顾答案 …… 223

第1章

Photoshop CS5 基础

Photoshop CS5 是由 Adobe 公司设计开发的，其用户界面易懂、功能完善、性能稳定，是公认的最好的图形图像处理软件之一。目前，几乎所有的广告公司、出版社、软件公司都把 Photoshop 作为首选的图形图像处理工具，将其应用于广告设计（见图 1-1）、书籍装帧（见图 1-2）、包装设计（见图 1-3）、室内设计（见图 1-4）等多个领域。

图 1-1　广告设计

图 1-2　书籍装帧

图 1-3　包装设计

图 1-4　室内设计

Photoshop CS5 有标准版和扩展版两个版本。Photoshop CS5 标准版适合于摄影师以及印刷设计人员使用，Photoshop CS5 扩展版除了包含标准版的功能外，还添加了用于创建和编辑 3D 及基于动画的内容的突破性工具。本书就是基于 Photoshop CS5 扩展版进行编写的,全称为 Adobe Photoshop CS5 Extended。书中会详细介绍 Photoshop 的基本使用功能和技巧,同时引进企业真实项目案例对这些功能和技巧进行项目实战练习,希望对有意从事平面设计工作的人员和喜爱平面设计的朋友有所帮助。

1.1 Photoshop CS5 入门

1.1.1 安装 Photoshop CS5

在使用 Photoshop CS5 之前,首先要进行安装。安装时,选择安装文件夹中的setup.exe文件。

(1) 可打开如图 1-5 所示的界面,单击"接受"按钮。

(2) 进入如图 1-6 所示的界面,在这里要求输入序列号并选择语言。

(3) 单击"下一步"按钮,选择安装目录,即可开始安装,如图 1-7 所示。

(4) 出现如图 1-8 所示的界面后,单击"完成"按钮,就可以完成 Photoshop CS5 的安装了。

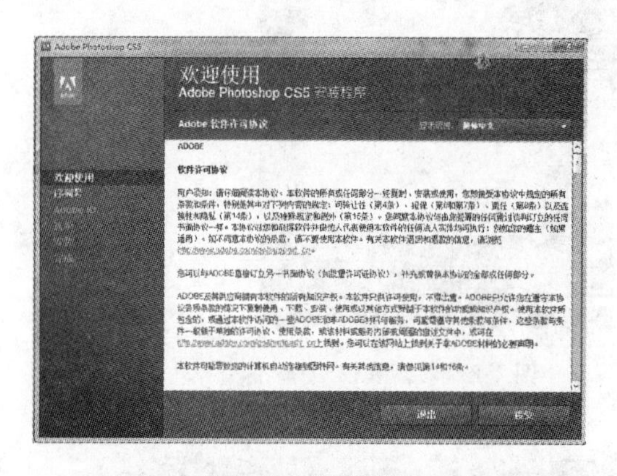

图 1-5 安装步骤 1

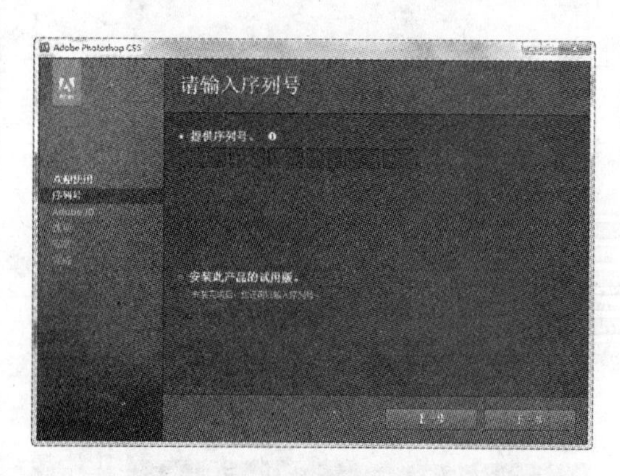

图 1-6 安装步骤 2

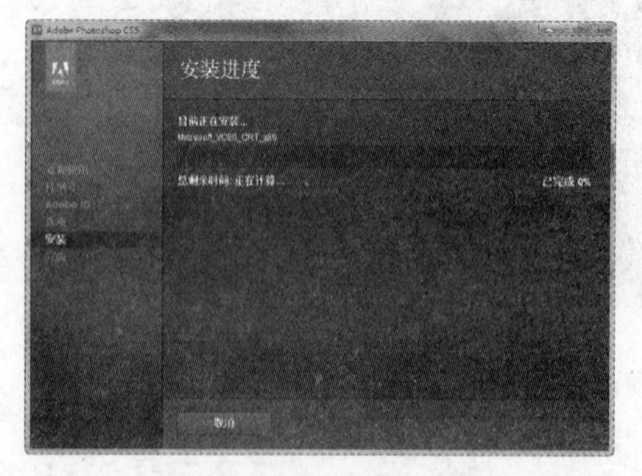

图 1-7 安装步骤 3

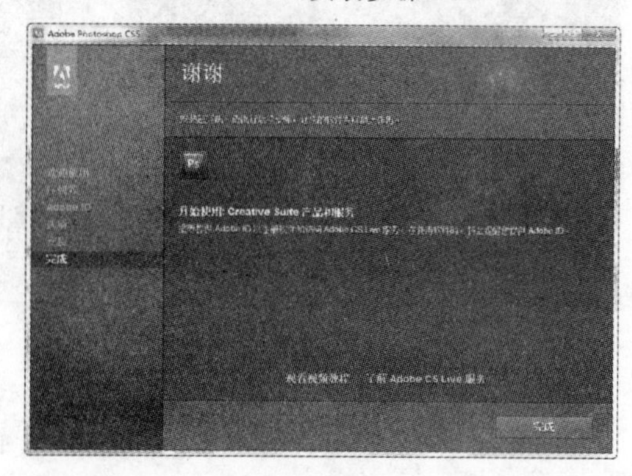

图 1-8 安装步骤 4

1.1.2　运行 Photoshop CS5

成功安装 Photoshop CS5 之后，如果想要激活，可以有如下两种方法。

方法一：单击“开始”菜单，在“所有程序”里面可以找到 Adobe Photoshop CS5(64 Bit)和 Adobe Photoshop CS5，如图 1-9 所示。也就是说，如果你的 Windows 系统是 64 位的，运行 Adobe Photoshop CS5(64Bit)；如果不是 64 位的，直接运行 Adobe Photoshop CS5 就可以了。

方法二：找到安装 Photoshop CS5 的文件夹，里面有 Photoshop 的可执行文件(扩展名为.exe)的文件，将它的快捷方式发送到桌面上即可，如图 1-10 所示。当要启动 Photoshop CS5 时，只需双击桌面上的快捷方式就可以了。

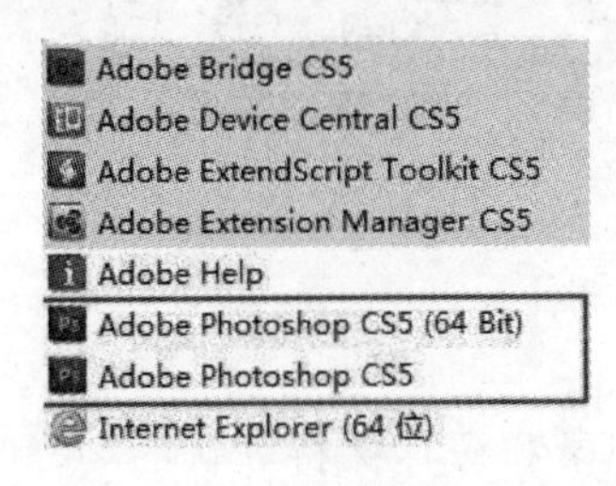

图 1-9　“开始”菜单中的显示

图 1-10　桌面快捷方式

激活 Photoshop CS5 以后，就会看到如图 1-11 所示的窗口，继而进入主界面，如图1-12 所示。

图 1-11　启动窗口

在使用 Photoshop 之前，可以设置一些参数，来保证程序运行时高速、流畅。方法是选择“编辑”|“首选项”菜单项，更改其中的某些参数。这里，给大家介绍两个常用的参数设置。

图 1-12　photoshop 主界面

1. 设置历史记录和缓存

进入“首选项”对话框中的“性能”面板，历史记录和缓存保持默认的 20 和 4 就行了，计算机性能好的可以设置多一些，暂存盘一定要设置在除了系统盘以外的任何剩余空间量比较大的磁盘，这样可提高程序运行的速度，如图 1-13 所示。

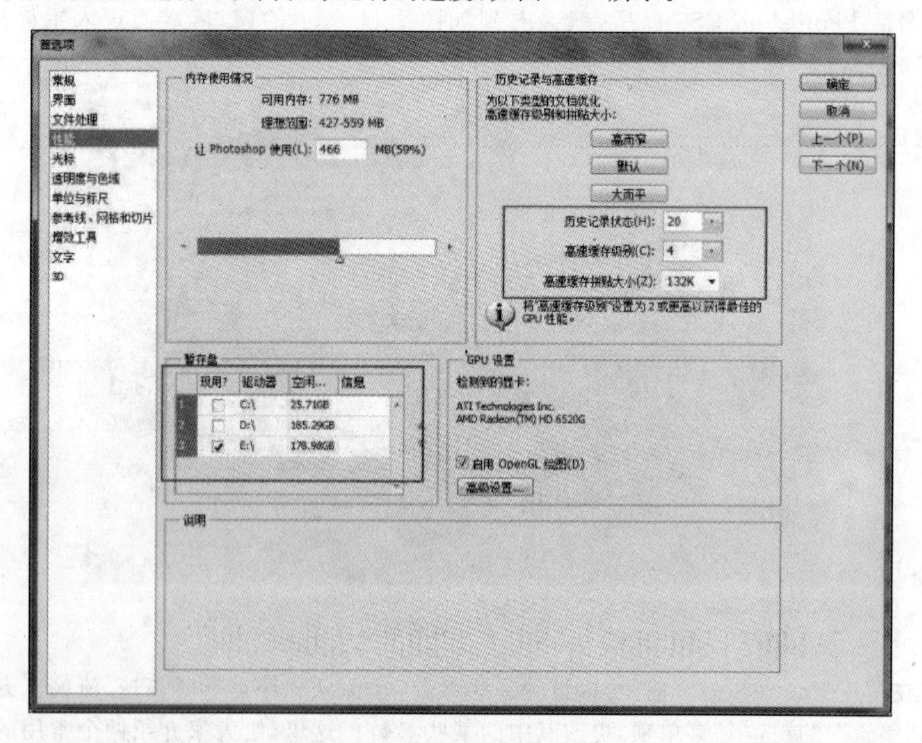

图 1-13　设置历史记录和缓存

2. 关闭文字预览

进入"文字"面板，取消选中"字体预览大小"复选框，如图 1-14 所示。如果选中这个选项，将占用不小的系统资源，如果机器里安装了很多字体，很有可能在使用文字工具的时候，需要花费一两分钟的时间渲染文字，有的甚至会卡死。

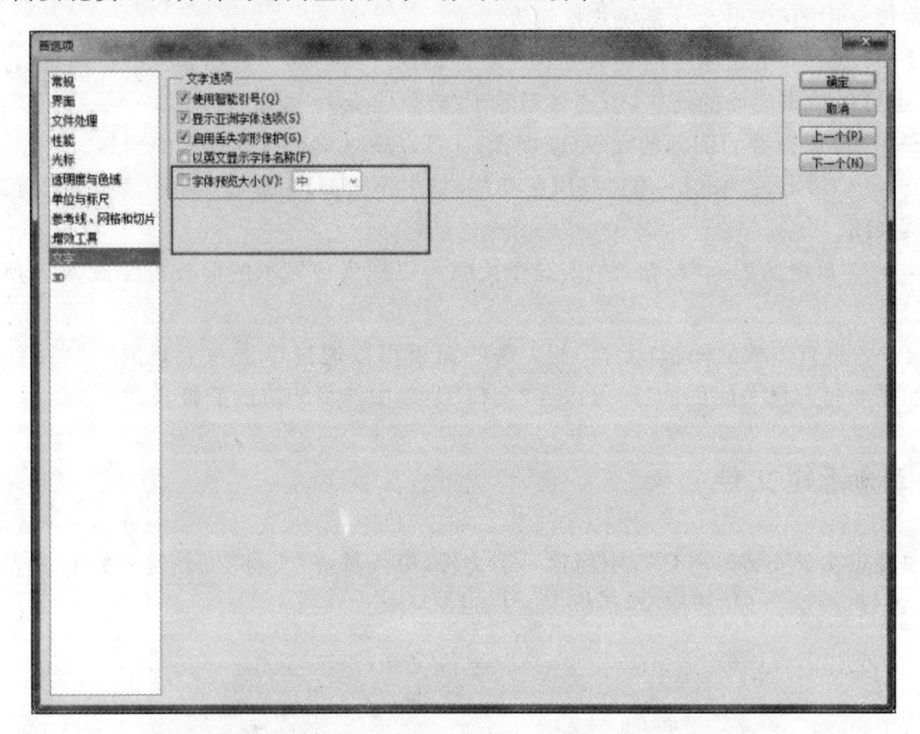

图 1-14　设置文字面板

如果这些设置都完成了，就可以在 Photoshop CS5 里处理图形图像了。刚才已经看过了 Photoshop CS5 的主界面，现在来认识一下各部分的功能吧。Photoshop CS5 如图 1-15 所示。

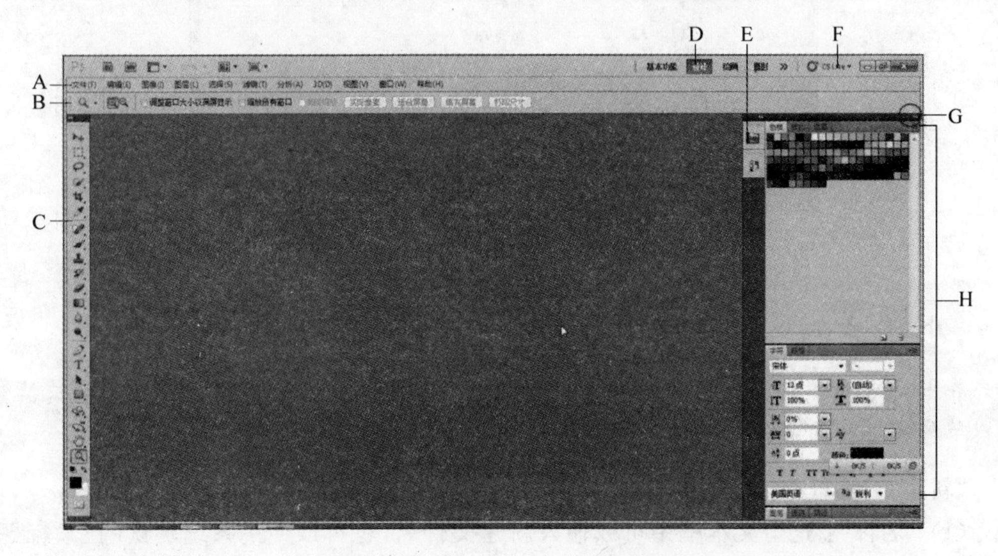

图 1-15　photoshop 主界面的构成

图 1-15 中各字母说明如下。

A——菜单栏。

B——选项栏：选项栏中是一些设置参数，这些参数选项会根据选择工具的不同而改变。

C——工具面板：包括图形图像处理中会用到的所有工具，以及前景色、背景色设置，快速蒙板使用图标、更改屏幕模式按钮等。

D——工作区：工作区的显示方式可以根据用户自己的喜好和需要进行调整、存储和删除，也可以单击后面的箭头，新建和删除工作区。

E——停放折叠为图标的面板(或面板)：可以通过单击打开相应的面板。

F——CS Live：Adobe 的在线服务功能，如果不需要，可以在"编辑"菜单的"首选项"里将其关闭。

G——"折叠为图标"按钮：单击这个按钮可以把当前显示的面板折叠成如 E 所示的状态。

H——垂直停放的面板(面板)组：这些面板可以通过单击右上角的"×"按钮来关闭。如果要打开已关闭的面板，可以在"窗口"菜单中选择相应的面板。

1.1.3 新建文件

如果想在 Photoshop CS5 中新建一个文件，可以选择"文件"|"新建"选项，或者使用 Ctrl+N 键，就会出现"新建"对话框，如图 1-16 所示。

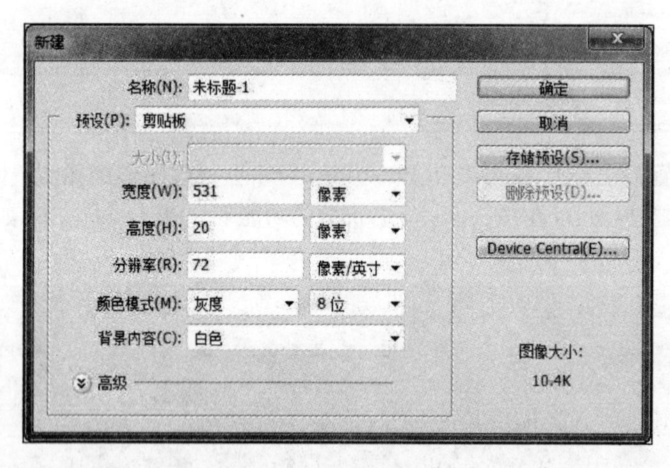

图 1-16 "新建"对话框

小贴士

在 Photoshop 的菜单中，每个命令项后面都可以看到快捷键，如果使用熟练，快捷键可以节约操作时间，提高图片处理效率。

"新建"对话框中的主要内容如下。

(1) "名称"：这个文本框中可以输入新建文件名，也可以使用系统默认的"未标题-

1”、“未标题-2”……到文件保存后，再更改成需要的文件名。

(2)“预设”、“宽度”、“高度”：通过这3个选项可以设置一个新建文件的大小。如果选择“预设”下拉菜单中的选项，会自动出现宽度和高度的数值，同时也可以根据需要设置宽度、高度的数值，并定义数值的单位。

Photoshop 系统提供的单位有像素、英寸、厘米、毫米、点、派卡和列，按照人们的使用习惯，常用的是像素、厘米和毫米。这里比较难懂的词是“像素”，那么，什么是像素呢？像素是用来计算数码影像的一种单位。简单地说，如果将数码影像放大数倍，会发现影像上连续的色调其实是由许多色彩相近的小方点所组成的，这些小方点就是构成影像的最小单位——“像素”，英文名字是 Pixel。越高位的像素，其拥有的色板也就越丰富，越能表达颜色的真实感。换句话说，越清晰的图像颜色，需要的像素点越多，它所占用的内存也会越大。

同时，需要注意的是，对于数值相同、单位不同的两个文件，它们的大小是不一样的。例如，文件的宽度和高度的数值同样都是400×400，如果单位选择“像素”，则文件大小为468.8KB；如果单位选择“厘米”，则文件大小会变为367.9MB。所以，初学者在新建文件时，一定要注意文件的单位，否则文件过大会影响操作的速度。一般练习时，如果没有特殊需要，单位设置成像素就可以了。

(3)“分辨率”：本义是指屏幕图像的精密度，是指显示器所能显示的像素的多少，通常表示成每英寸像素(ppi)和每英寸点(dpi)。在新建文件时设置分辨率，就是指图像的精密度，分辨率越高，单位内像素点越多，图像也就越清晰。当然，分辨率大也会导致图像所占内存多。例如，一个A4大小的图像，如果分辨率是300ppi，文件大小为29.7MB，如果将分辨率改为72ppi，它的大小会变为1.43MB。所以，如果没有特殊要求，通常将分辨率设置为系统默认的72ppi，这样可以提高练习时系统的运行速度。

图像的位深度，是用来衡量每个像素储存信息的位数的，它决定可以标记为多少种色彩等级。常见的有8位、16位、24位或32位色彩，位数越高表现的图像越细腻。有时也将位分辨率称为颜色深度。

(4)“颜色模式”：用来设置新建图像的颜色模式和位深度。颜色模式是指一种记录图像颜色的方式，在新建文件时，可以选择 RGB、CMYK、灰度、位图、Lab 5种颜色模式。

① RGB 模式：RGB 分别代表红色、绿色、蓝色，即人们常说的三原色，如图1-17所示。有时候亦称这3种基色为添加色，这是因为当把三原色不同波长的光加到一起的时候，得到的将会是更加明亮的颜色。电视机和计算机的监视器都是基于 RGB 颜色模式来创建颜色的。所以，作图时通常选择这种颜色模式。

② CMYK 模式：CMYK 分别代表青、洋红、黄和黑4种颜色，如图1-18所示。CMYK 模式在本质上与 RGB 模式没有什么区别，只是产生色彩的原理不同，CMYK 模式产生颜色的方法又被称为色光减色法。它是一种印刷模式，一般如果图像需要打印，则应该选择这种颜色模式。

③ 灰度模式：是没有彩色的模式，使用多达256级灰度来表现图像，使图像的过渡更平滑细腻。灰度图像的每个像素都对应一个0(黑色)～255(白色)之间的亮度值。

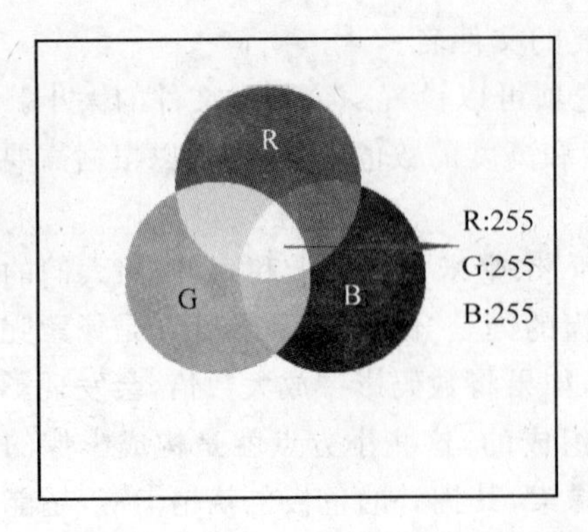

图 1-17 RGB 颜色模式

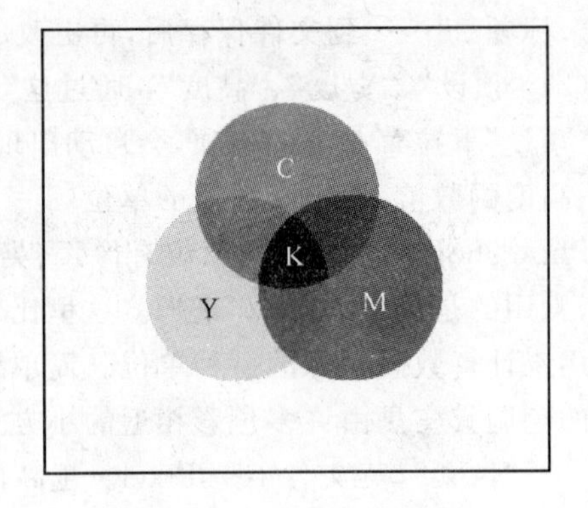

图 1-18 CMYK 颜色模式

④ 位图模式：这种模式用两种颜色(黑和白)来表示图像中的像素。由于位图模式只用黑白色来表示图像的像素，在将图像转换为位图模式时会丢失大量信息细节。不过，在宽度、高度和分辨率相同的情况下，位图模式的图像数据量是最小的，约为灰度模式的1/7和RGB模式的1/22。

⑤ Lab 模式：Lab 颜色是由 RGB 三基色转换而来的，它是由 RGB 模式转换为 HSB 模式和 CMYK 模式的桥梁。该颜色模式由一个发光率(Luminance)和两个颜色(a,b)轴组成。它由颜色轴所构成的平面上的环形线来表示颜色的变化。它是一种具有"独立于设备"的颜色模式，即不论使用任何一种监视器或者打印机，Lab 的颜色不变。

(5)"背景内容"：用来选择新建文件的背景颜色，分为白色、背景色和透明 3 种。

(6)"高级"：可以设置颜色配置文件和像素长宽比。这些参数在一般情况下都不会涉及，所以在这里就不再赘述了。

现在，读者可以试着新建一个文件，比如：新建一个 400×400 像素，分辨率为 72ppi，RGB 模式的文件，单击"确定"按钮，如图 1-19 所示。

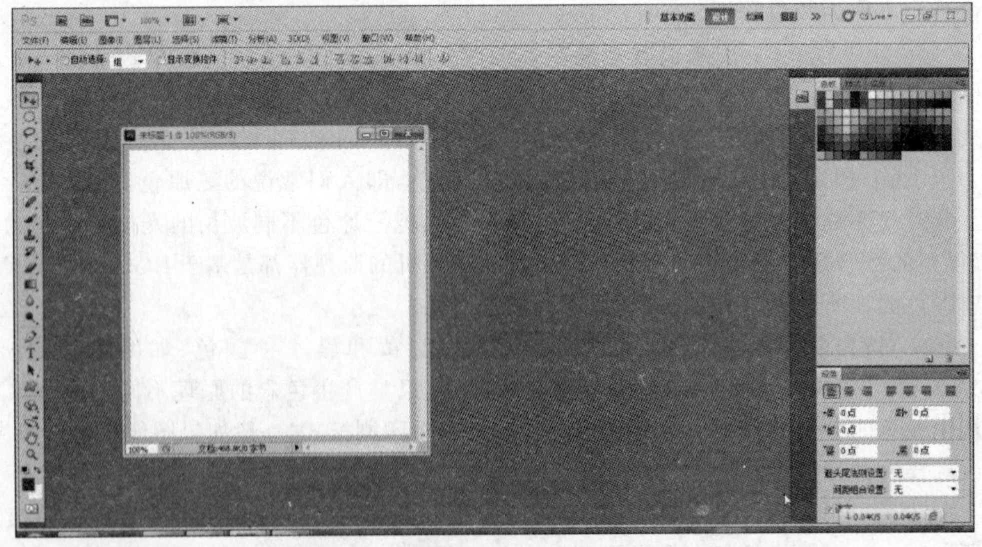

图 1-19 新建文件在主界面中的显示

1.1.4 打开文件

在进行图形图像处理时，不能只限于新建文件，还要调入其他的素材图片，这就涉及文件的打开。在 Photoshop 中打开图片时，按照图片格式的不同有以下 3 种方法。

(1) 打开图片：选择“文件”|“打开”或“打开为”命令，快捷键分别是 Ctrl＋O 和 Alt＋Shift＋Ctrl＋O，选择相应的存储路径和文件名即可打开文件，如图 1-20 所示。也可以使用“最近打开文件”命令来打开最近使用过的文件。这种打开方式是最常用的，几乎可以打开所有 Photoshop 支持的图片格式。

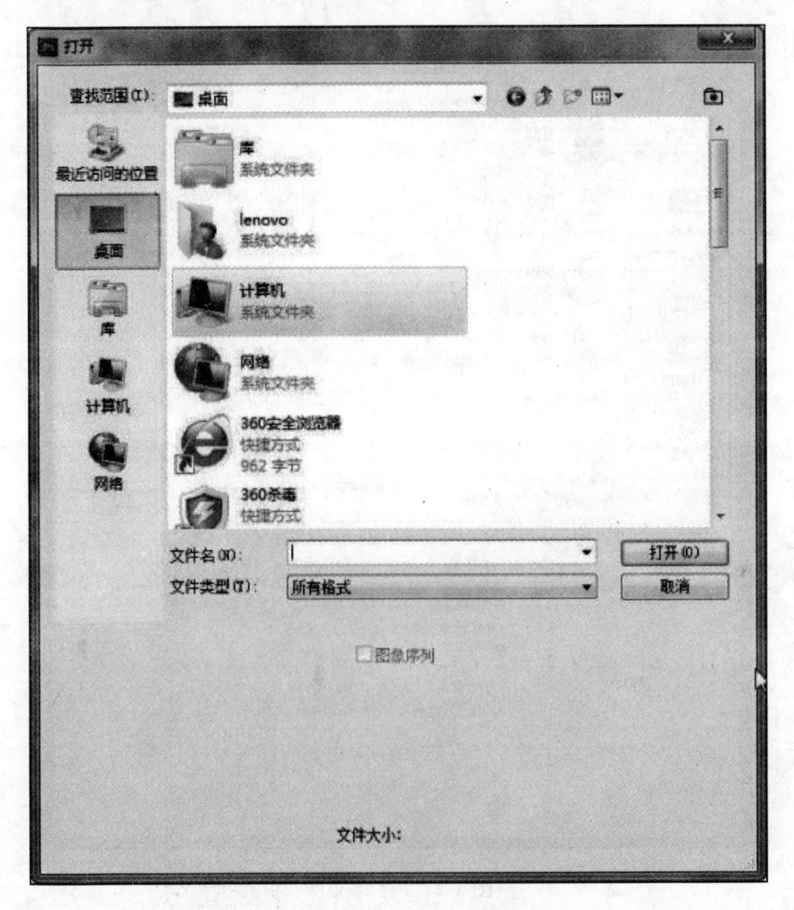

图 1-20 “打开”对话框

(2) 置入图片：使用“文件”|“置入”命令可以将照片、图片或任何 Photoshop 支持的文件作为智能对象添加到文档中，并且可以对智能对象进行缩放、定位、斜切、旋转或变形操作，而不会降低图像的质量。

(3) 导入图片：通过“文件”|“导入”命令可以导入变量数据组、视频帧到图层、注释、WIA 支持等文件格式。

1.1.5 存储文件

处理好的图片需要保存,根据需要,可以将图片存储成不同的格式。在 Photoshop CS5 中,如果想要存储图片,可以选择“存储”或“存储为”命令,快捷键是 Ctrl+S 或 Alt+Ctrl+S。两者打开的窗口是一样的,如图 1-21 所示。区别在于对于一个没有存储过的文件,可以选择“存储”命令;如果是已经存储的文件进行修改,可以选择“存储”命令用修改的结果对原来图片进行覆盖,也可以选择“存储为”命令,存为其他的图片格式或名称。

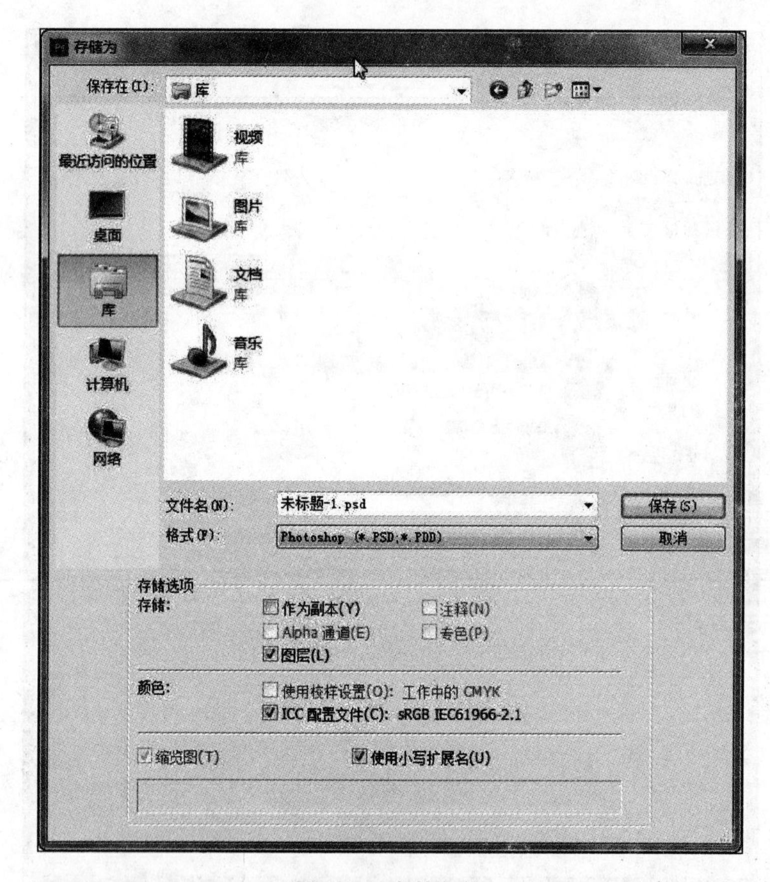

图 1-21 存储文件

“存储为”对话框中的选项如下。

(1) “保存在”选项,可以设置文件的存储路径。

(2) “文件名”和“格式”用来设置存储文件的名称和格式。文件的格式是指计算机为了存储信息而使用的对信息的特殊编码方式,是用于识别内部储存的资料。Photoshop 默认的文件格式是扩展名为.psd 的格式,这种格式可以完整地保存文件的所有图层、路径和通道等图像信息,以便继续修改和完善图像。有关图层、路径和通道的内容,会在后续部分提到,这里只需要知道这个文件格式就可以了。因为它保存的图像信息最多,所以占用内存也较大。

(3) 也可以将图片存储为其他的格式，只需要打开“格式”选项的下拉菜单，其中比较常用的有. jpg、. tiff、. png 等文件格式。其中，. jpg 格式文件是一种较为普遍的单层文件格式，所占内存很小，但是不能继续修改图层、路径和通道等图像信息。例如，一个. psd 格式的文件大小为 2.29MB，而将其存为. jpg 格式时，文件大小仅为 351.6KB。

(4) “存储选项”根据图像存储格式的不同有所不同，可根据需要进行设置。

设置完成后，可单击“保存”按钮完成存储文件。

1.2 图层

1.2.1 图层的概念

使用 Photoshop 软件处理图片时，一定会涉及图层这个概念。很多刚入门的使用者，往往会觉得图层难以理解，处理图片时总是忘记新建图层或者搞不清楚图层之间的关系和作用。其实，只要真正理解图层的含义，就能掌握它的使用方法和技巧。那么，什么是图层呢？

图 1-22 显示的是一张 PSD 格式的图片，图 1-23 显示的是打开这张图片以后，在“图层”面板中显示的信息。可见，看似一张平面上的图像，在 Photoshop 中可以通过多种图层来显示，它的好处是如果想要修改其中某个部分时，只需选中其所在的图层操作就可以，不会影响其他部分的操作。所以，可以把图层想象成堆叠在一起的透明纸，在每张透明纸上放置不同的图像内容。如果从这叠纸的上方向下看，可以看到每张纸上没有被上面图像遮盖的部分。如果想要处理其中任何一张纸上的图像，只需要选中这张透明纸进行修改就可以了，无论是修改颜色、增加或删减图像内容，还是将这张纸拿走，对其他透明纸上的内容都不会产生任何影响。这对于处理复杂的图片是非常重要的。

图 1-22 示例图片

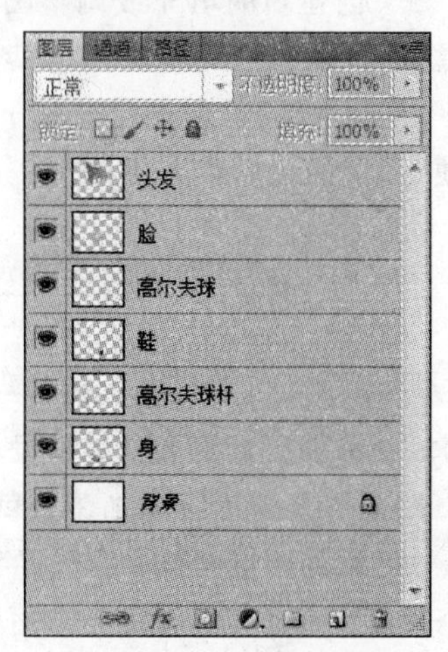

图 1-23 “图层”面板

1.2.2 “图层”面板

对图层的使用和管理,都要在“图层”面板里进行,如图 1-24 所示。

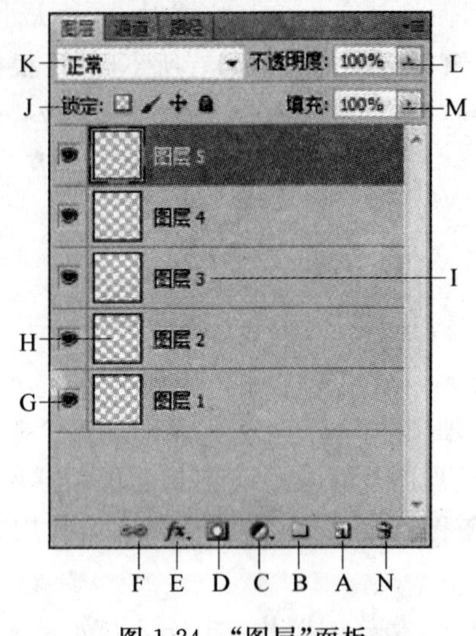

图 1-24 “图层”面板

图 1-24 中各字母说明如下。

A——新建图层:基于图层的含义,人们往往习惯在新建图像元素时,单击这个按钮新建图层。尤其对于新手来说,新建图层是非常必要的。

B——新建图层组:单击时会新建一个图标像文件夹的图层(见图 1-25),称为图层组。一般会在图像中图层较多的情况下使用,属于同一部分的图层放置在一个图层组中,可以统一进行缩放、移动等操作。

C——创建新的填充或调整图层:这个按钮右下角有个黑色的三角符号,它表示如果单击黑色符号,可以看到按钮中其他的选项。选择其中的任一选项,会出现一个调整层,如图 1-26 所示,它的作用是对其下方的所有图层使用统一的填充和调整方式。选择不同的选项,图标的显示稍有不同。

图 1-25 图层组图标

图 1-26 调整层图标

D——添加矢量蒙板:矢量蒙板这个概念会在第 3 章中详细介绍。这里只需明白单击这个按钮可以为图层添加蒙板就可以了。

E——添加图层样式:需要给图层添加简单的投影、浮雕、外发光、描边等效果时会单击这个按钮。单击后,它只会作用于当前选定的图层,而且会出现“图层样式”对话框,可对其中的参数进行调整,如图 1-27 所示。同时,在图层下方自动添加与图层内容链接在一起的图层效果,如图 1-28 所示。

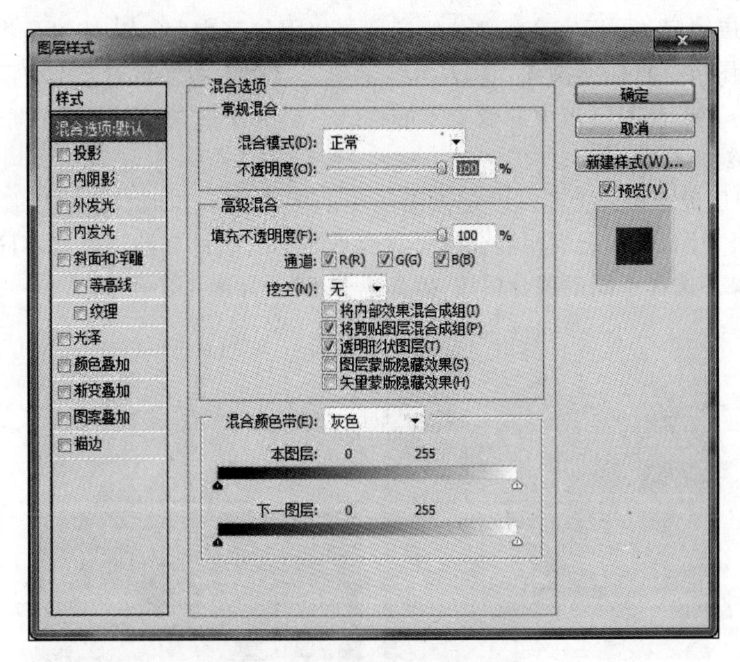

图 1-27　“图层样式”对话框

图 1-28　添加图层样式后图层面板的显示

F——链接图层：在选择两个或两个以上图层的状态下，单击这个按钮，就会将选中的图层链接到一起，如图 1-29 所示。链接到一起的图层可同时进行移动、变换等操作。

G——隐藏或显示图层：在“图层”面板中，用👁来表示图层的显示状态。如果单击它，这个图标就不会显现，同时，其所在的图层也会被隐藏，在图像窗口看不到这个图层的内容。在处理图片时，往往会使用这个方法来把不需要或者不确定的图层先隐藏起来，再根据最终的需要决定是显示还是删除图层。

H——图层缩略图：它就像图层内容的缩小版，如果每个图层的内容可以很好地区分的话，就可以直接通过图层缩略图找到该图层所在的位置。如果是新建的图层，缩略图显示是灰白相间的格子，在 Photoshop 软件中，用这样的格子表示这个图层背景是透明的。

I——图层名称：对于新建的图层，系统会自动用“图层 1”、“图层 2”……“图层 n”来命名图层。双击图层的名称，可以修改图层名称，如图 1-30 所示。

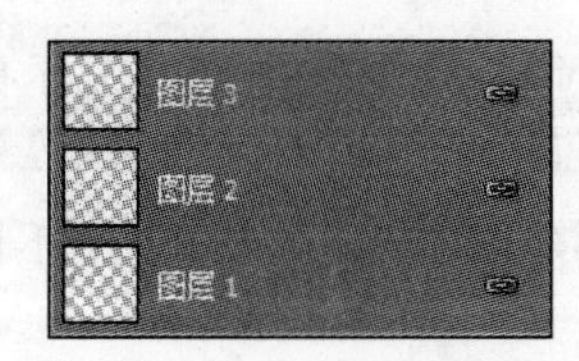

图 1-29　链接图层后“图层”面板的显示

图 1-30　修改图层的名称

J——图层锁定：可以完全或部分锁定图层以保护其内容。按钮是将图层完全锁定，不能对该图层进行任何操作；表示锁定图层当中的图像像素；表示锁定图层当中透明的部分；使图层当中的像素不能移动。后3个选项只是锁定图层当中的某部分，而不是针对整个图层的。

K——图层混合模式：可以确定该图层中的图像像素如何与下层图像像素进行混合。一般在处理图片时，会利用混合模式将两个图层的颜色和纹理进行不同的计算创建各种特殊效果。选择不同的混合模式，效果也会不同，如图1-31所示。

素材图片

选择滤色混合模式效果

选择减去混合模式效果

图1-31　不同混合模式效果对比

L——图层不透明度：可以调整当前图层的显示清晰度，换句话说，它可以确定该图层遮蔽或显示其下方图层的程度。最小值是1%，这时图层看起来几乎是透明的，最大值为100%，这时的图层则显得完全不透明。

M——图层的填充不透明度：这个选项只能影响图层中绘制的像素或图层上绘制的形状，但不影响已应用于图层的任何图层效果的不透明度。

1.2.3 图层的合并

一个图像文件的图层越多，其所占用的磁盘空间也就越多。因此，在操作时对一些不必要分开的图层可以将它们合并以减少文件所占用的磁盘空间，提高操作速度。所以合并图层无论在图像处理过程中还是在图像处理完成后都是必不可少的操作。合并图层的方法有以下几种。

(1)“向下合并”：在“图层”菜单中可以选择“向下合并”命令将当前作用图层与其下一图层图像合并，其他图层保持不变，也可以按快捷键Ctrl+E执行此功能。合并图层时，必须将作用图层的下一图层图像设为显示状态。

(2)“合并可见图层”：在“图层”菜单中选择该命令将图像中所有显示的图层合并，而隐藏的图层则保持不变。

(3)“拼合图层”：该命令将图像中所有图层合并，与“合并可见图层”不同的是，该操作在合并过程中丢弃隐藏的图层。

1.2.4 图层的复制

复制图层有以下两种方法。

(1) 在图层面板上,用鼠标拖曳要复制的图层到“新建”按钮上。

(2) 选择移动工具,按住 Alt 键,对要复制的图像进行拖曳可以生成新的图层。

1.3 常用工具

无论是图形绘制,还是图像处理,都离不开工具的使用。Photoshop 中将所有绘图工具放到了操作界面左侧的工具栏中,用户有必要认识它们,了解它们的功能。

1.3.1 移动工具

移动工具的作用是通过拖曳来改变图层中选定像素的位置。同时,如果想把一张图片拖曳到另一张图片中进行图像合成,也可以使用移动工具来实现。

1.3.2 选框工具组

选框工具组的作用是绘制椭图、矩形等特殊形状的选区。那么,什么是选区呢?在没有选区的情况下,所有的操作都在对整个图层进行,填充图案也会将整个图层都填充。设置选区后,所有操作就只针对选区的部分,对选区之外的区域没有影响,如图 1-32 所示。

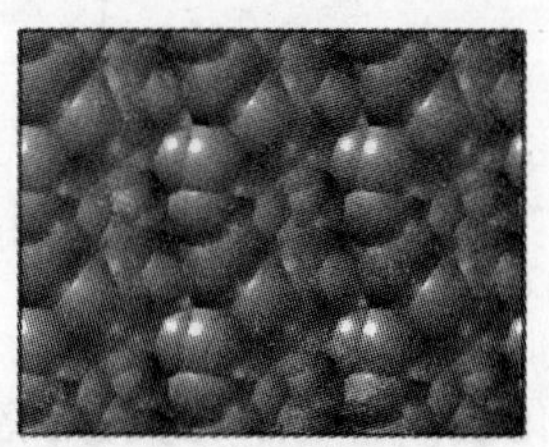
没有选区的图层填充效果

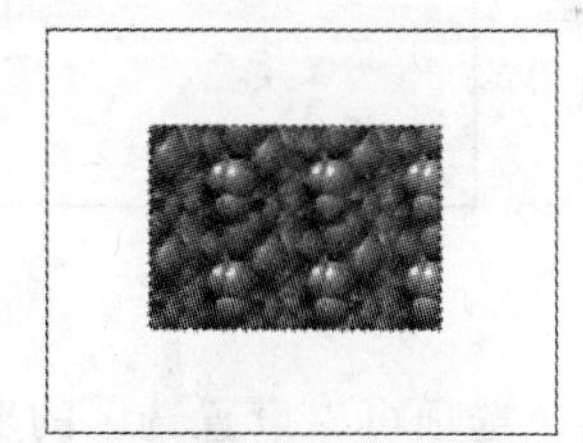
有选区的图层填充效果

图 1-32 设置选区的效果对比

选区的概念在图形图像处理中是非常重要的,Photoshop 也提供了很多绘制选区的工具。选框工具组中包括椭图选框工具、矩形选框工具、单行单列选框工具等。选中其中任一工具后,鼠标形状会变为“十”形状,拖曳后就会在文件窗口中绘制出相应形状的虚线框,如图 1-33 所示,这就完成了相应选区的绘制。

选择选框工具后,你会发现选项栏中同时发生了变化,如图 1-34 所示。

图 1-34 中所示字母说明如下。

A——选区选项:从前到后,依次为新选区、添加到选区、从选区中减去、与选区交叉。这些选项的区别如图 1-35 所示。

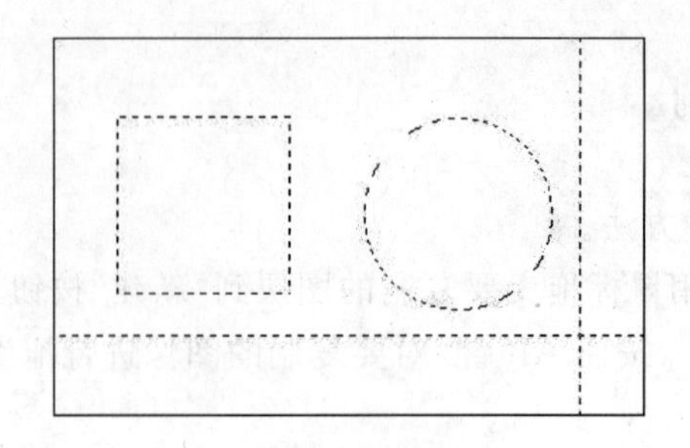

图 1-33 绘制选区

图 1-34 选框工具栏选项

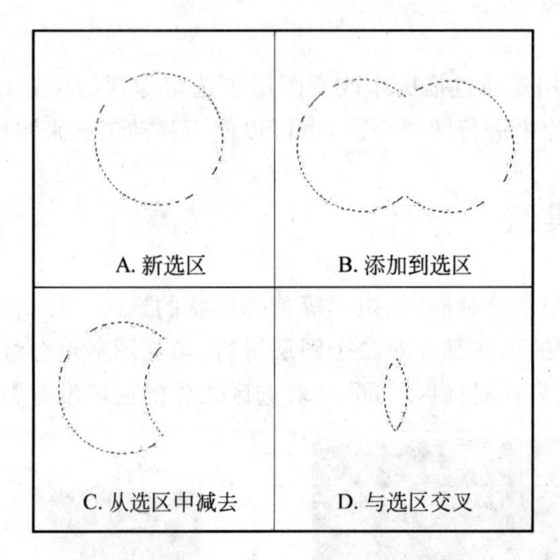

图 1-35 各选区选项效果

B——羽化：这个选项可以设置选区的羽化值。所谓羽化，就是将选区的边缘作虚化处理，选区有无羽化的对比效果如图 1-36 所示。

可以看出，羽化的效果是为图像边缘设置了越来越浅的渐变效果，可以使图像与周围环境自然衔接，所以多用于图像合成、使图像柔和的情况。需要注意的是，这个参数的设置必须在绘制选区之前完成，如果在绘制选区以后再设置，对选区是没有任何影响的。那么，如果想要对一个绘制好的选区进行羽化应该怎么做呢？只需要在选择与绘制选区相关的工具情况下，右击可以看到一个如图 1-37 所示的快捷菜单。在这个菜单中能够找到羽化选项，它是用于对已经存在的选区设置羽化的。

羽化值的单位是像素，范围是 0～250，羽化值越小，选区边缘的虚化效果越不明显，相反，虚化效果会越来越明显。

此外，在这个菜单中，常用的与选区相关的操作还有反向选择，就是选择选区之外的内容，在图像处理中经常会使用这个方法，先选择颜色较为单一的区域，再根据需要决定是否进行反选操作。

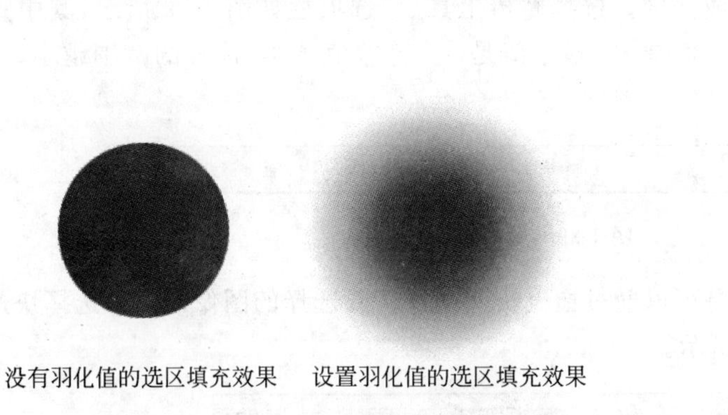

没有羽化值的选区填充效果　设置羽化值的选区填充效果

图 1-36 有无羽化的对比效果

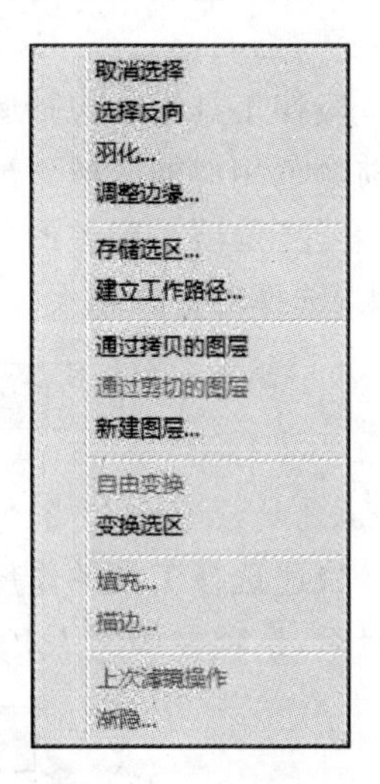

图 1-37 快捷菜单

C——样式：这个选项中有正常、固定比例和固定大小 3 个选项。通常绘制时都会选择正常样式，对选区的大小和比例没有任何限制。如果选择后两种样式，就可通过设置宽度和高度的数值，来绘制固定比例或固定大小的选区。

1.3.3 套索工具组

套索工具组包括套索工具、多边形套索工具和磁性套索工具。这些工具也是属于绘制选区的工具，与选框工具的区别在于，选框工具绘制的选区都是规矩的形状，例如椭圆形、矩形等。

套索工具可以随着鼠标的移动绘制任意形状的选区，多边形套索工具是通过鼠标的单击和移动绘制边缘为直线的选区。磁性套索工具在绘制选区时，会自动在选区边缘添加节点。如果只是绘制选区，磁性套索工具与套索工具的作用几乎是一样的，磁性套索工具的优势其实在于图像的选择上。如果想要选出一部分图像，它的颜色与背景的颜色区别较大，同时图像的边缘平滑，就可以考虑使用磁性套索工具来进行选择。使用的方法是，单击鼠标开始选择后，贴近所要选择的图像（因为虽然有“磁性”，但并不是智能的，所以不能离图像太远），沿着图像边缘进行绘制，到选区起点位置时再次单击，就可以将该图像的选区绘制出来，如图 1-38 所示。

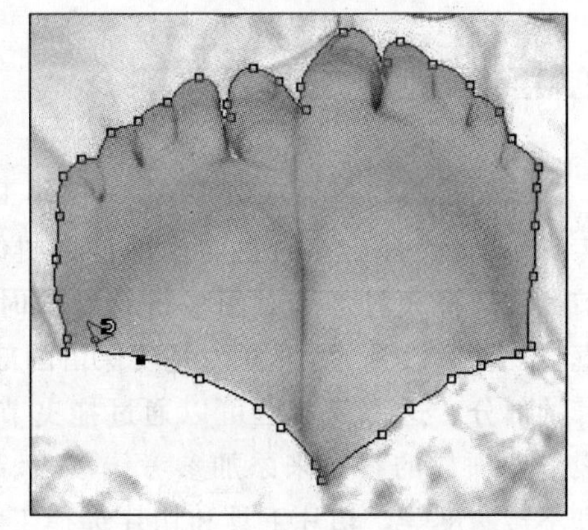

图 1-38 用磁性套索工具选择图像

1.3.4 魔棒工具组

魔棒工具组中包括魔棒工具和快速选择工具。魔棒工具的作用是可以选择与当前颜色相似的区域而形成选区。选择魔棒工具后，选项栏如图 1-39 所示，其中重要的是“容差”选项。容差的默认值是 32，最小值是 0。容差值越小，选择的范围越小，容差值越大，选择的范围越大。

图 1-39 魔棒工具选项栏

快速选择工具的作用是可以通过拖曳快速选择所要选择的图像区域。选择快速选择工具后，选项栏如图 1-40 所示。

图 1-40 快速选择工具选项栏

前三项和选区计算的意思差不多，也分为新选区、添加到选区和从选区中减去。后面的下拉菜单，可以设置快速选择时笔尖的大小、硬度和间距等，这些参数的作用，读者可以试着改变参数自己去体会，这里就不赘述了。

小贴士

以上讲了选框工具组、套索工具组、魔棒工具组，你会发现它们都和绘制选区相关，那么在图像处理时怎样选择工具的类型呢？这要根据具体情况而定，如果图像的形状是椭圆形或矩形，就使用选框工具，如果图像的形状不是规则图形，同时与背景颜色区别较明显，背景颜色又单一就用魔棒工具选中背景后反选得到图像。如背景颜色不单一，则用磁性套索工具来选择图像。

1.3.5 裁剪工具组

裁切工具组包括裁剪工具、切片工具和切片选择工具。裁剪工具的主要作用是将图像不需要的部分裁剪掉。选择裁剪工具对图像进行裁剪时，拖曳一个矩形选框，如图 1-41 所示，选框内是要保留的部分，选框外是裁剪掉的部分。这个裁剪框可以通过拖曳节点改变形状，通过设置选项栏的参数来添加参考线覆盖、改变屏蔽区域颜色和不透明度等。切片工具和切片选择工具主要用于网页设计制作，在图像处理中用的机会不是很多，有兴趣的读者可

图 1-41 用裁剪工具裁切图像

以参考相关的资料。

1.3.6　画笔工具组

画笔工具组包括画笔工具、铅笔工具、颜色替换工具和混合器画笔工具4 项。画笔工具是使用率较高的工具，可以用来装饰图像，也可以用来进行鼠标绘图。选择画笔工具后，选项栏参数如图 1-42 所示。

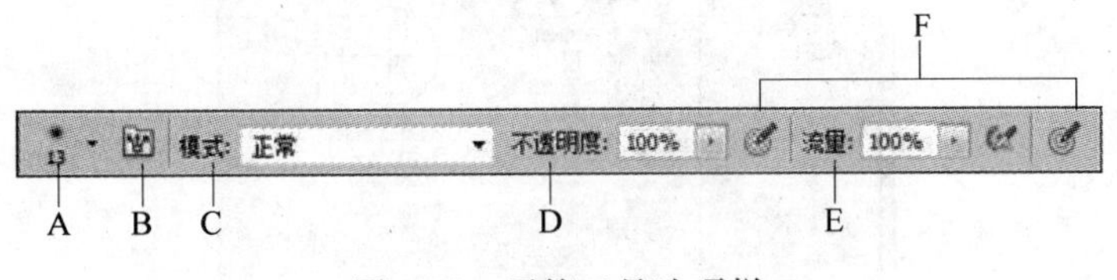

图 1-42　画笔工具选项栏

图 1-42 中各字母说明如下。

A——画笔预设：主要设置画笔的笔尖形状、大小。单击右侧的黑三角标志，可以打开如图 1-43 所示的画笔预设选取器。拖动“大小”的滑块可以改变笔尖的大小，“硬度”选项可以调整画笔笔尖边缘的平滑程度。下面窗口里是笔尖形状，如果需要的笔尖形状没有在窗口中体现，也可以单击右上角的三角标志，对笔尖形状进行选择、加载、存储等操作。

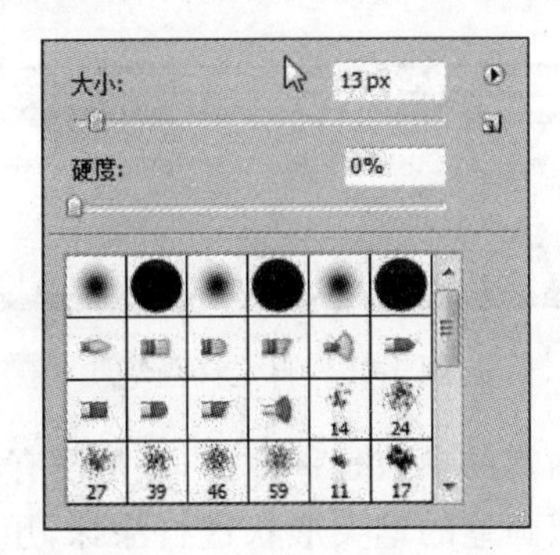

图 1-43　画笔预设选取器

B——画笔面板：选择这个选项，可以打开如图 1-44 所示的画笔面板。该面板可以更详细地设置画笔笔尖形状的动态、散布、纹理等特殊效果。

C——画笔模式：该选项中的模式几乎与图层混合模式一样，它的作用也是使画笔在绘制的时候，对颜色与图像颜色进行混合，形成特殊的混合效果。

D——画笔不透明度：根据数值的不同，可以设置画笔的不透明度。

E——画笔流量：该选项主要是结合其后面的喷枪模式使用的。喷枪就好像是浇花的喷壶，流量则是喷头的大小，流量越大，喷出的水会越多，流量越小，则喷出的水会越少。

F——与绘图板相关的参数设置：为了将 Photoshop 和绘图板很好地结合使用，所以在画笔选项栏中增设了用绘图板压力控制画笔不透明度和大小两个选项。

画笔的笔尖形状还可以自己定义，如果想把一个图像定义成画笔，可以选择“编辑”|

“定义画笔预设”命令，会出现如图 1-45 所示的对话框，单击“确定”按钮就可以将该画笔加载到画笔笔尖形状中。

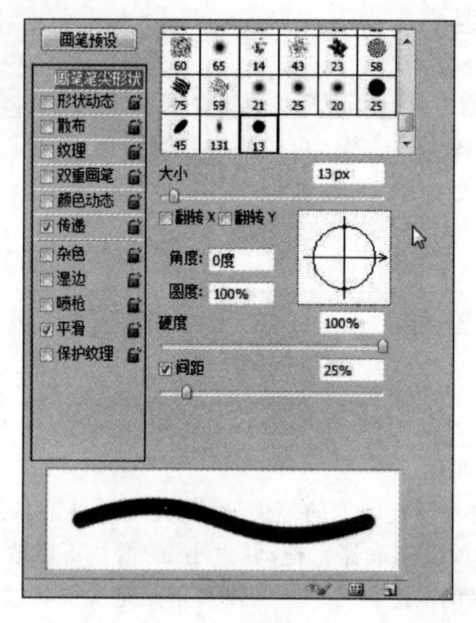

图 1-44 画笔面板

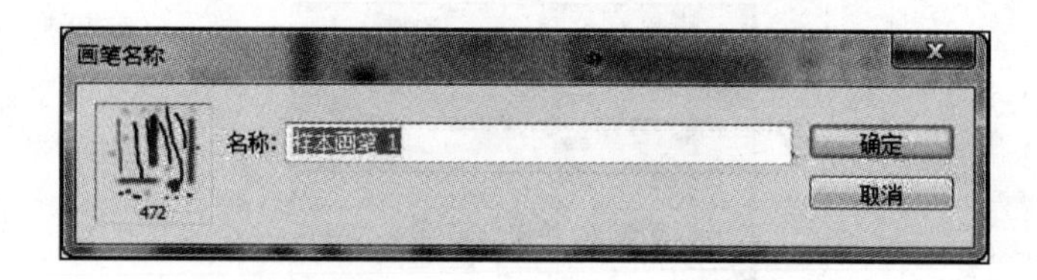

图 1-45 自定义画笔

铅笔工具的参数几乎与画笔的参数是一致的，只是没有带湿边的笔尖形状。

颜色替换工具可以用类似画笔的笔尖形状进行涂抹，用选定的颜色替换原图像的颜色，而不改变图像的纹理，如图 1-46 所示。

图 1-46 使用颜色替换工具前后对比效果

混合器画笔工具是 Photoshop CS5 新增的工具之一，是较为专业的绘画工具。通过选项栏的设置可以调节笔触的颜色、潮湿度、混合颜色等，这些就好像在绘制水彩或油画的时候，随意地调节颜料的颜色、浓度和颜色混合，以绘制出更为细腻的效果。

1.3.7 渐变工具

渐变工具是图形图像处理中较为常用的工具，使用它可以创建多种颜色间的逐渐混合，通过在图像中拖动鼠标用渐变颜色填充区域。起点（单击并按住鼠标处）和终点（松开鼠标处）的不同会影响渐变的方向和效果，具体取决于所使用的渐变类型。选择渐变工具后，选项栏如图 1-47 所示。

图 1-47 渐变工具选项栏

图 1-47 中各字母说明如下。

A——渐变编辑器：单击该颜色条可以打开如图 1-48 所示的渐变编辑器。“预设”窗格中是软件提供的渐变模式。下面的颜色条可以用来编辑渐变颜色。颜色条边缘的滑块称为色标，下方的色标可以设置渐变的颜色，上方的色标可以设置渐变颜色的不透明度。单击所要编辑的色标，其上方的三角形变黑，表明处在编辑状态。当鼠标接近渐变条边缘时，鼠标会呈现小手的状态，这时单击可添加色标。需要删除的色标只需用鼠标拖曳至渐变条以外就可以了。完成编辑以后，可以单击“存储”按钮来保存设置或者单击“确定”按钮完成设置。

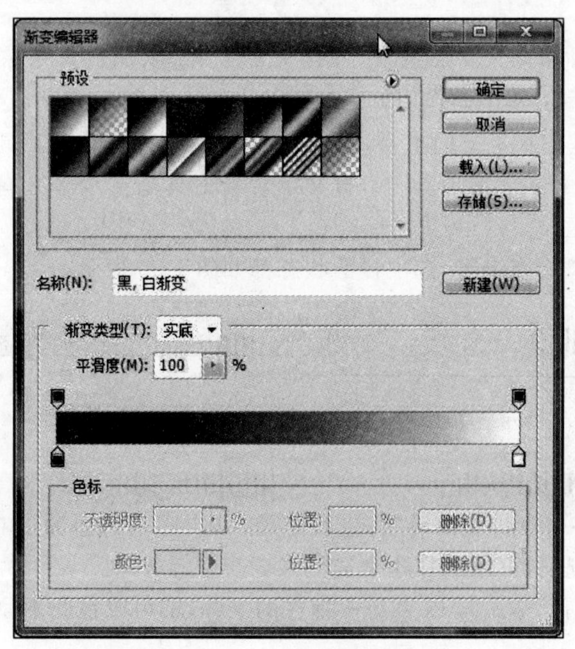

图 1-48 渐变编辑器

B——渐变类型：用来设置渐变的方式，从左到右依次为线性渐变、径向渐变、角度渐变、对称渐变和菱形渐变。各渐变类型的效果如图1-49所示。

线性渐变
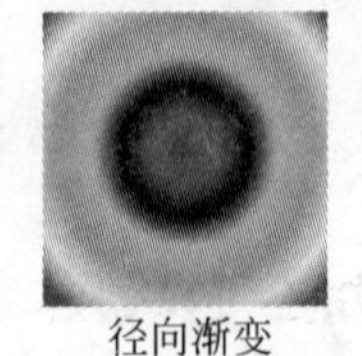
径向渐变
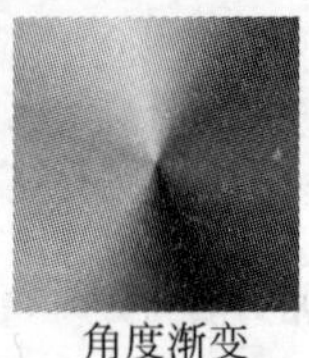
角度渐变

对称渐变

菱形渐变

图1-49　渐变类型

(1) 线性渐变：以直线从起点渐变到终点。

(2) 径向渐变：以圆形图案从起点渐变到终点。

(3) 角度渐变：围绕起点以逆时针扫描方式渐变。

(4) 对称渐变：使用均衡的线性渐变在起点的任一侧渐变。

(5) 菱形渐变：以菱形方式从起点向外渐变，终点定义菱形的一角。

C——反向：是将渐变的颜色顺序反转。简单地说，假如渐变编辑器中的渐变颜色是从黑到白，现在需要从白到黑的渐变，除了改变鼠标的起始点方向以外，还可以选择"反向"选项，将渐变编辑器中的颜色变为从白到黑。

"模式"和"不透明度"指定渐变填充时的混合模式和不透明度。"仿色"是指用较小的带宽创建较平滑的混合。"透明区域"是对渐变填充使用透明蒙板，蒙板的概念会在第3章中详细介绍。

1.3.8　文字工具组

文字工具组包括横排文字工具、直排文字工具、横排文字蒙板工具和直排文字蒙板工具。文字工具组的作用就是在图像中输入并编辑文字，这4个工具的区别在于：横排文字工具是在水平方向上从左向右输入文字，直排文字工具是在垂直方向从上向下输入文字，横排文字蒙板工具和直排文字蒙板工具是在水平方向和垂直方向上输入文字并生成文字选区。

选择其中任一个文字工具，选项栏的状态都如图1-50所示。

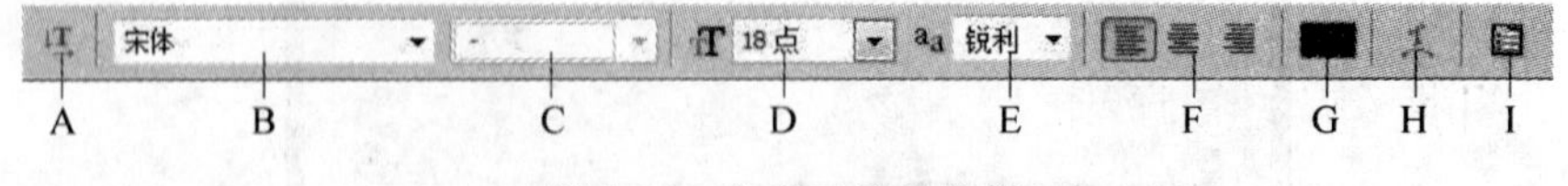

图1-50　文字工具选项栏

图1-50中各字母说明如下。

A——横排文字与直排文字转换，也就是说，如果想输入垂直方向的文字，在不选择直排文字工具的情况下，可以选择这个选项来更改文字方向。

B——文字的字体，Windows系统中存在的字体，都可以在此下拉菜单中找到。

C——设置字体的样式。

D——设置字体的大小。

E——设置消除字体锯齿的方式。

F——文本对齐方式。

G——字体的颜色，默认情况下，字体的颜色和前景色相同。关于如何设置颜色，将在 1.4 节详细介绍。

H——设置文字变形，其中包括扇形、拱形、弧形等多种形式，并可根据需要调整其中的参数来改变文字的形状。

I——“字符”面板。选择这个选项后，可以打开如图 1-51 所示的面板。这里可以设置文本的字体、大小、字符间距、字符缩放等，同时还可设置仿粗体、斜体、上角标等样式。这些选项和 Word 软件中的文字选项含义是一样的，读者可以试试改变各类参数亲自体会一下。

值得一提的是，选择文字工具输入文本后，单击选项栏最后的“√”按钮可以确定文字的编辑。这时可以发现，“图层”面板中会出现如图 1-52 所示的图层，可以随时编辑其中的文本内容。该图层的缩略图与普通图层不一样，所以有些操作是受限制的，例如不可以使用众多的工具来着色和绘图，如喷枪、画笔工具等，也不能直接使用滤镜效果。要想使其中的文字内容与普通图层一样可以进行编辑，只需在该图层上右击，在弹出的快捷菜单中选择“栅格化文字”命令，将其转化为普通图层即可。

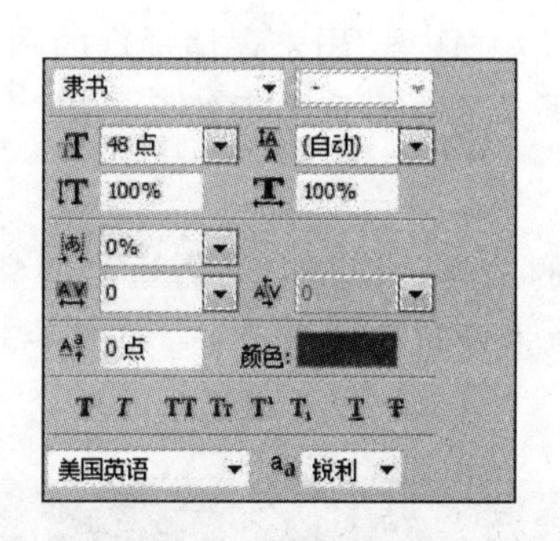

图 1-51 “字符”面板

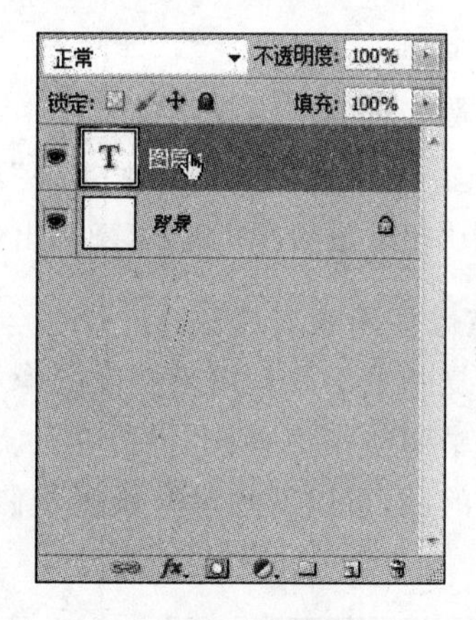

图 1-52 文字图层

1.3.9 图像修饰工具

1. 仿制图章工具

仿制图章工具是一种复制图像的工具。使用的方法是把鼠标移到想要复制的图像上，按住 Alt 键并单击鼠标取样，松开 Alt 键后将鼠标移至其他位置涂抹，原取样位置会出现十字符号，开始进行图像复制，如图 1-53 所示。

选择仿制图章工具后，选项栏如图 1-54 所示。可以看出，很多参数与画笔工具类似，

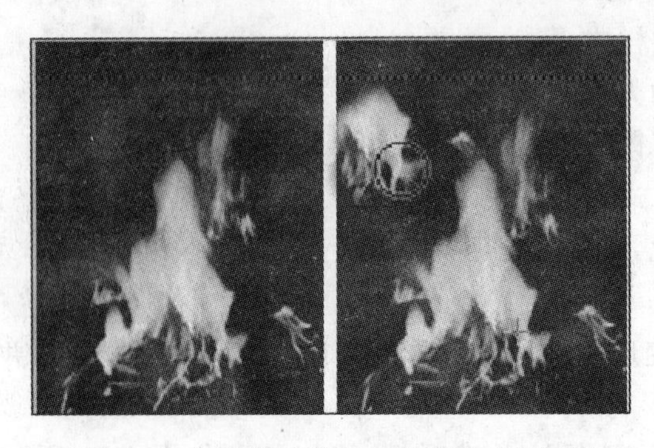

图 1-53　使用仿制图章工具前后对比效果

需要注意的是“切换仿制源”和“样本”选项。单击“切换仿制源面板”按钮后，出现如图 1-55 所示的面板，在面板上方，有 5 个仿制源，根据需要进行切换和设置。“样本”选项中有 3 项：当前图层、当前和下方图层、所有图层，它们决定了仿制图章工具取样的图层。“当前图层”只在当前作用的图层取样，“当前与下方图层”是在当前作用的图层和其下方的图层取样，“所有图层”是在所有能看到的图层中取样。

图 1-54　仿制图章工具选项栏

2. 图案图章工具

图案图章工具的作用是用选项栏中选定的图案对图像进行覆盖。图案图章工具比仿制图章工具多了“图案”和“印象派效果”选项。其中“图案”用来存储预定的图案和自定义图案，而选中“印象派效果”选项，复制出来的图像会有一种印象派绘画效果。

3. 污点修复画笔工具

污点修复画笔工具是用来修复图像和去污的工具。使用时只需适当调整笔尖大小，并在选项栏中调整相关参数以后，在污点上面单击就可以修复污点，如图 1-56 所示。如果污点较大的话，可以从边缘开始逐步修复。

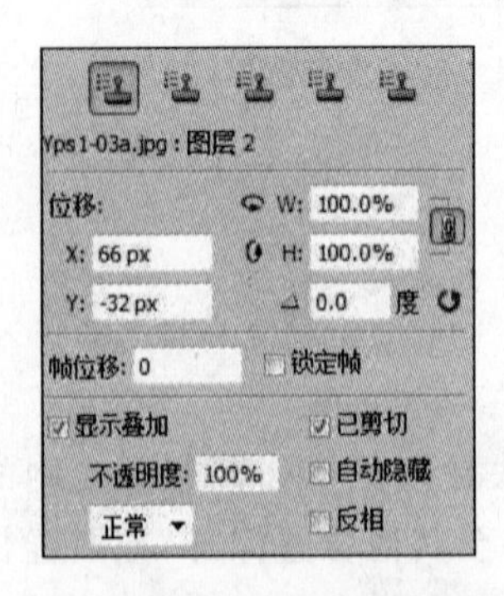

图 1-55　“切换仿制源”面板

图 1-56　使用污点修复工具前后对比效果

4. 修复画笔工具

修复画笔工具和仿制图章工具有许多相近的地方，但是仿制图章工具只是一种单纯的复制，而修复画笔工具是把被复制的图像经过一种计算复制到指定的地方，复制时包括被复制图像的像素和光源。这种特性使修复画笔工具更适合修饰带有光线变换的图像，例如人脸上有脏点，可以在相似的皮肤处取样，覆盖脏点，而不改变皮肤的明暗程度，如图 1-57 所示。

修复画笔工具的使用方法和仿制图章工具类似，按住 Alt 键取样后，利用取样的图像对需要修饰的部分进行涂抹。

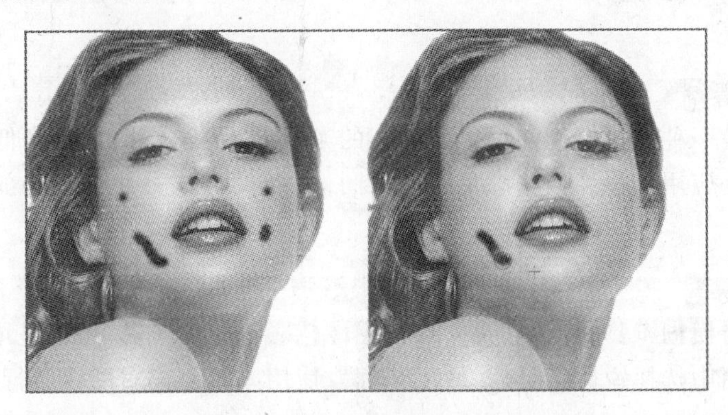

图 1-57　使用修复画笔工具前后对比效果

5. 修补工具

修补工具也是对图像进行修复的工具。这个工具的优势在于，可以清楚地看到图像边缘的对接情况，所以多数用在需要有纹理对接的情况下，例如修复头发、衣领褶皱等。它的使用方法是：将要修饰的区域使用修补工具圈选起来，会形成一个选区，利用鼠标将选区移到想要替代的图像上面，同时保留原来部分的明暗效果，就可以完成修补的任务，如图 1-58 所示。

图 1-58　使用修补工具前后对比效果

小贴士

可以看出，修复画笔工具、仿制图章工具和修补工具都可以对图像污点进行修复，至于如何确定运用哪种工具进行修复，要针对不同情况而定，读者多加练习就可运用自如。

6. 红眼工具

红眼工具是专门用来消除照片中人物眼睛因灯光或闪光灯照射后瞳孔产生的红点。使用方法是在选项栏中设置好瞳孔大小及变暗量，在照片中人物瞳孔位置用鼠标单击一下就可以修复。不过现在相机中往往带有防红眼选项，所以需要修复红眼的照片越来越少了。

7. 模糊工具

模糊工具是一种通过笔刷使图像变模糊的工具，它的工作原理是降低像素之间的反差。使用方法是应用鼠标像使用画笔一样对图像进行涂抹，可使被涂抹部分的图像呈现模糊效果。

8. 锐化工具

锐化工具与模糊工具相反，它是一种使图像色彩锐化的工具，也就是增大像素间的反差。当在工具箱中选择锐化工具后，应用鼠标像使用画笔一样对图像进行涂抹，其可使图像的涂抹部分呈现锐化效果。

9. 涂抹工具

涂抹工具是把涂抹区域的颜色挤入到新的像素区域的工具。涂抹工具的选项栏跟画笔工具类似，其中“对所有图层取样”是指进行涂抹操作时会在所有可见图层上取色，在当前图层上进行涂抹。如果选中“手指绘画”复选框，就像用手指蘸了颜料一样，即用前景色进行涂抹。使用涂抹工具进行操作的前后对比效果如图 1-59 所示。

图 1-59 使用涂抹工具前后对比效果

10. 减淡工具

减淡工具的作用是降低图像颜色的明度，换句话说，就是使颜色变亮、变浅。选择减淡工具后，选项栏如图 1-60 所示。

图 1-60　减淡工具选项栏

该工具也有与画笔工具类似的画笔预设和“画笔”面板选项，可见，它的使用方法应与画笔工具类似，即通过涂抹来对图像进行减淡操作。“范围”选项包括 3 项：高光、中间调和阴影，是决定减淡效果应用于图像的亮度范围，3 种范围的区别从图 1-61 中可分辨清楚。“曝光度”选项用来控制减淡变化的频率，数值越大，减淡效果变化越快；数值越小，减淡效果变化越慢。“保护色调”选项是指在加深过程中不改变原图像的明暗对比程度。

11. 加深工具

加深工具的作用与减淡工具相反，用来加强图像颜色的明度，即使颜色变深、变暗。该工具的使用方法和选项栏与减淡工具是一致的，只是作用相反。在图像处理中，往往会应用两种工具来增加立体效果。例如，图 1-62 所示绘制的香烟，利用加深工具和减淡工具在香烟上增加褶皱，香烟立刻就栩栩如生了。

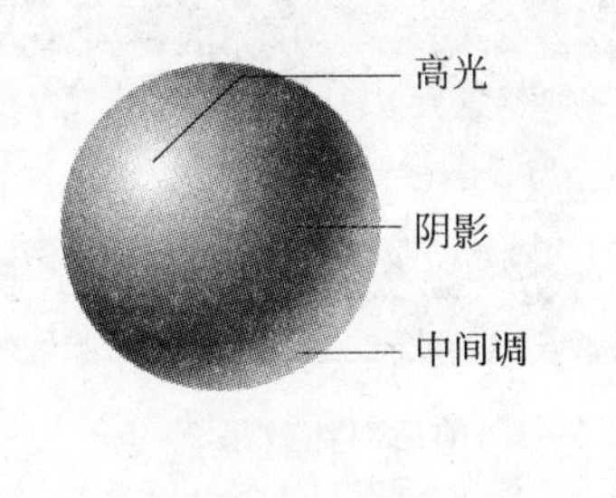

图 1-61　高光、阴影、中间调效果

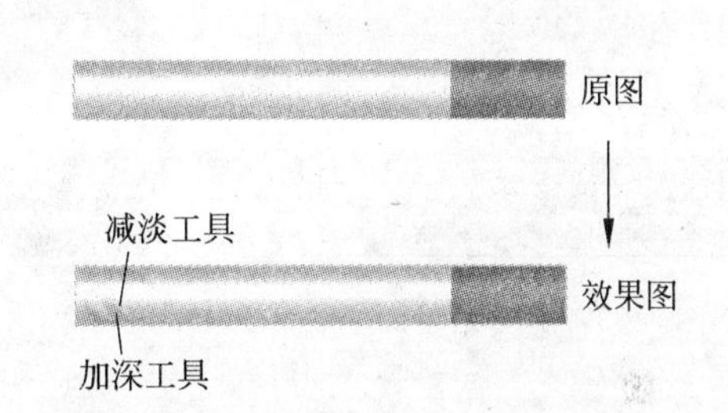

图 1-62　利用加深工具、减淡工具修饰图像

12. 海绵工具

海绵工具是一种调整图像色彩饱和度的工具，它可以提高或降低色彩的饱和度。在工具箱中选择海绵工具时，在图像中按住鼠标左键拖动或单击即可。在灰度模式下，该工具通过将灰阶远离或靠近中间灰度来增加或降低对比度。

13. 历史记录画笔工具

历史记录画笔工具是一种图像编辑恢复工具。说到这个工具，首先要介绍一下什么是历史记录。Photoshop 具有历史记录功能，从文件打开或新建开始，会线性地记录对图像所做的操作，并能够在历史记录面板中找到，如图 1-63 所示。如果对已经做的操作效果不满意，可以在面板中单击想要回到的步骤，重新进行编辑(也可用 Ctrl＋Z 键返回一步操作，Ctrl＋Alt＋Z 键返回多步操作)。

选择历史记录画笔后，可以将图像编辑中的某个状态(步骤)还原。例如，在经过反相、色相/饱和度、自动色调操作以后，图片效果如图 1-64 所示。现在，想要鱼肚的部分不做这几步操作,回到打开时的状态,就可以选择历史记录画笔工具,单击历史记录中的“打开”步骤,如图 1-65 所示。再通过设置选项栏中的笔尖大小、模式等,在鱼肚部分进行涂抹,就会得到所需的效果,如图 1-66 所示。

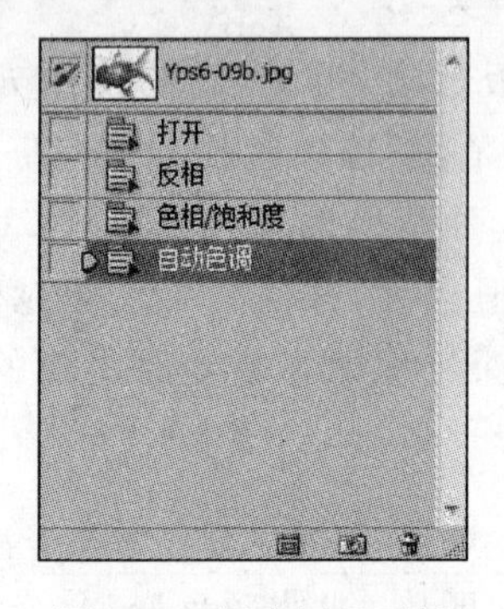

图 1-63 历史记录面板

图 1-64 前后对比效果 1

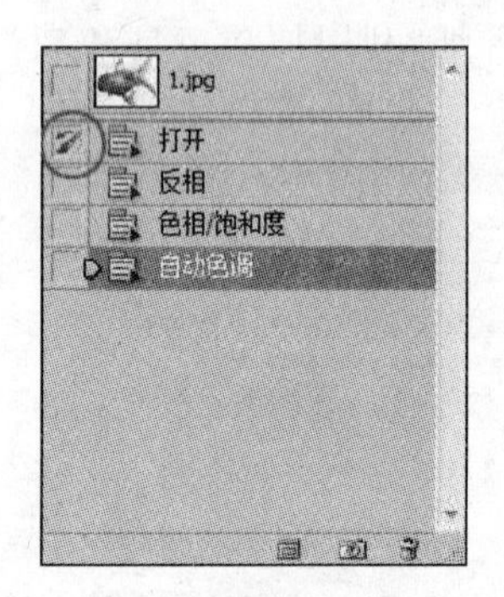

图 1-65 历史记录画笔

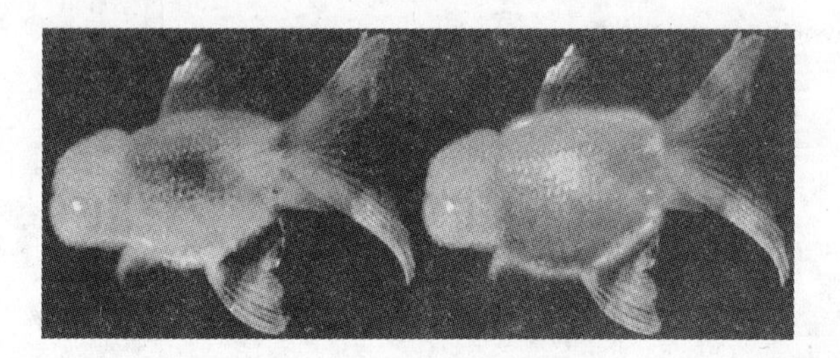

图 1-66 前后对比效果 2

14. 历史记录艺术画笔工具

历史记录艺术画笔工具与历史记录画笔工具一样,也是用指定的历史记录状态绘画,只是历史记录艺术画笔工具在使用这些数据时,还可以设置不同的色彩和艺术风格,读者可以试着体会一下。

1.3.10 橡皮擦工具组

橡皮擦工具组的作用是消除图像中的某些区域,包括橡皮擦工具、背景橡皮擦工具和魔术橡皮擦工具。橡皮擦和魔术橡皮擦工具可以将图像区域抹成透明或背景色,背景橡皮擦工具可以将图层抹成透明。

橡皮擦工具的选项栏与画笔相同,其使用方法也与画笔工具一致,只是作用相反,橡皮擦用来去掉图像多余颜色区域。选择魔术橡皮擦后,会看到选项栏中有“容差”选项,即擦除时会同时去除与单击区域颜色容差范围内的区域。

背景橡皮擦工具允许在拖移时将图层上的像素抹成透明,使得在保留前景对象边缘的同时抹除背景。通过指定不同的取样和容差选项,可以控制透明度的范围以及边界的锐化程度。背景橡皮擦工具不受图层面板上透明锁定的影响,使用背景橡皮擦工具后原来的背景层自动转化为普通图层。

1.3.11 3D对象工具

Photoshop CS5 新增了3D对象处理功能,与其相关的3D对象工具包括3D旋转工具组和3D相机工具组。

3D旋转工具组可以随意调整3D模式的角度、位置、比例等,方便查看或编辑。其中包括如下几个工具。

(1) 3D对象旋转工具:对3D对象进行360°旋转操作。

(2) 3D对象滚动工具:对3D对象进行滚动旋转操作。

(3) 3D对象平移工具:对3D对象进行上、下、左、右平移操作。

(4) 3D对象滑动工具:对3D对象进行左右移动和放大、缩小等操作。

(5) 3D对象比例工具:对3D对象进行放大和缩小操作。

选择其中任意一个工具,选项栏都会如图1-67所示。

图1-67 3D旋转工具组选项栏

图1-67中各字母说明如下。

A——复位按钮:可以将图像还原到最初状态。

B——在选项栏中,也可以在各旋转工具间转换。

C——切换3D视图,包括左、右、俯、仰、后、前6个视图。

D——用来显示3D图像的坐标及位置。

3D相机工具组跟旋转工具类似,是用来任意旋转3D对象的角度,方便查看各个立体面的材质纹理及光感等,以便更详细地了解当前立体图形的构造。3D相机工具组包括3D旋转相机工具、3D滚动相机工具、3D平移相机工具、3D缩放相机工具等。

1.3.12 其他工具

1. 抓手工具

抓手工具是用来随意移动图像显示范围的工具。一般会用在图像显示比例较大,在窗口中无法完全显示的情况下,利用抓手工具来移动显示范围,而不会改变图像各部分的位置。

2. 旋转视图工具

旋转视图工具是非常实用的画布旋转工具。选择它后,用鼠标轻轻按住拖动,画布就会旋转,这样可以方便用户在喜欢的角度对图片进行处理。在选项栏中有复位按钮,以便处理好效果后快速回到之前的位置。

3. 缩放工具

缩放工具的作用就是放大或缩小图像。在选项栏中可以选择是放大还是缩小,也可以选择实际像素、适合屏幕、填充屏幕、打印大小等选项来改变图像的显示方式。

4. 吸管工具

吸管工具可以吸取颜色。通过设置选项栏中的参数,可以精确地吸取每个取样点的实际颜色值,方便填色或编辑颜色。

5. 颜色取样器工具

这个工具可以同时吸取最多 4 个不同地方的颜色,在信息面板可以查看每个取样点的颜色数值。有了这些数值,可以帮助用户判断图片是否有偏色或颜色缺失等,方便校色和对比。

6. 标尺工具

标尺工具是非常精确的测量及图像修正工具。选择这个工具后,在窗口中拖出一条直线,会在选项栏中显示这条直线的坐标、高、宽、长等详细信息。用这个工具可以判断图像的角度是否符合要求,方便精确校正。

7. 注释工具

注释工具用于在图片中添加注释。选择它后,在图像窗口中单击就会出现对话框,在里面输入需要添加的文字,关闭对话框就可以保存。

8. 123 计数工具

该工具是一款数字计数工具。选择它后在需要标注的地方单击,就会出现一个数字,每单击一次数字就会顺次递增一次。一般会在统计画面中重复使用的元素时使用这个工具来统计及标示。

以上详细介绍了工具栏中的常用工具。细心的读者会发现,工具栏中的钢笔工具组、路径选择工具组和多边形工具组没有介绍,这些工具都与路径有关,将在第 2 章中详细介绍。

1.4 设置前、背景色

在工具栏的下方能够看到如图 1-68 所示的图标,黑色的方框在前,称之为前景色;白色的方框在后,称之为背景色。右上角的弯箭头能够使前、背景色转换。

Photoshop 中,默认的前、背景色是黑、白色,如果在改变了颜色之后,想恢复成默认的黑白色,只需按 D 键即可。如果想要改变前、背景色,有如下两种方法。

(1) 在“窗口”菜单中选择“色板”命令,可以打开如图 1-69 所示的色板,单击其中的颜色就可以改变前景色。

图 1-68　前、背景色

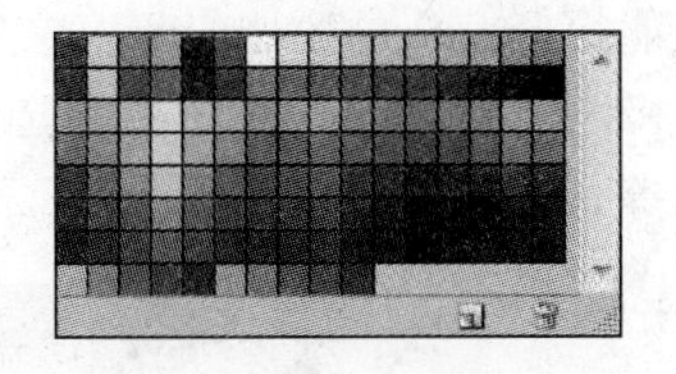

图 1-69　色板

(2) 单击前景色或背景色的色标，会打开拾色器，如图 1-70 所示。A 处代表的是颜色面板，右上角是在 B 处颜色条中选择的颜色，左上角是白色，左下角是黑色，面板中间的区域就是由选择的颜色、黑色、白色不同程度混合形成的颜色。中间的圆圈点到不同的位置，C 处的数值就会发生变化。也就是说，在 Photoshop 中除了在面板中选择颜色以外，也可以在 C 处通过数值的调整来改变颜色。这些数值分为 HSB(色相、饱和度、亮度)、RGB(红色、绿色、蓝色)、CMYK(青色、洋红、黄色、黑色)和 Lab(亮度分量、绿色—红色轴、蓝色—黄色轴)颜色模式，# 符号是指根据颜色的十六进制值表示颜色，在指定颜色时只改变 4 个颜色模式中的一个或者直接输入十六进制数值就可以了。

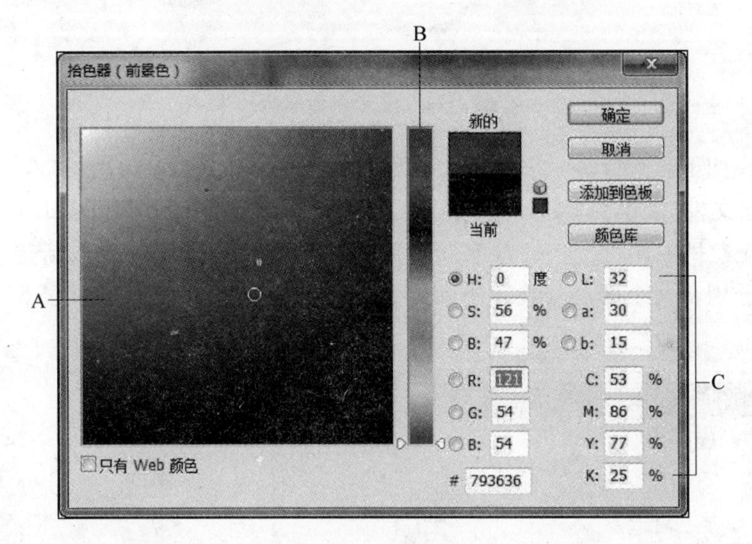

图 1-70　拾色器

单击拾色器右侧的“颜色库”按钮，可以通过不同的色库来选择颜色。“添加到色板”按钮用于将选定的颜色添加到色板当中，以便在切换颜色时直接选择。

1.5　新手上路——电影宣传海报制作

前面讲到的知识对于刚接触 Photoshop CS5 的读者可能稍显多了些，现在来实战一下吧。做一张电影宣传海报，如图 1-71 所示。

这张海报由背景、人物、文字三部分组成。由于宣传的是一部时下比较流行的宫斗戏，为了表现宫廷斗争的激烈，将背景中的天空部分置换成乌云密布的图片。人物的分布呈三角形,更能提升宫斗的紧张气氛。文字部分有片名和剧情介绍,起平衡和修饰作用。

在处理中涉及文件的新建、图层和选区的应用、魔棒工具、磁性套索工具、橡皮擦工具、文字工具等,详见操作步骤。

图 1-71　电影宣传海报

制作步骤如下。

(1) 新建文件,大小为 500×600 像素,分辨率为 72ppi,RGB 模式,如图 1-72 所示。

(2) 打开素材图片“天空”、“楼宇”,使用移动工具将两张图片拖入新建文件中,生成两个图层。分别将两个图层变换大小和位置。将天空图层放到楼宇图层下方,如图 1-73 所示。

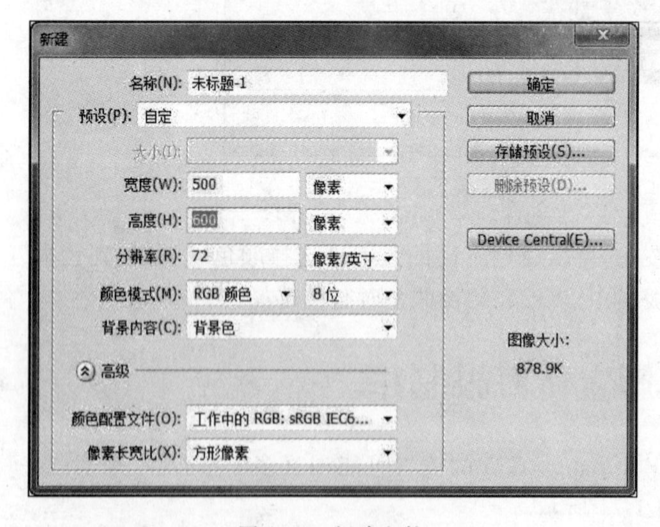

图 1-72　新建文件

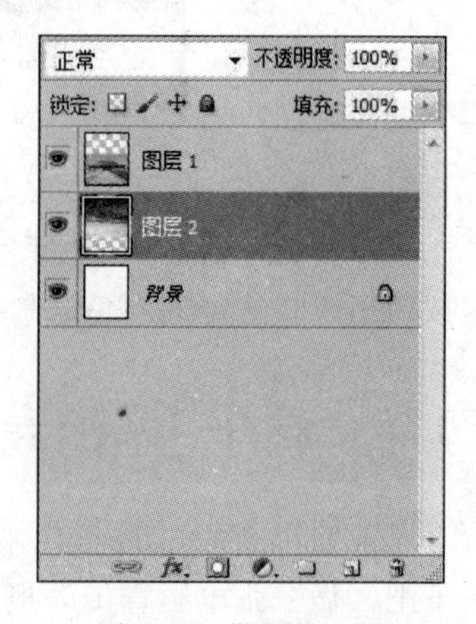

图 1-73　“图层”面板

小贴士

要对图层内的图像进行变换,有以下两种方法。

① 选择“编辑”|“变换”命令,可以选择缩放、透视等变换方式。

② 按 Ctrl＋T 键,图层四周会出现带 8 个节点的变化框。右击图层也会打开“变换”菜单,可选择其中的变换命令进行变换。值得注意的是,在进行缩放变换时,按住 Shift 键进行等比例缩放。

(3) 现在要做的,是将楼宇图片中的天空部分去掉。仔细观察这张图片,会发现天空部分的颜色还比较单一,虽然有一点云,但是也可以使用魔棒工具选中天空部分,如图 1-74 所示。选中天空后,按 Delete 键删除,就会露出下面的乌云,同时也就完成了背景的合成。

(4) 打开“人物 1”和“人物 2”两张图片,如图 1-75 所示。现在需要将两个人物从背景中脱离出来,也就是经常说的抠图。一般人物抠图时都是观察人物的背景,考虑先选出背景再反选就是人物。

图 1-74　用魔棒工具选择天空

人物1

人物2

图 1-75　人物图片

(5) 可以看出,“人物 1”图片中的背景颜色比较多,同时与人物的边缘区分很明显,所以可以使用“磁性套索工具”沿着人物边缘选出人物的选区就可以了。而“人物 2”的背景颜色就很单一,同时与人物颜色区分明显,所以考虑用“魔棒工具”选中背景后再反选就可以抠出这个人物了。抠出这两个人物以后,使用移动工具拖入新建的文件中,并调整大小和位置,如图 1-76 所示。

小贴士

一般在抠图时,确定选区后,都会做些小的羽化,使图像边缘柔和一些。

(6) 两个人物的边缘看起来很生硬,可以使用橡皮擦工具来修饰图像边缘。选择“橡皮擦工具”后,在画笔预设中选择一个带有羽化值的笔尖形状,并调整笔尖的大小。在图像处理时,可以通过按[键和]键来放大和缩小笔尖。完成后的效果如图 1-77 所示。

图 1-76　调整人物的大小和位置

图 1-77　修饰图像边缘

(7) 素材图片“人物 3”、“人物 4”和“人物 5”也需要进行人物抠图,并在调入新建文件后调整大小和位置。这些就留给读者自己去实践吧,按照前面的步骤就可以制作了。完成后的效果如图 1-78 所示。

(8) 打开素材图片“片名”,利用“魔棒工具”选中文字背景后,反选形成文字的选区,将文字拖入新建的文件中,放置好位置。这时会觉得背景的颜色过深了,片名没有突出出来,所以要将楼宇和天空的图层不透明度都改为 80%,感觉效果好了很多,如图 1-79 所示。

图 1-78　人物修饰效果

图 1-79　加入片名

(9) 现在还剩下剧情介绍部分的文字,显然需要使用文字工具。如果要加载成段的文字,往往会使用文字工具在图像中拖曳出一个边界框,便于定界段落的边缘,如图 1-80 所示。

(10) 打开素材中的“文字”文档,将文字选中后,复制,再回到文字边界框中粘贴。根据图像的需要来调整文字的大小、字体，如楷体、14 点、黑色。完成效果如图 1-81 所示。

图 1-80　文字定界框

图 1-81　文字效果

(11) 到此，整个宣传海报就完成了。

1.6　知识回顾

一、填空题

1. 在 Photoshop 中，创建新文件时，图像文件的色彩模式一般设置成(　　)模式，分辨率一般是(　　)像素/英寸，宽度与高度的单位一般是(　　)(请填写像素、厘米或毫米等单位)。

2. 在 Photoshop 中，使用“渐变”可创建丰富多彩的渐变颜色，如线性渐变、径向渐变、(　　)、(　　)、(　　)。

3. 在 Photoshop 中，如果想使用矩形选择工具、椭圆选择工具画出一个正方形或正圆，那么需要按住(　　)键。

二、选择题

1. 下列哪种工具可以选择连续的相似颜色的区域？(　　)

A. 矩形选择工具　　B. 椭圆选择工具

C. 魔术棒工具　　D. 磁性套索工具

2. 如何使用仿制图章工具在图像中取样？(　　)

A. 在取样的位置单击并拖拉

B. 按住 Shift 键的同时单击取样位置来选择多个取样像素

C. 按住 Alt 键的同时单击取样位置

D. 按住 Ctrl 键的同时单击取样位置

第2章

路　径

虽然Photoshop版本不断升级，但图层、通道和路径仍然是Photoshop软件中的3个核心概念。路径作为Photoshop中重要而又常用的功能，它是定义和编辑图像区域的最佳方法之一，能用来精确地定义具体区域，并保存这些结果以便以后重复使用。当使用正确时，路径几乎不给文件增加额外的空间，并且能在文件之间被共享，甚至能在文件与其他应用程序之间被共享。因此，路径仍然是Photoshop CS5图像处理的得力助手，而形状则是路径的扩展，用户使用路径工具可以绘制矢量图形，也可以对绘制后的图形进行编辑。

2.1　路径概述

路径在Photoshop CS5中有着非常广泛的应用，不仅可以用于绘制线条繁多、复杂的图像，也可以描边和填充颜色，还可以作为剪切路径应用到矢量蒙板中。此外，路径还可以转换为选区，因此常用于抠取复杂且光滑的对象。路径与选区的不同之处在于，如果在图像中创建选区，那么这个选区一定是闭合的，而路径可以是不闭合的。

2.1.1　路径的概念

路径(Path)是Photoshop CS5中的重要工具，主要用于光滑图像选择区域及辅助抠图、绘制光滑的线条，定义画笔等工具的绘制轨迹，输出输入路径、选择区域之间转换以及进行图像设计。路径在辅助抠图上显示了强大的可编辑性，具有特有的光滑曲率属性，与通道相比，路径有着更精确、更光滑的特点。引入路径后，可使用户在计算机上绘制曲线段更加灵活和方便。

2.1.2　路径的组成

路径是由贝塞尔(Bezier)曲线构成的闭合或者开放的曲线段。贝塞尔曲线是法国数学家Bezier在20世纪60年代创造的一种曲线精密绘制技术。贝塞尔曲线上存在着多个锚点(也称为节点)，两个锚点间的曲线形状可通过控柄上的控点加以控制和变形，如图2-1所示。

路径是指一个或多个路径组件，即由线段连接起来的一个或多个锚点的集

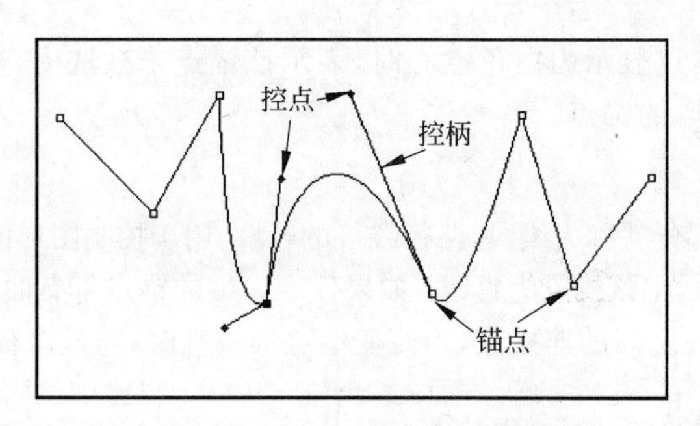

图 2-1　贝塞尔曲线示意图

合。在路径中，用锚点标记路径的端点，通过锚点可以固定路径、移动路径、修改路径长短、改变路径形状。使用路径绘制的线条非常光滑，不会出现明显的锯齿状边缘。利用路径可以编辑不规则图形，建立不规则选区。用户还可以对路径进行描边、填充，从而制作特殊的图像效果，图 2-2 所示为曲线段的组成，图 2-3 所示为直线段的组成。

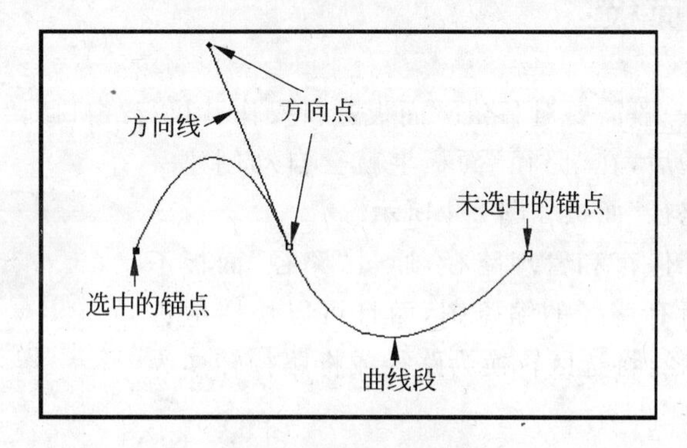

图 2-2　曲线段示意图

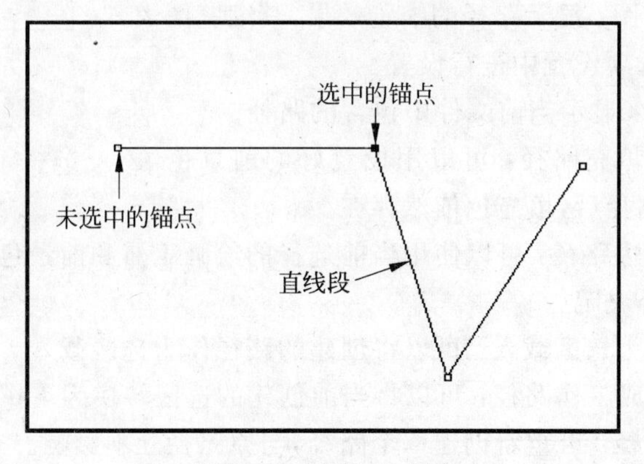

图 2-3　直线段示意图

1. 锚点

锚点即路径节点，是标记每条路径片段的开始与结束的点，用于固定路径、连接路径线段，是路径的重要组成部分。锚点包括直线锚点和曲线锚点两种。曲线锚点又分为平滑锚点和尖突锚点两种。平滑锚点是连接平滑曲线的锚点，尖突锚点是连接尖角曲线的锚点。在操作中,当锚点显示为白色空心时,表示该锚点未被选中,当锚点为黑色实心时,表示该锚点为当前选取的锚点。

2. 线段

锚点之间连接的部分就称为线段,路径线段的轮廓,用于控制图形的形状。如果线段两端的锚点都带有直线属性,则该线段为直线;如果任意一端的锚点带有曲线属性,则该线段为曲线。锚点是线段与线段之间的连接点,当改变锚点的属性时,通过该锚点的线段会被影响。

3. 方向线与方向点

控柄即方向线,是由节点延伸出来的两条线段,用来控制路径线段的走向。当使用直接选择工具或转换点工具选取带有曲线属性的锚点时,锚点的两侧便会出现方向线。控点即方向点,位于方向线的两端,用鼠标拖动方向线末端的方向点,即可改变曲线段的弯曲程度。

2.1.3 "路径"面板

在编辑路径时,一般需要对"路径"面板进行操作。执行"窗口"|"路径"命令,打开"路径"面板,当创建路径后,在"路径"面板上就会自动创建一个新的工作路径,"路径"面板如图 2-4 所示。

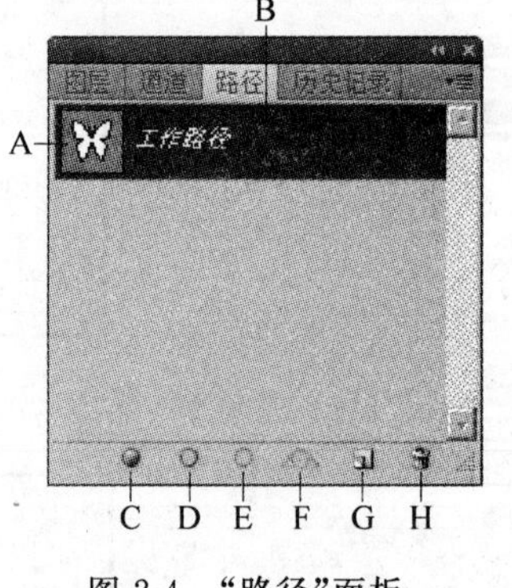

图 2-4 "路径"面板

"路径"面板用于保存和管理路径,通过"路径"面板不但可以看到图像中所有路径的缩览图,而且可以快捷地进行填充路径、描边路径、将选区转换为路径或将路径转换为选区等操作。

图 2-4 中各字母说明如下。

A——路径缩览图:显示路径的缩览效果,其缩览图大小可在路径的面板选项设置中进行设置。

B——工作路径:显示当前文件中包含的路径。

C——用前景色填充路径:可以用设置好的前景色填充当前路径。删除路径后,填充色依然存在。

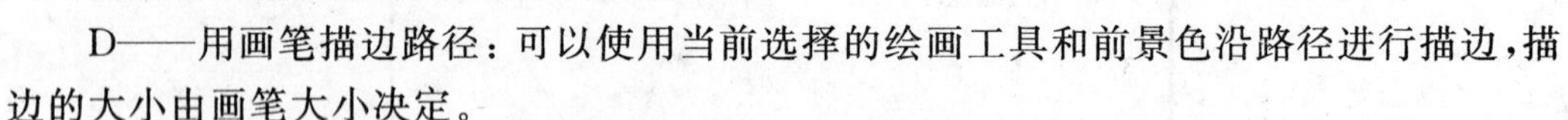

D——用画笔描边路径:可以使用当前选择的绘画工具和前景色沿路径进行描边,描边的大小由画笔大小决定。

E——将路径作为选区载入:可以将创建的路径作为选区载入。

F——从选区生成工作路径:可以将当前创建的选区转换为工作路径。

G——创建新路径:可重新创建一个路径,与原路径互不影响。

H——删除当前路径;可以删除当前选择的工作路径。

2.2 路径工具

Photoshop 软件中提供了一系列用于生成、编辑、设置路径的工具,这些工具汇聚在工具箱的钢笔工具组、选取工具组和形状工具组中。

2.2.1　钢笔工具组

钢笔工具组包括钢笔工具、自由钢笔工具、添加锚点工具、删除锚点工具、转换点工具,如图 2-5 所示。

其中钢笔工具和自由钢笔工具主要用于贝塞尔曲线的锚点定义及曲线勾勒；添加锚点工具和删除锚点工具主要用于贝塞尔曲线的锚点添加与删除。

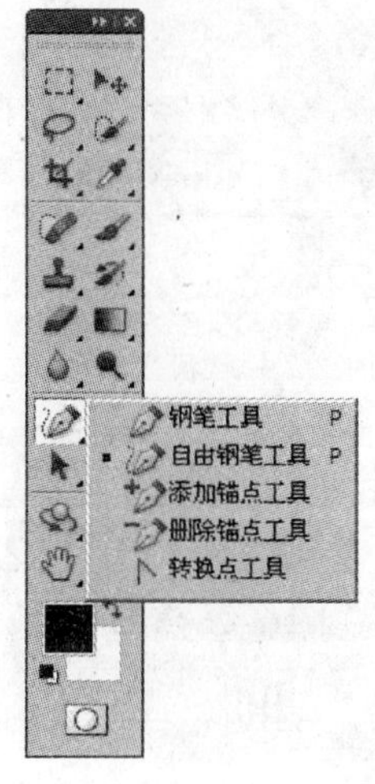

图 2-5　钢笔工具组

1. 钢笔工具

用来绘制多点连接的线段路径或曲线路径,并可以精确地绘出直线或是光滑的曲线。

2. 自由钢笔工具

不能像钢笔工具那样精确地绘制出直线和平滑的曲线,一般用于比较简单的路径创建。

3. 添加锚点工具

可以在现有的路径上增加新的锚点。

4. 删除锚点工具

可以将现有路径上不需要的锚点删除掉。

5. 转换点工具

可以使节点在平滑点和转角点之间互相转换。

小贴士

使用钢笔工具制作路径时,按住 Shift 键可以强制将路径绘成水平、垂直或 45°角；按住 Ctrl 键可暂时切换到路径选取工具；按住 Alt 键将笔形光标在黑色节点上单击可改变方向线的方向,使曲线转折。

2.2.2　选取工具组

选取工具组包括直接选择工具和路径选择工具,如图 2-6 所示。

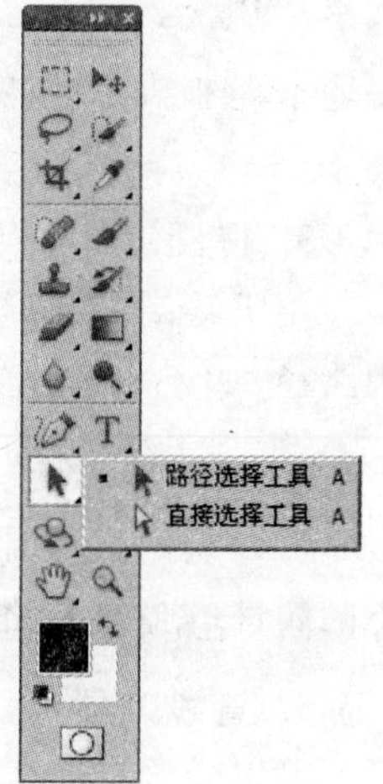

图 2-6　选择工具组

1. 直接选择工具

用于选择路径锚点,直接选择工具和转换点工具配合使用,主要用于贝塞尔曲线的锚点位置调节及曲线调整。

2. 路径选择工具

用于贝塞尔曲线的选择、移动、整形、复制和删除。

2.2.3 形状工具组

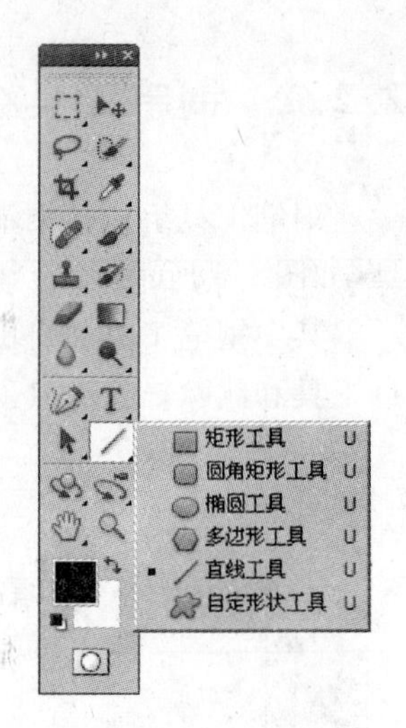

图 2-7 形状工具组

在 Photoshop CS5 中,形状工具是创建路径最主要的工具之一,其包括矩形工具、圆角矩形工具、椭圆工具、多边形工具、直线工具和自定义形状工具,如图 2-7 所示。每种形状工具都可通过属性栏的设置创建不同的路径。

1. 矩形工具

矩形工具用于绘制矩形路径和形状。配合其选项栏的不同设置,可以绘制出不同属性的矩形,如正方形、约束比例的矩形等,如图 2-8 所示。

2. 圆角矩形工具

用于绘制圆角矩形路径或形状。配合其选项栏的不同设置,可以绘制出不同属性的圆角矩形,如等边圆角矩形、固定大小的圆角矩形等,如图 2-9 所示。

图 2-8 “矩形工具”绘制的图形

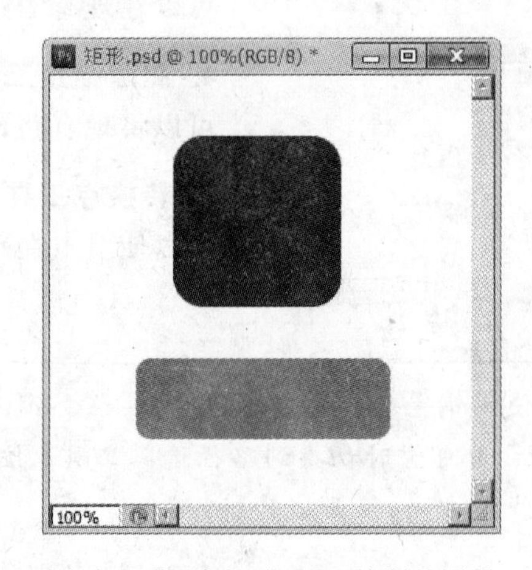

图 2-9 “圆角矩形工具”绘制的图形

3. 椭圆工具

用于绘制椭圆形路径或形状。配合其选项栏的不同设置,可以绘制出不同属性的椭圆路径,如正圆、固定大小的椭圆等,如图 2-10 所示。

4. 多边形工具

可以绘制出所需的多边形区域。配合其选项栏的不同设置(见图 2-11),可以绘制出不同属性的多边形路径,如矩形、椭圆形、五角星等,如图 2-12 所示。

5. 直线工具

可以绘制直线或有箭头的线段。配合其选项栏的不同设置,可以绘制出不同粗细的直线路径,如粗细为 1 像素、10 像素、20 像素等,效果如图 2-13 所示。当在选项栏中设置有箭头的线段(见图 2-14),可以绘制出凹度不同的箭头效果,如图 2-15 所示。

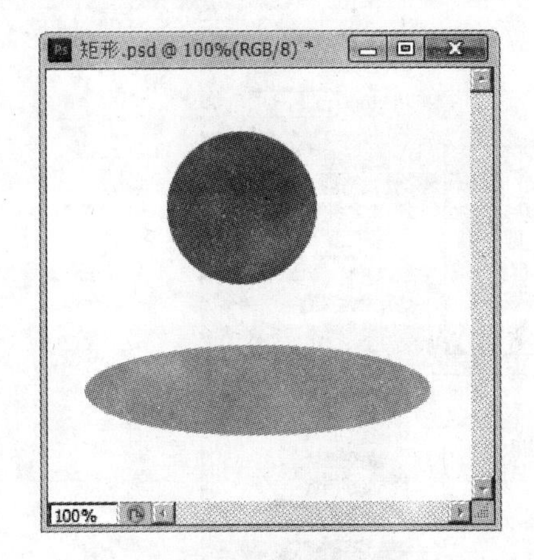

图 2-10　椭圆工具绘制的图形

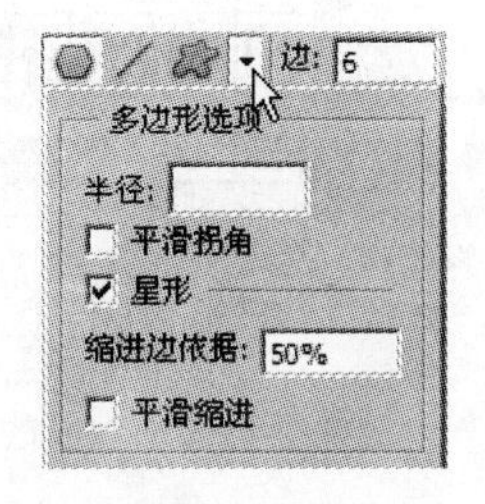

图 2-11　多边形工具的选项栏设置

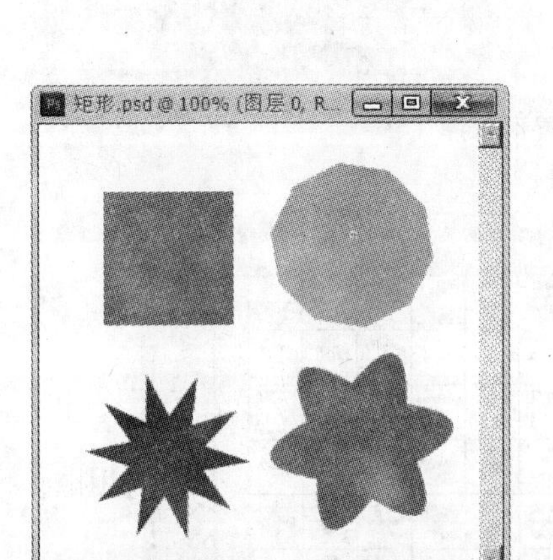

图 2-12　多边形工具绘制的图形

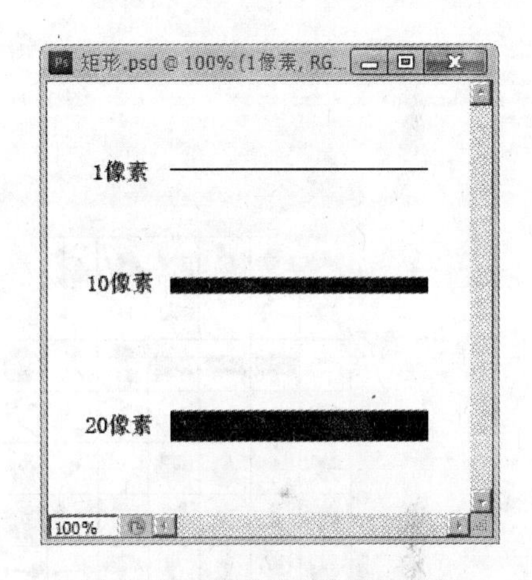

图 2-13　直线工具绘制的路径

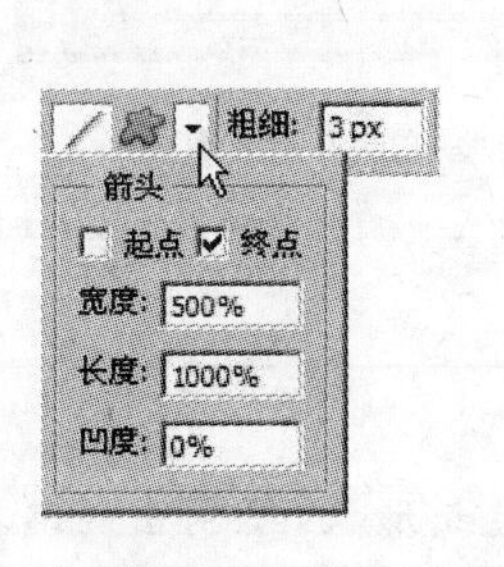

图 2-14　直线工具的选项栏设置

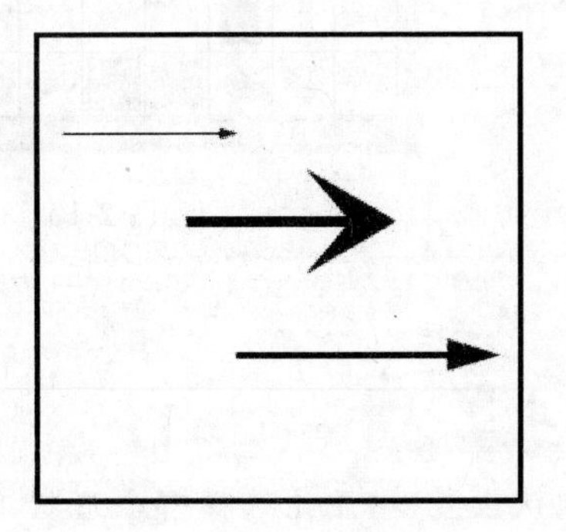

图 2-15　凹度不同的箭头效果

6. 自定形状工具

单击“自定形状”按钮,即可打开 Photoshop 内置的形状库,并从中选择所需形状。在

Photoshop CS5 中有许多内置形状,其加载的方法如图 2-16 所示,与画笔工具的加载方法相似。图 2-17 所示为展开的内置形状库。

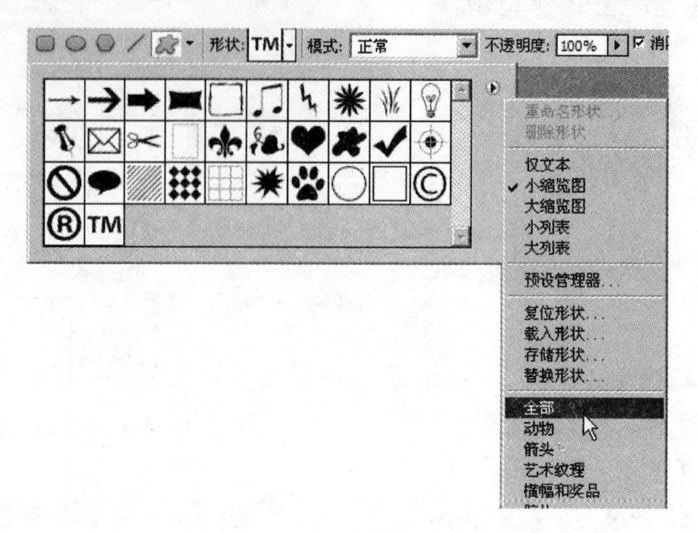

图 2-16 加载内置形状库

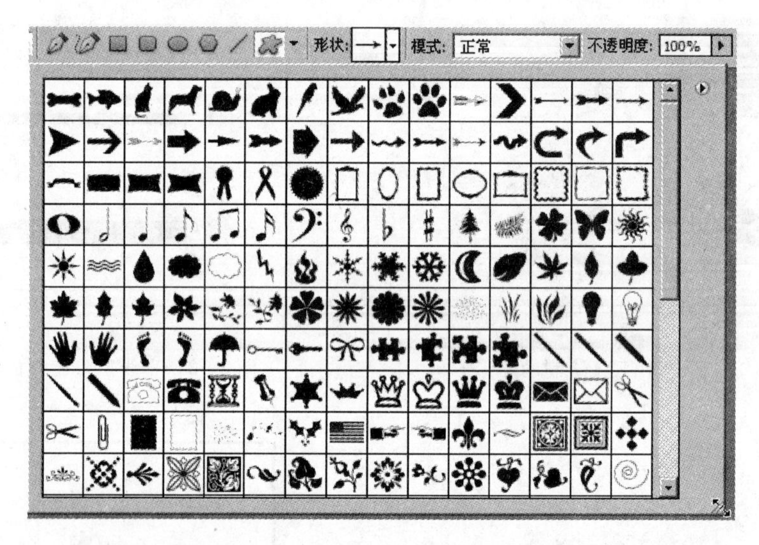

图 2-17 Photoshop CS5 内置形状库

小贴士

默认设置下,无论选择哪个形状工具绘制形状图层或形状,绘制出的路径都会自动填充前景色,即在路径之间的区域填充前景色,而路径之外的区域显示为透明。可以通过改变形状工具的选项栏设置,更改填充的前景色,也可以为其添加图层样式。

2.3　路径的创建与调整

Photoshop 提供了两种用于创建路径的工具，包括钢笔工具和自由钢笔工具，另外，形状工具组中的工具也属于路径绘制工具。当创建一条完整的路径后，一般还需要对路径进行编辑，以便完善图形。在 Photoshop CS5 中，提供了多种调整路径的方法，包括选择路径、添加/删除锚点、转换锚点等。

创建路径最常用的工具是钢笔工具，灵活使用钢笔工具可以创建各种形状的路径，还可以创建带矢量蒙板的形状图层。选择工具箱中的钢笔工具，通过其属性栏，用户不仅可以创建路径或形状图层，而且可快速切换到自由钢笔工具、形状工具等其他路径工具。钢笔工具的属性栏如图 2-18 所示。

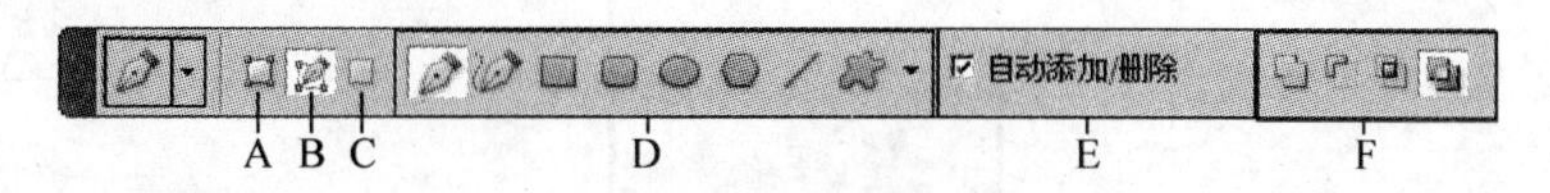

图 2-18　钢笔工具属性栏

图 2-18 中各字母说明如下。

A——形状图层：单击"形状图层"按钮，即可用钢笔工具或形状工具在图像中添加一个新的矢量蒙板形状图层，且以当前的前景色进行填充。用户也可使用其他颜色、渐变或图案来进行填充。

B——路径：创建的路径可在"路径"面板中临时存放，用于定义形状轮廓。当单击该按钮后，即可用钢笔工具或形状工具绘制路径，而不会创建形状图层。

C——填充像素：单击该按钮，在绘制图像时，既不会创建路径，也不会创建形状图层，而是在当前图层中创建一个由前景色填充的像素区域。

D——路径工具组：路径工具组包括钢笔工具、自由钢笔工具、矩形工具、圆角矩形工具、椭圆工具、多边形工具、直线工具和自定义形状工具。在绘制路径的过程中，用户可在属性栏中快速选择不同的形状工具进行绘制。

E——自动添加/删除：选择该复选框，则钢笔工具就具有智能增加和删除锚点的功能。将钢笔工具放在选取的路径上，当指针上右下方显示"+"号时，表示可增加锚点；将钢笔工具放在选中的锚点上，当指针右下方显示为"－"号时，表示可以删除此锚点。

F——路径的运算：布尔运算模式，在该选区中，单击相应的按钮，可以像选区运算模式一样，对路径进行相加、相减、交叉、排除等运算操作。

2.3.1　创建路径

通过钢笔工具和形状工具创建的形状的轮廓就称为路径，可以利用路径创建工具创建直线路径、曲线路径及形状图层。

1. 运用钢笔工具创建路径

(1) 运用钢笔工具绘制直线路径

① 选择钢笔工具，在属性栏上单击"路径"按钮，在图像窗口中单击，确定路径起

始点。

② 释放鼠标,将指针移动至下一位置,通过单击创建第二个锚点,两个锚点之间会自动连接成一条直线,如图 2-19 所示。

③ 按照相同的操作依次确定路径的相关锚点。如果要闭合路径,可以将指针放至路径的起点,当指针的钢笔图标右下方显示“句号”形状时单击即可创建一条闭合路径,效果如图 2-20 所示。

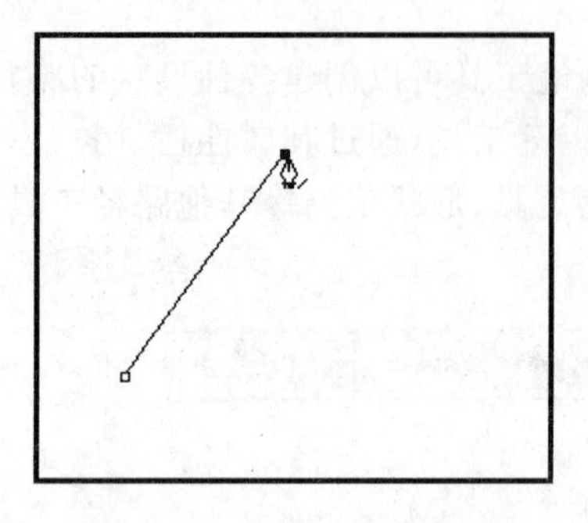

图 2-19 用钢笔工具绘制直线

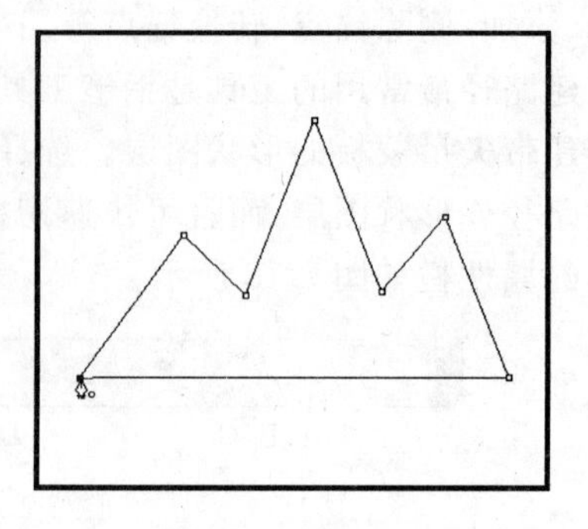

图 2-20 用钢笔工具绘制闭合线段路径

(2) 运用钢笔工具绘制曲线路径

① 选择钢笔工具,在属性栏上单击“路径”按钮,在图像窗口中单击后直接拖动鼠标向曲线延伸的方向(右上方)拖拉,然后松开鼠标得到第一个节点,如图 2-21 所示。

② 等光标移至预定的位置(右下方),按住鼠标并向曲线延伸的方向(右上方)拖拉鼠标确定下一个节点后,将鼠标再移至另一处预定位置(右下方)时松开鼠标键,然后继续创建多个节点,如图 2-22 所示。

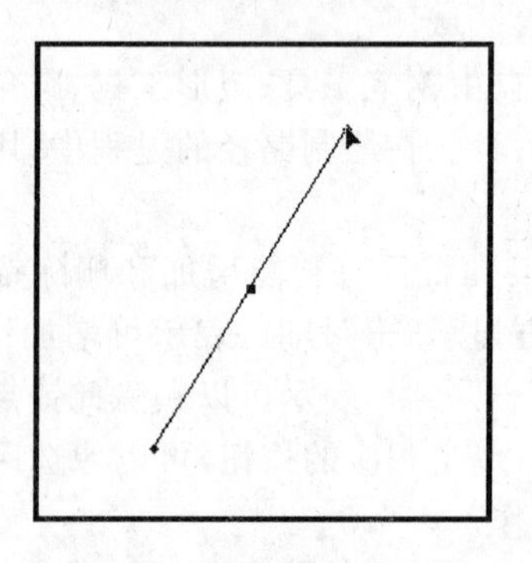

图 2-21 确定第一个节点

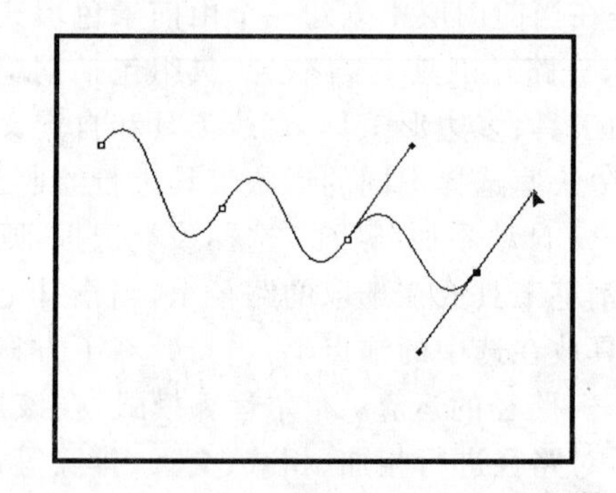

图 2-22 拖动并创建多个节点形成曲线

③ 当要结束一个开放路径的绘制时,取消选择钢笔工具即可。

④ 如果光标回到第一个节点时,光标右下角出现一个小圆圈,单击鼠标得到一个封闭的路径。

2. 运用自由钢笔工具创建路径

使用自由钢笔工具可以绘制出任意的图形,使用方法与套索工具非常相似,不同的是使用自由钢笔工具绘制图形时得到的是路径。其属性栏与钢笔工具基本一致,只是将“自动添加/删除”复选框改为了“磁性的”复选框。选中“磁性的”复选框，在绘制路径时，可按照磁性套索工具的用法设置平滑的路径曲线，对创建具有轮廓的路径很有帮助，操作步骤如下。

(1) 打开一幅素材图，如图 2-23 所示。

(2) 选取工具箱中的自由钢笔工具，在工具属性栏中选中“磁性的”复选框，将鼠标指针移至图像编辑窗口中单击，并沿图像中“盘子”的轮廓拖曳鼠标，如图 2-24 所示。

图 2-23　打开素材图像

图 2-24　创建锚点并拖曳鼠标

(3) 沿轮廓拖曳鼠标一周后，将鼠标指针移至路径的起始位置，鼠标指针右下方出现小圆圈形状，如图 2-25 所示。

(4) 单击鼠标即可创建一条闭合的路径，如图 2-26 所示。

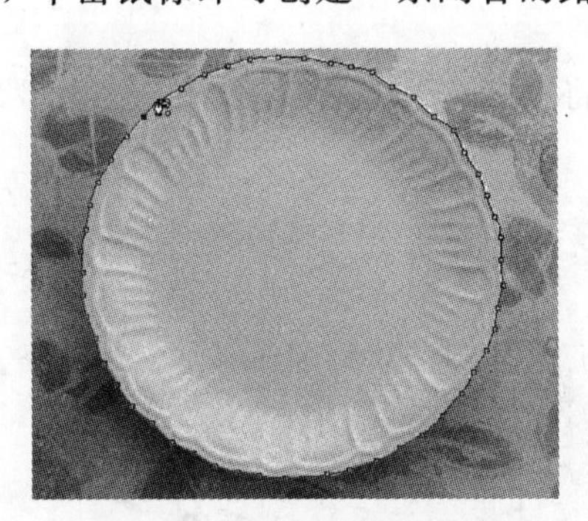

图 2-25　拖曳鼠标至起始位置

图 2-26　创建闭合路径

3. 绘制矩形路径形状

矩形工具主要用于绘制矩形或正方形路径，在其属性栏中，单击“几何选项”按钮，弹出“矩形选项”面板，如图 2-27 所示。从中可对矩形样式进行多种参数设置，以得到所需的矩形样式。用户可通过设置矩形工具属性栏绘制正方形，还可以设置矩形的尺寸或固定宽高比例等。

(1) 打开素材图像如图 2-28 所示。

(2) 选取工具箱中的矩形工具，单击工具属性栏上的“路径”按钮，在打开的素材图像中，从图像窗口的左上方至图像的右下方拖动，创建一条矩形路径，如图 2-29 所示。

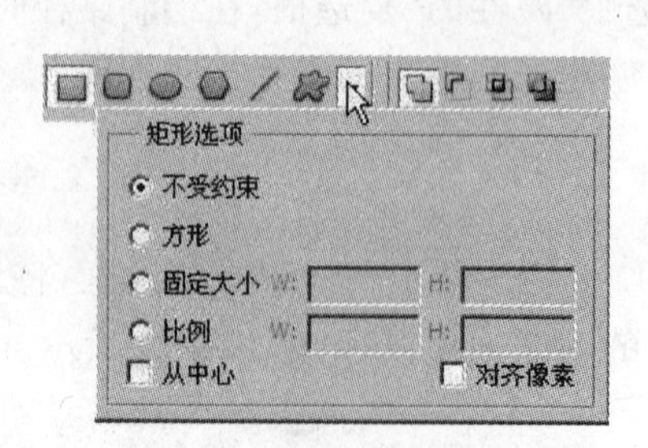

图 2-27 “矩形选项”面板

图 2-28 素材图像 1

(3) 在工具属性栏上单击“从路径区域减去”按钮,在图像编辑窗口的左上方单击鼠标左键并拖曳,创建缩小一圈的矩形路径,如图 2-30 所示。

图 2-29 创建矩形路径

图 2-30 创建缩小的矩形路径

(4) 展开“路径”面板,在面板右下方单击“将路径作为选区载入”按钮,如图 2-31 所示,将路径转换成选区,如图 2-32 所示。

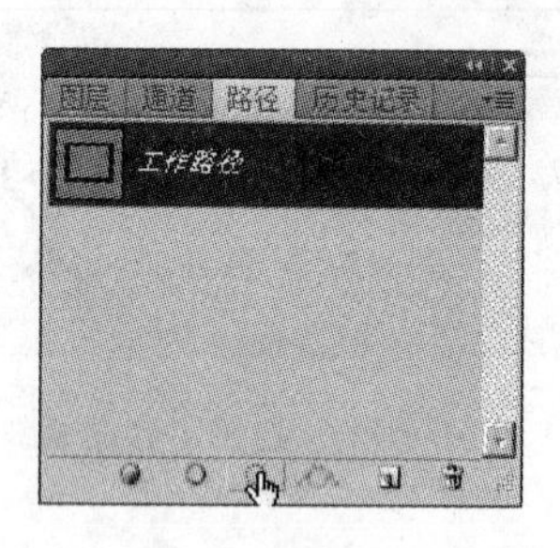

图 2-31 “路径”面板

图 2-32 将路径转换为选区

(5) 执行“编辑”|“填充”命令,打开“填充”对话框,设置填充内容为“图案”,如图 2-33 所示,然后单击“确定”按钮填充选区。

(6) 执行“选择”|“取消选择”命令,取消选区,效果如图 2-34 所示。

在绘制矩形时,如果按住 Shift 键,则可以创建正方形;如果按住 Alt 键拖动会以单击点为中心向外创建矩形;按住 Shift+Alt 键会以单击点为中心向外创建正方形。

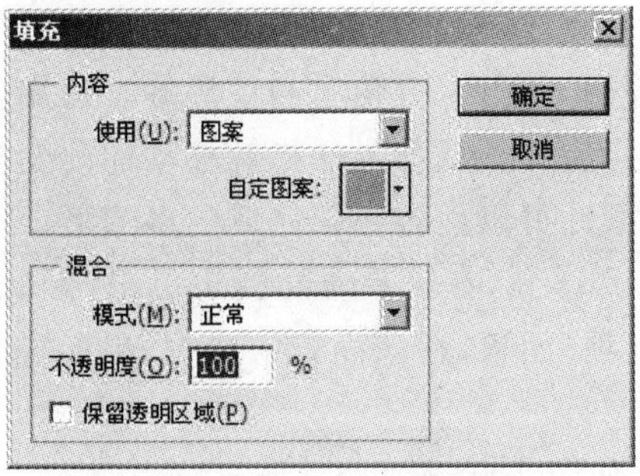

图 2-33　在“填充”对话框中设置填充图案

图 2-34　取消选区后图像效果

4．绘制圆角矩形路径形状

使用圆角矩形工具可创建圆角的矩形路径。使用方法及属性栏设置与矩形工具相似，图 2-35 所示为“圆角矩形选项”面板。在属性栏中，可通过“半径”选项来设置圆角的幅度，数值越大，产生的圆角效果越明显。图 2-36 所示的是半径为 30 像素的圆角矩形路径效果。

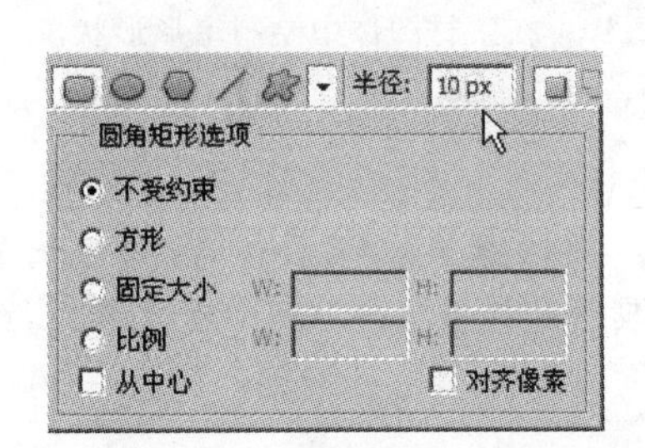

图 2-35　“圆角矩形选项”面板

图 2-36　半径为 30px 的圆角矩形路径

5．绘制椭圆路径形状

使用椭圆工具可以绘制椭圆形或正圆形的路径。可以对“椭圆选项”面板的参数进行设置来确定创建椭圆的样式与方法，与矩形工具的操作方法相同，只是绘制的形状不同，“椭圆选项”面板如图 2-37 所示，其中，“圆(绘制直径或半径)”选项用于绘制正圆，在绘制时，以直径来确定圆的大小。图 2-38 所示即为多个半径不同的正圆以及两个椭圆组合的路径效果。

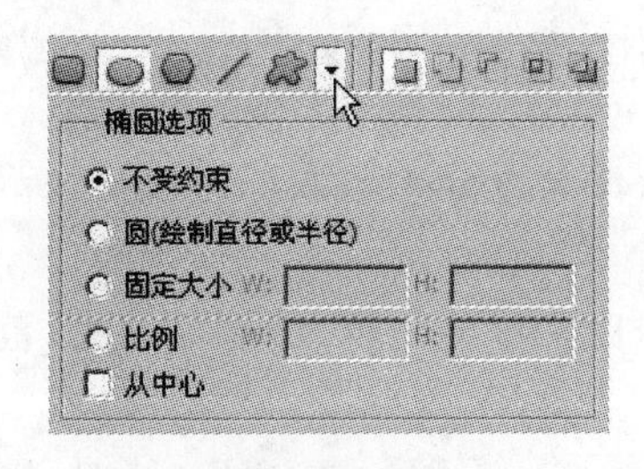

图 2-37　“椭圆选项”面板

图 2-38　半径不同的正圆及椭圆路径效果

6. 绘制多边形路径形状

使用多边形工具可以绘制等边多边形,如等边三角形、五角星和星形等。运用多边形工具创建路径形状时,始终会以单击位置为中心点,并且随着鼠标指针移动而改变多边形的位置,即在拖曳鼠标绘制多边形时,移动鼠标指针可以旋转还未完成的多边形。

(1) 打开素材图像后,选取工具箱中的多边形工具,在工具属性栏中单击“形状图层”按钮,单击“几何选项”下拉按钮,弹出“多边形选项”面板,在该面板中选中“星形”复选框,如图 2-39 所示。

(2) 在图像编辑窗口中绘制星形形状,效果如图 2-40 所示。

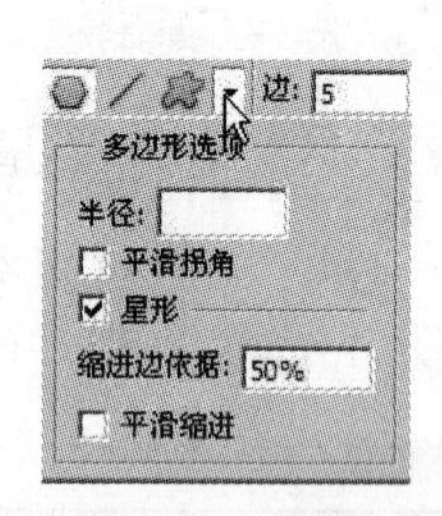

图 2-39 “多边形选项”面板

图 2-40 在素材图像中绘制星形形状

7. 绘制直线路径形状

使用直线工具可创建直线和带有箭头的线段。当选取了直线工具后,属性栏会出现一个“精细”选项,主要用来设置直线的粗细,它的取值范围为 1～1000,数值越大,绘制出来的线条越粗。

在“箭头”面板(见图 2-41)中,各选项含义如下。

(1) 起点/终点:选中“起点”复选框,可在直线的起点添加箭头;选中“终点”复选框,可在直线的终点添加箭头;两上复选框都选中,则起点和终点都会添加箭头,如图 2-42 所示。

图 2-41 “箭头”面板

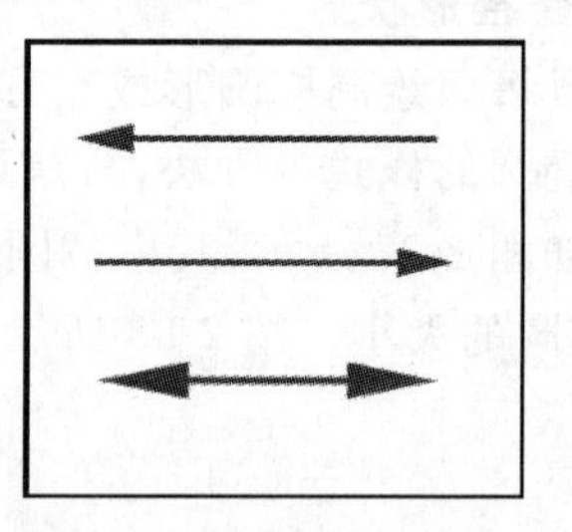

图 2-42 绘制箭头效果

(2) 宽度:用来设置箭头宽度与直线宽度的百分比。百分比越大,箭头越大,范围为 10％～1000％。

(3) 长度:用来设置箭头长度与直线长度的百分比。百分比越大,箭头越大,范围为 10％～1000％。

(4) 凹度:用来设置箭头的凹陷程度,范围为－50％～50％。该值为 0％时,箭头尾部平齐；大于 0%时，向内凹陷；小于 0%时，向外凸出，如图 2-43 所示。

8. 绘制自定义路径形状

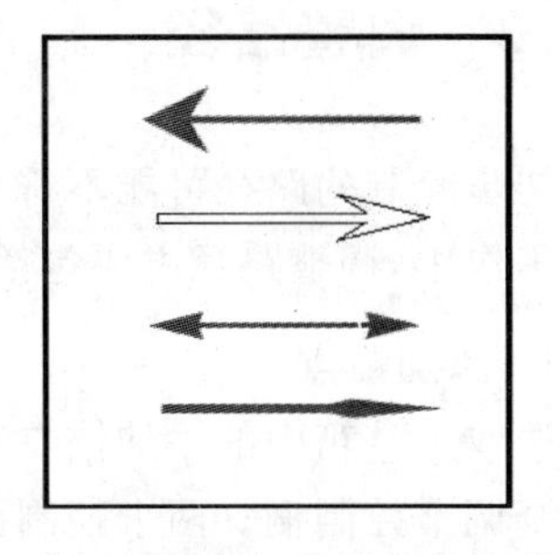

图 2-43　绘制不同凹度的箭头效果

运用自定形状工具可以绘制各种预设的形状，如音乐符、闪电、信封、雪花等丰富多彩的路径形状。

(1) 打开一幅素材图像。

(2) 选取工具箱中的自定形状工具，单击工具属性栏中“几何选项”按钮，可打开“自定义形状”面板，如图 2-44 所示。

(3) 单击“自定义形状”面板右上角的下拉菜单按钮，选择下拉菜单中的“全部”选项，将更多的自定义形状添加到当前的形状中，会弹出提示框，如图 2-45 所示，单击“确定”按钮后，Photoshop CS5 软件自带的形状将会全部添加到当前的形状面板中。

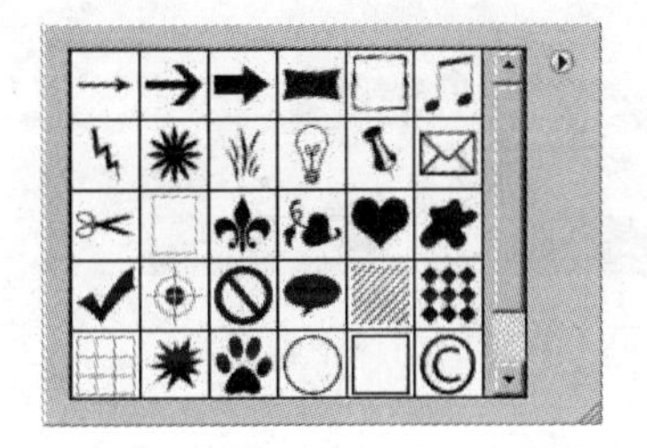

图 2-44　“自定义形状”面板

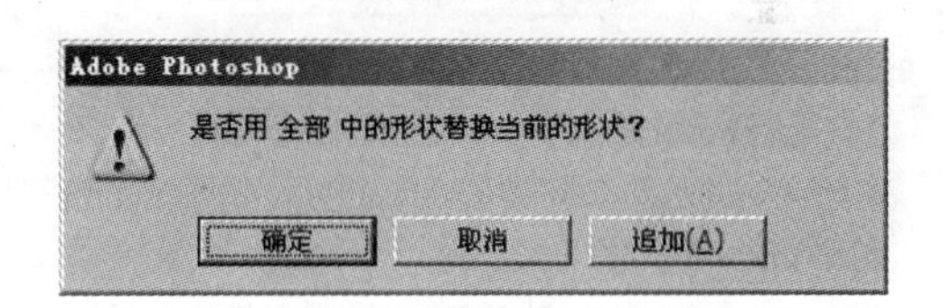

图 2-45　添加全部形状时弹出的确认对话框

(4) 在全部形状面板中，选择所需的“雪花”形状，如图 2-46 所示。

(5) 单击“设置前景色”色块，设置前景色为白色。

(6) 单击工具属性栏中的“填充像素”按钮，在素材图像编辑窗口中绘制形状，效果如图 2-47 所示。

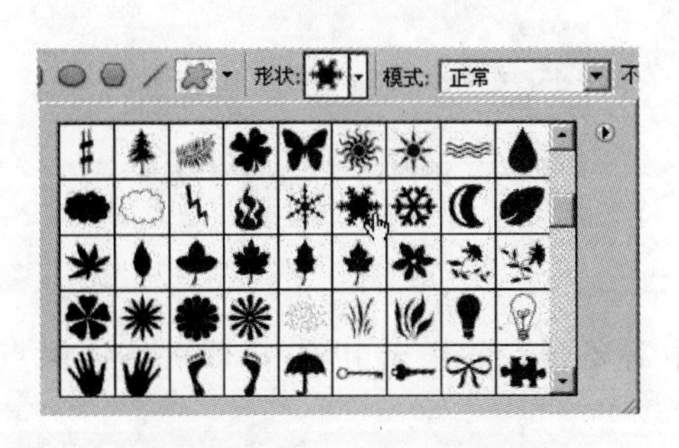

图 2-46　选择自定义形状

图 2-47　绘制自定义“雪花”形状

2.3.2 调整路径

初步绘制的路径可能不符合设计的要求,需要对路径进行进一步的编辑和调整。在实际工作中,调整路径主要包括添加锚点、删除锚点、断开路径、连接路径等操作。

1. 添加锚点

选取工具箱中的添加锚点工具,在路径上单击即可在路径上添加一个锚点,并同时产生两个调节控制柄。两个控制柄就像一个杠杆,可利用它们对路径进行调整。

(1) 打开或绘制一幅素材图像,如图 2-48 所示。

(2) 选取工具箱中的钢笔工具,在素材图像中创建一段路径,如图 2-49 所示。

图 2-48 素材图像 2

图 2-49 在素材图像中创建路径

(3) 选择工具箱中的添加锚点工具,拖曳鼠标指针至路径边缘处,鼠标指针呈带加号的钢笔形状,如图 2-50 所示。

(4) 单击鼠标即可添加一个新锚点,添加锚点后的路径效果如图 2-51 所示。

图 2-50 定位添加锚点的鼠标位置

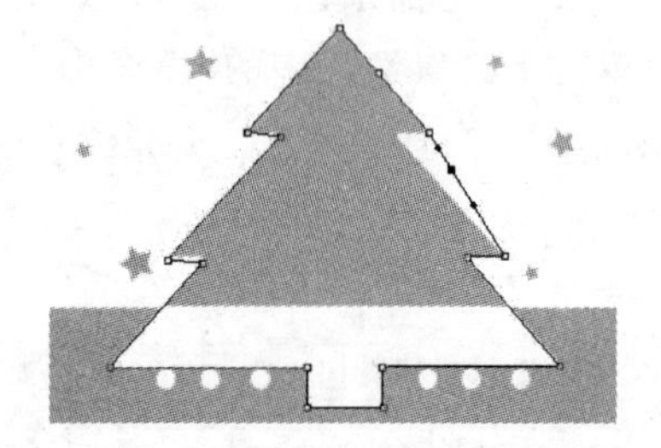

图 2-51 添加锚点后的路径效果

2. 删除锚点

选择工具箱中的删除锚点工具,在路径中需要删除的锚点上单击,即可将该锚点删除,而原有路径将自动调整,以保持连贯。

(1) 选择工具箱中的删除锚点工具,在创建了路径的素材图像中,将鼠标指针移至路径中需要删除的锚点上,鼠标指针呈带减号的钢笔形状,如图 2-52 所示。

(2) 单击鼠标即可删除一个已有的锚点,如图 2-53 所示。

图2-52　将鼠标定位在要减去的锚点上

图 2-53　删除锚点后的路径效果

小贴士

① 若在选择添加锚点工具和删除锚点工具的情况下，按 Alt 键，可在这两个工具之间切换。

② 在选择钢笔工具的情况下，移动鼠标指针至曲线的方向线上按 Alt 键，则会变为转换点工具。

3. 转换锚点

锚点共有两种类型——直线锚点和曲线锚点，这两种锚点所连接的分别是直线和曲线。在直线锚点和曲线锚点之间可以相互切换，以满足编辑需要，使用编辑路径工具的转换点工具，就可轻松地实现这一操作。

(1) 使用转换点工具，在直线段上的任何一个锚点上按住鼠标左键拖动，即可将该角点转换为平滑点，如图 2-54 所示。

(2) 使用转换点工具，在曲线段的锚点上单击，又可以将该平滑点转换为角点，如图 2-55 所示。

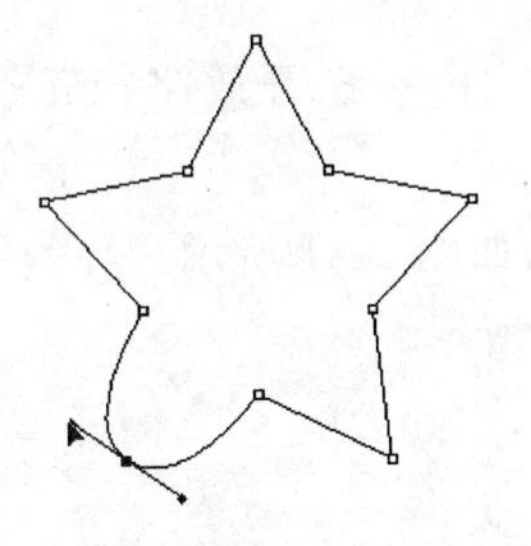

图2-54　角点转换为平滑点

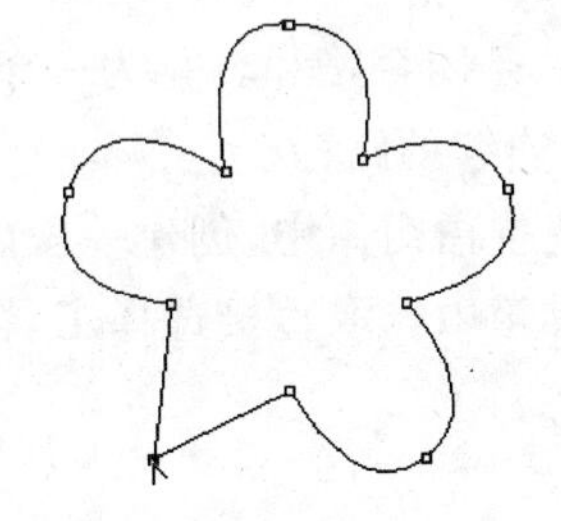

图 2-55　平滑点转换为角点

使用转换点工具还可以调整曲线的方向，因此，灵活使用编辑路径工具中的转换点工具，对于创建各种不规则的图案是非常重要的。下面通过几个路径形状调整来加以体会。

(3) 选择钢笔工具，在图像窗口绘制路径线段，如图 2-56 所示。

(4) 移动鼠标指针回到线段路径的起点，鼠标指针呈带圆形的钢笔形状，单击即完成两条重叠路径线段的闭合效果，如图 2-57 所示。

(5) 选择编辑路径工具中的转换点工具，将鼠标指针移至闭合路径的起点和终点，分别拖移锚点,将锚点的两个控杆手柄拉出,然后再使用转换点工具分别调整每条控杆手柄的长度和方向。便可将两条闭合重叠线段的路径转换为各种形状,如图 2-58 所示,为心形形状路径。

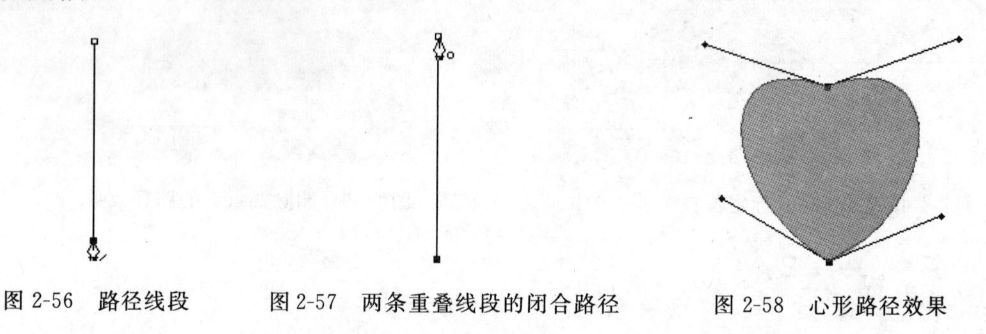

图 2-56 路径线段　　图 2-57 两条重叠线段的闭合路径　　图 2-58 心形路径效果

(6) 按上面方法,再次调整每条控杆手柄的长度和方向,可以分别将当前路径转换为如图 2-59 所示的苹果形路径,以及如图 2-60 所示的树叶形路径。

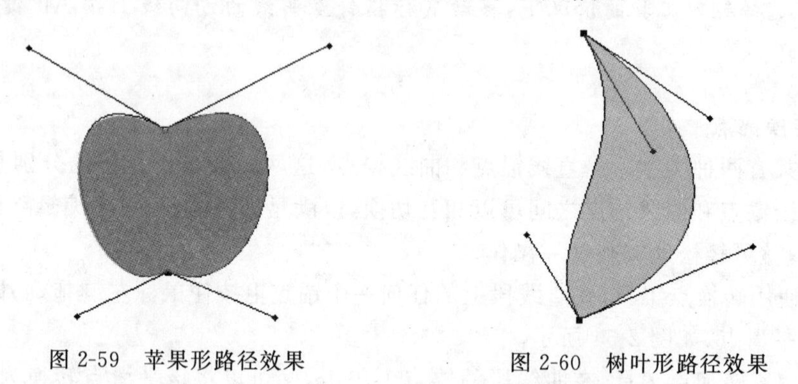

图 2-59 苹果形路径效果　　图 2-60 树叶形路径效果

4. 断开路径

若需要将一条闭合路径转化为一条开放路径,或由一条开放路径转换为两条开放路径时,需要切断连续的路径。

(1) 在新建空白图像中,创建一段闭合的路径,如图 2-61 所示。

(2) 在工具箱中选取直接选择工具,如图 2-62 所示。

图 2-61 创建的闭合路径

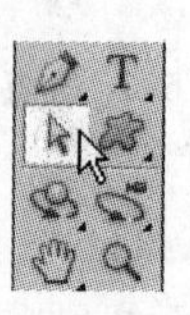

图 2-62 选择直接选择工具

(3) 在图像窗口中,在需要断开的路径上单击,即可选中该段路径,如图 2-63 所示。

(4) 按 Delete 键即可断开路径,如图 2-64 所示。

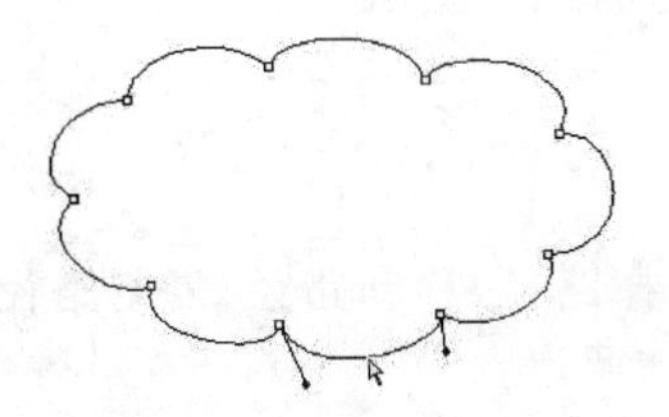

图 2-63 选中要断开的路径

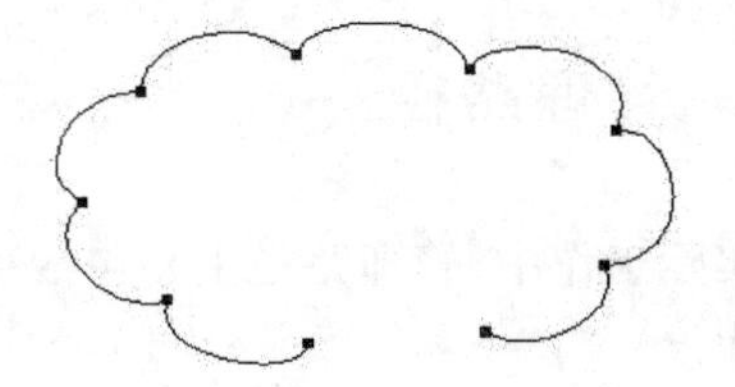

图 2-64 断开路径的效果

5. 连接路径

在绘制路径的过程中，可能会因为种种原因而得到一些不连续的线段，这时就可以使用钢笔工具来连接这些分散的线段。

(1) 在新建文件窗口中，创建不连续的开放路径，如图 2-65 所示。

(2) 选取工具箱中的钢笔工具，将鼠标指针移至需要连接的第一个锚点上，鼠标指针呈带矩形的钢笔形状，如图 2-66 所示。

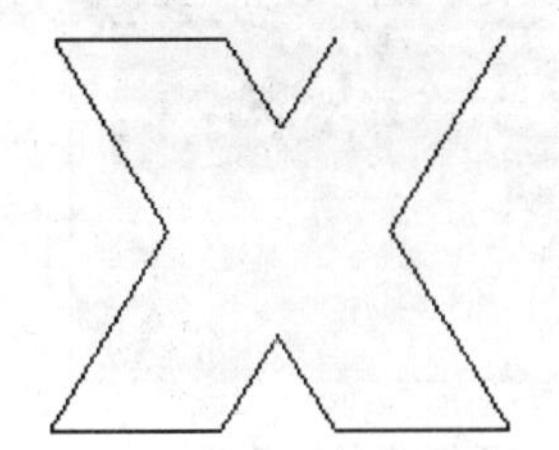

图 2-65 创建的不连续路径

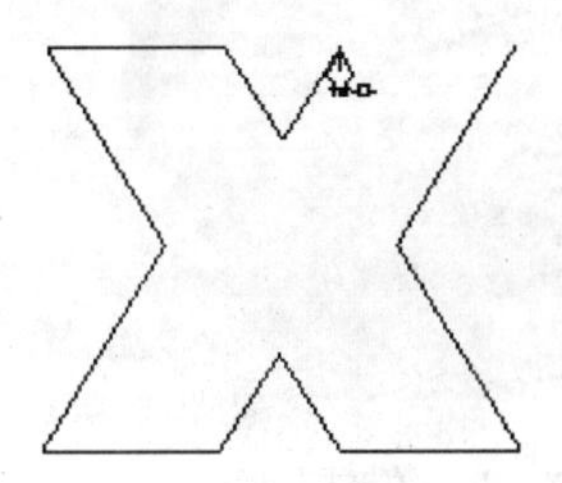

图 2-66 鼠标定位连接路径的起点

(3) 在第一个要连接的锚点上单击后，将鼠标指针移至需要连接的第二个锚点上，鼠标指针呈带圆形的钢笔形状，如图 2-67 所示。

(4) 单击即可将这段开放路径连接起来，如图 2-68 所示。

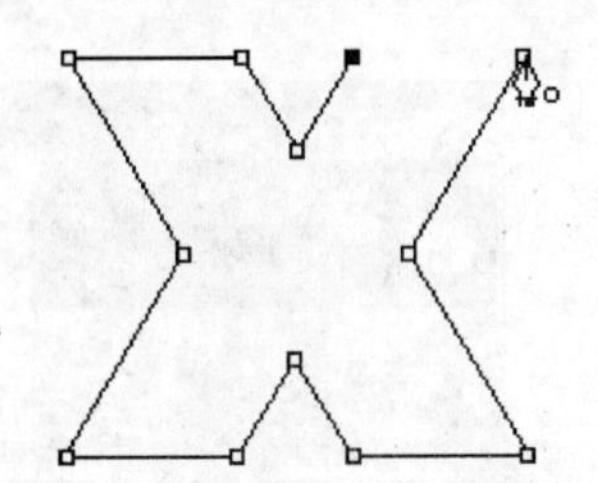

图 2-67 光标移至连续路径的终点

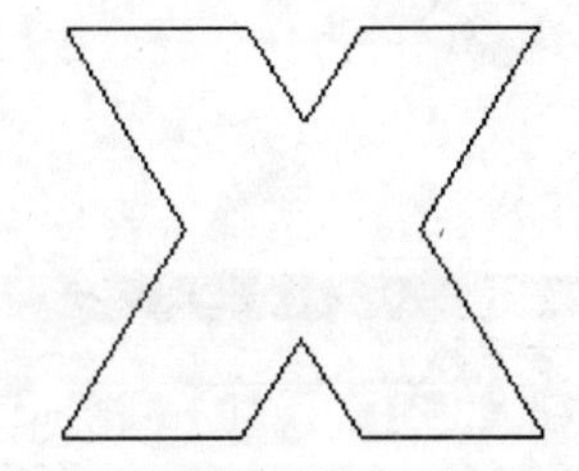

图 2-68 开放路径被连接成闭合路径

2.4 路径的管理与应用

初始绘制的路径可能不符合设计的要求，比如路径圈选的范围多了或者少了、路径的位置不合适等，这就需要对路径进一步编辑和调整，以完善图形。Photoshop CS5 提供了多种修改和编辑路径的方法，我们将其归纳为路径的管理与应用。

2.4.1 管理路径

在实际工作中，管理路径主要包括存储路径、选择路径、移动路径、复制路径、删除路径等操作。

1. 存储路径

新路径完成后，Photoshop CS5 会自动产生一个“工作路径”，而该路径一定要在被保存后才可以永久保留下来。

(1) 打开素材图像，如图 2-69 所示，创建闭合路径。

(2) 展开“路径”面板，选择“工作路径”，如图 2-70 所示。

图 2-69 素材图像 3

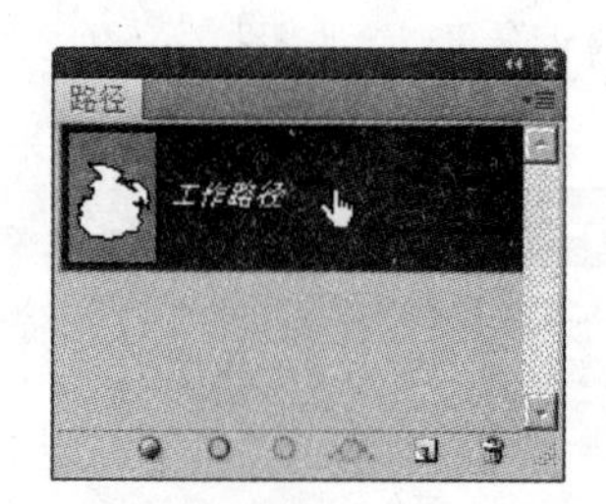

图 2-70 开放路径被连接成闭合路径

(3) 在“工作路径”上双击，弹出“存储路径”对话框，在“名称”文本框中输入“水果”，如图 2-71 所示。

(4) 单击“确定”按钮即可存储路径，“路径面板”中的“工作路径”变为“水果”路径，如图 2-72 所示。

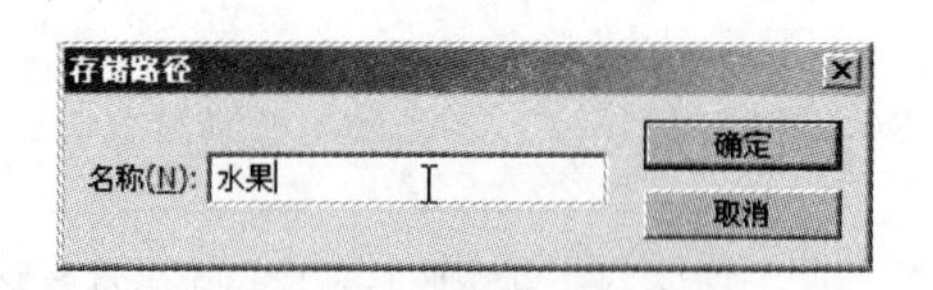

图 2-71 “存储路径”对话框

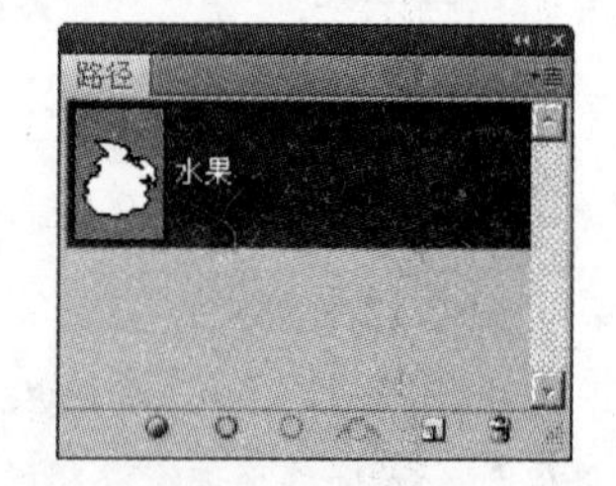

图 2-72 存储路径

2. 选择路径

要对创建的路径进行编辑和修改，首先要选取路径，选择路径的工具包括路径选择工具和直接选择工具两种。只有选择了路径锚点，才可以对路径形状进行调整。

(1) 路径选择工具用于选取一个或多个路径，并可对路径进行移动、组合、对齐、分布、复制和变形等操作。选择路径选择工具后，可通过属性栏对路径进行编辑。

① 打开一幅素材图像，如图 2-73 所示。

② 选择自由钢笔工具创建路径，然后展开"路径"面板，在"工作路径"上单击，如图 2-74 所示。

图 2-73　素材图像 4

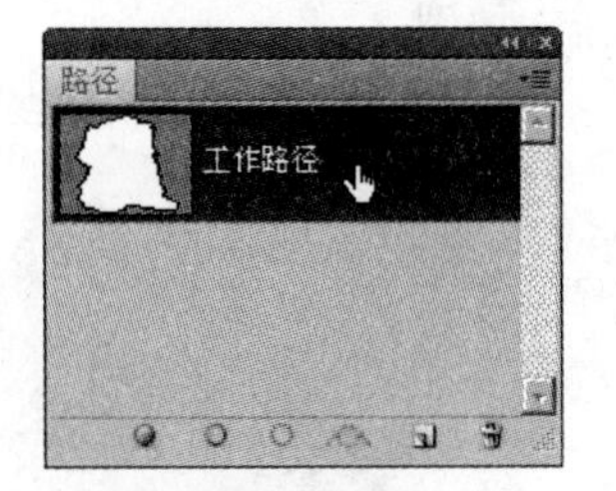

图 2-74　"路径"面板

③ 执行操作后，即可在图像编辑窗口中显示创建的路径，如图 2-75 所示。

④ 选取工具箱中的路径选择工具，拖曳鼠标指针至编辑窗口中显示的路径上单击，即可选择该路径，如图 2-76 所示。

图 2-75　显示路径

图 2-76　选择路径

(2) 直接选择工具主要用于移动和调整路径上的锚点和线段。使用路径选择工具选取目标后，如果路径中所有的锚点以实心显示，表示选取的是整条路径，如果锚点均以空心显示，则表示选取的不是整条路径。若使用直接选择工具点选路径，均会选中整条路径，即路径中所有锚点以实心显示。

小贴士

① 关闭和打开路径：如果按住 Shift 键的同时单击路径名称，即可快速关闭当前路径，如果在"路径"面板再次单击路径名称，可以重新打开路径。

② 隐藏和显示路径：执行"视图"|"显示"|"目标路径"命令或按 Ctrl＋Shift＋H 键，便可将路径隐藏，再次操作可以重新将路径显示出来。

3. 移动路径

移动路径前需要使用“路径选择工具”选择该段路径，然后单击鼠标并拖曳需要移动的路径即可。

(1) 打开素材图像，如图 2-77 所示。

(2) 选择自由钢笔工具，创建闭合路径，然后在“路径”面板上选择工作路径，路径处于显示状态，如图 2-78 所示。

图 2-77　素材图像 5

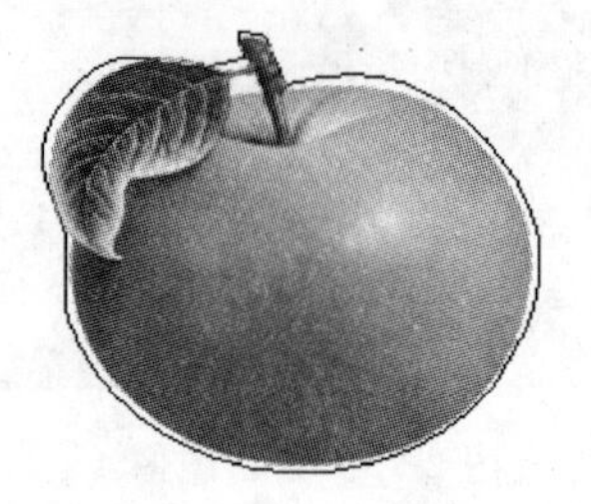

图 2-78　显示路径

(3) 选择路径选择工具，在路径上单击，即可选择整条路径，如图 2-79 所示。

(4) 直接拖动即可移动路径，如图 2-80 所示。

图 2-79　选择路径

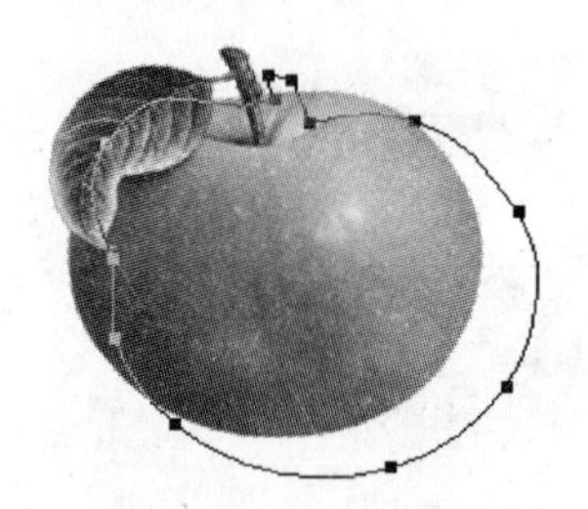

图 2-80　移动路径

(5) 接下来，可以利用移动的路径，执行路径转换成选区、羽化、填充选区等操作，在移动后的路径位置制作出苹果投影的效果，如图 2-81 所示。

(6) 如果选取路径时，使用的是直接选择工具，且只选中路径上的一个锚点，那么在拖动时，移动的只是该锚点，而不是整条路径，如图 2-82 所示。

图 2-81　摄影效果

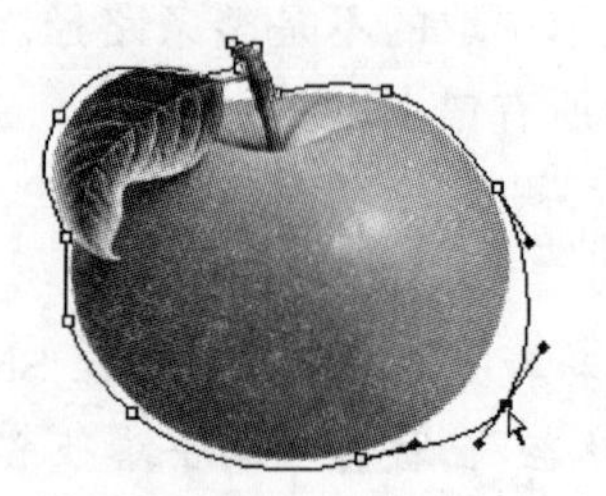

图 2-82　移动路径

小贴士

在移动路径的操作中，不论使用的是路径选择工具还是直接选择工具，只要同时按住Shift键就可以在水平、垂直或者45°方向上移动路径。

4. 复制路径

复制路径的优点在于对同样的路径无须进行重复性操作。

(1) 打开素材图像，并显示路径，如图 2-83 所示。

(2) 运用路径选择工具选择需要复制的源路径，按住 Alt 键的同时单击鼠标并向右拖曳，至合适位置后释放鼠标左键，即可复制路径，效果如图 2-84 所示。

图 2-83　素材图像及路径

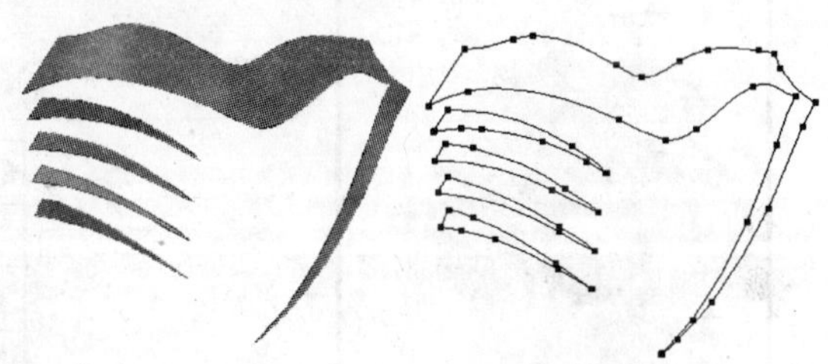

图 2-84　原路径及复制路径

小贴士

① 若要快速复制路径，可将当前路径拖至"创建新路径"按钮上。

② 选取工具箱中的直接选择工具，按住 Alt 键的同时，单击路径的任意一段或任一个锚点拖曳，也可以复制路径。

5. 删除路径

在图像编辑窗口中绘制的路径，用户可根据需要将其删除。删除当前路径的方法有以下几种。

(1) 当要删除的某个路径被完全选中时，只须按 Delete 键即可。

(2) 还可以在"路径"面板中选择需要删除的路径，直接拖至"路径"面板底部的"删除当前路径"按钮上，便可直接将路径删除。

(3) 如果在"路径"面板中选择需要删除的路径后，单击"路径"面板底部的"删除当前路径"按钮，则会弹出确认删除提示框，如图 2-85 所示，单击提示框中的"是"按钮，即可将该路径删除。

图 2-85　确认删除路径的信息提示框

2.4.2 应用路径

创建好路径后，不仅可以将路径与选区进行相互转化并应用，还可以直接对路径进行描边、填充颜色等操作，使其产生一些特殊的效果。

1. 填充路径

填充就是在指定区域内填入颜色、图案或快照，该功能类似于工具箱中的油漆桶工具。不同的是，油漆桶工具只能填入颜色而不能填充图案等内容。

(1) 打开一幅绘制好的素材图像，如图 2-86 所示。

(2) 选取自定形状工具，在“自定义形状”拾色器中选择需要的选项，如图 2-87 所示。

图 2-86 素材图像 6

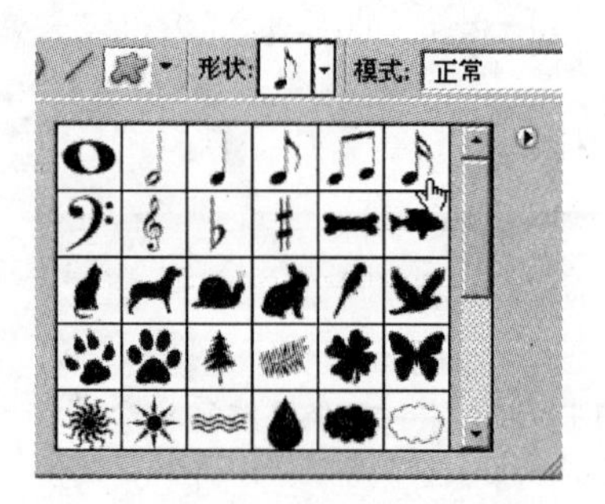

图 2-87 选择所需形状

(3) 在图像编辑窗口中创建几个“音符”的形状路径，效果如图 2-88 所示。

(4) 展开“路径”面板，单击面板右上角的三角形按钮，在弹出的面板菜单中选择“填充路径”选项，如图 2-89 所示。

图 2-88 创建路径

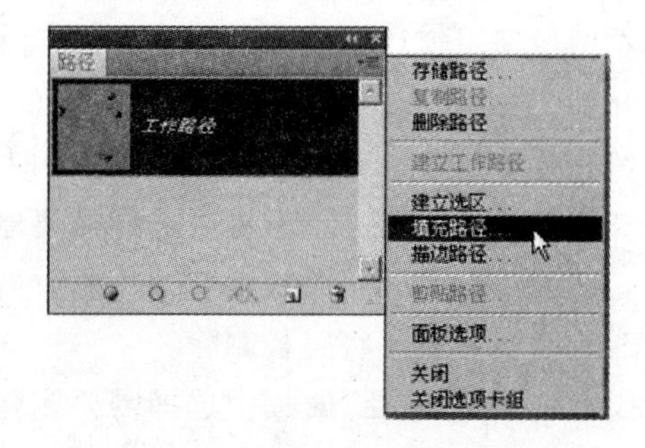

图 2-89 选择“填充路径”选项

(5) 执行操作后，弹出“填充路径”对话框，单击“使用”下拉列表框右侧的下三角按钮，在弹出的列表中选择“颜色”选项，如图 2-90 所示。

(6) 弹出“选取一种颜色”对话框，设置好颜色参数值后，单击“确定”按钮即可将设置的颜色填充到路径中，并将编辑窗口中的路径隐藏，效果如图 2-91 所示。

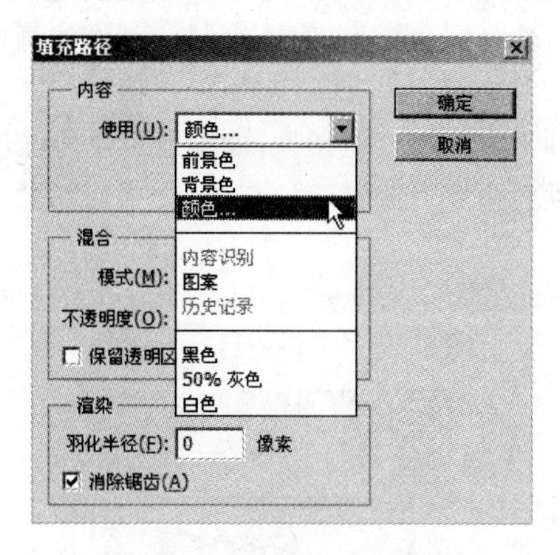

图 2-90　“填充路径”对话框

图 2-91　用选择的颜色填充路径

(7) 如果希望填充效果更完美，也可以选择填充“样式”，即在将所选路径填充了颜色之后，在路径显示状态下，打开“样式”面板，选择所需的“样式”选项，如图 2-92 所示。

(8) 双击，在弹出的确认对话框中，单击“确定”按钮。然后再将编辑窗口中的路径隐藏，填充“样式”后的效果如图 2-93 所示。

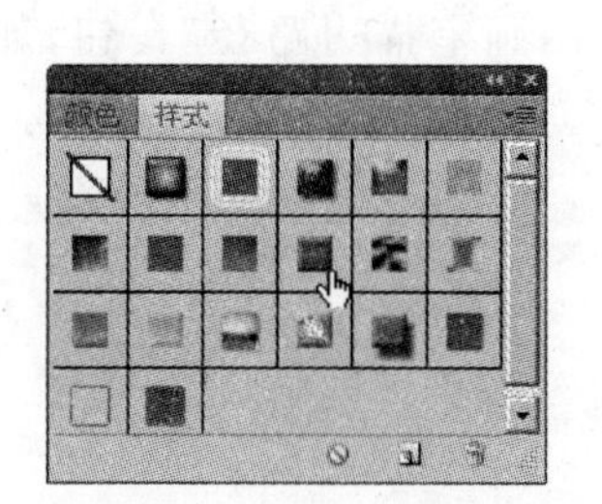

图 2-92　选择所需“样式”

图2-93　用选择的“样式”填充路径

小贴士

单击“路径”面板底部的“用前景色填充路径”按钮，可直接用设置的前景色进行填充。如果需要编辑颜色，在按住 Alt 键的同时单击“用前景色填充路径”按钮，便会弹出“填充路径”对话框，单击“使用”选项右侧的下拉按钮，在弹出的下拉列表中可以选择“前景色”、“背景色”、“图案”或者“颜色”等选项。

2. 描边路径

描边功能可以为选取的路径制作边框，以达到一些特殊的效果。创建好路径后，可以用前景色对其进行描边，描边方式由当前画笔工具的设置决定。要对路径进行描边，首先需要设置好画笔。描边路径的具体操作如下。

(1) 打开一幅要制作画框的素材图像,然后选择圆角矩形工具,绘制要制作的画框大小的路径,如图 2-94 所示。

(2) 单击工具箱中的“设置前景色”色块,弹出“拾色器”对话框,设置前景色为红色。

(3) 选择工具箱中的画笔工具,在工具属性栏中展开画笔下拉菜单,选择所需的画笔笔刷形状,并设置笔刷大小,如图 2-95 所示。

图 2-94 在素材图像中绘制画框路径

图 2-95 设置画笔参数

(4) 执行“窗口”|“画笔”命令,展开“画笔”面板,设置各选项,如图 2-96 所示。

(5) 展开“路径”面板,单击“路径”面板底部的“用画笔描边路径”按钮,如图 2-97 所示,即可对图像编辑窗口中的路径进行描边。

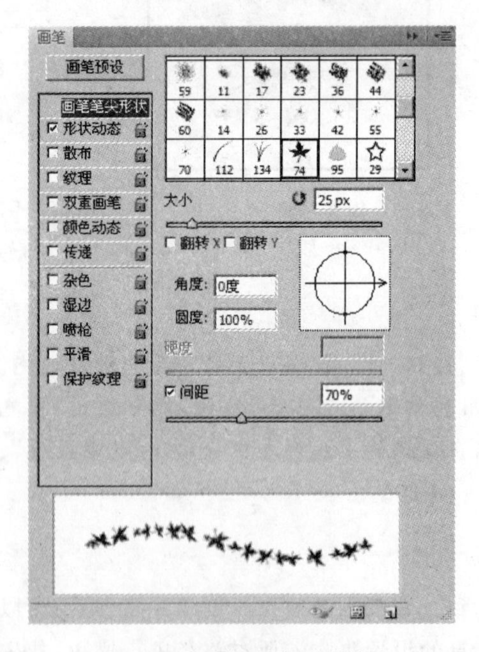

图 2-96 “画笔”面板选项设置

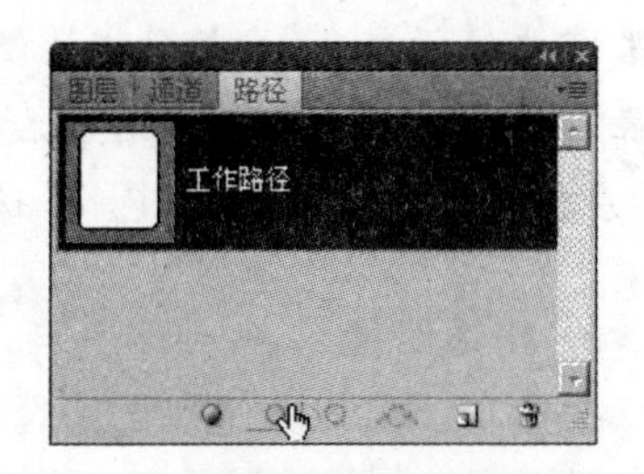

图 2-97 单击“用画笔描边路径”按钮

(6) 在“路径”面板的空白处单击，隐藏工作路径，得到图像描边效果，如图 2-98 所示。

(7) 为了突出描边的画框效果，可将图像多余部分删掉。按住 Ctrl 键的同时单击“路径”面板中的工作路径，便可将路径作为选区载入。

(8) 激活图像所在图层，按 Ctrl+Shift+I 键，反选选区，然后按 Delete 键将图像多余部分删掉，再按 Ctrl+D 键取消选区，最终效果如图 2-99 所示。

图 2-98　描边路径效果

图 2-99　去除描边路径以外的图像部分

3. 将路径转换为选区

在 Photoshop CS5 中可将创建好的路径转换为选区，然后进行选区的各种操作。路径和选区之间是可以互相转换的，将路径转换为选区的具体操作步骤如下。

(1) 打开一幅素材图像，选择工具箱中的椭圆路径工具，在图像窗口中拖动创建路径，创建的路径如图 2-100 所示。

(2) 在“路径”面板中，右击工作路径，在弹出的快捷菜单中选择“建立选区”选项，如图 2-101 所示。

图 2-100　创建椭圆路径

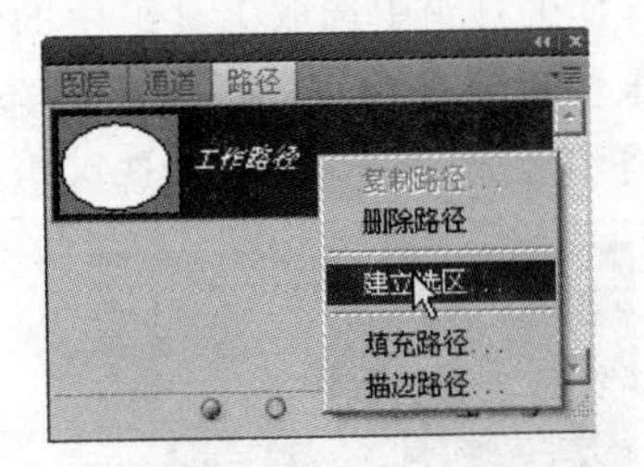

图 2-101　在“路径”面板中选择“建立选区”选项

(3) 弹出“建立选区”对话框，可设置适当的“羽化半径”，如图 2-102 所示，单击“确定”按钮。

(4) 完成的效果如图 2-103 所示，得到一个带有羽化属性的椭圆选区。

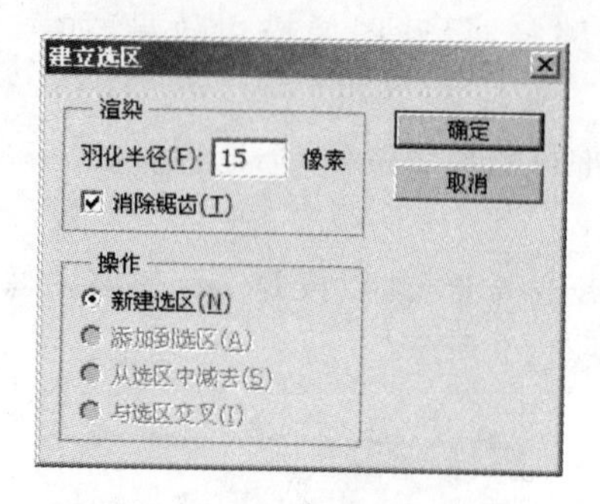

图 2-102 “建立选区”对话框

图 2-103 路径转换为选区

(5) 执行“选择”|“反向”命令,按 Delete 键时弹出“填充”对话框,如图 2-104 所示。

(6) 在“填充”对话框中,设置使用“背景色”填充,然后单击“确定”按钮,转换为选区的路径以外的图像部分被删除掉,完成的图像效果如图 2-105 所示。

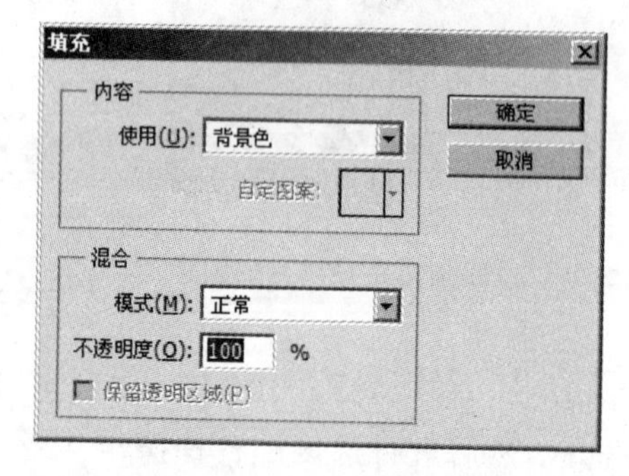

图 2-104 “填充”对话框

图 2-105 删除羽化选区以外的图像效果

4. 将选区转换为路径

创建好选区后,在“路径”面板中单击“从选区生成工作路径”按钮,即可将创建的选区转换为路径。将选区转换为路径的具体操作步骤如下。

(1) 打开一幅“五角星”花朵的素材图像,如图 2-106 所示。

(2) 选择工具箱中选取工具组中的快速选择工具,在图像窗口中的“五角星”花朵上拖动鼠标来快速建立“五角星”花朵的选区,单击“路径”面板底部的“从选区生成工作路径”按钮,将建立的“五角星”花朵选区生成“工作路径”,如图 2-107 所示。

图 2-106 “五角星”花朵素材图像

图 2-107 从选区生成工作路径

小贴士

① 单击“路径”面板下面的“将路径作为选区载入”按钮，可以直接将路径转换为选区，而不会弹出“建立选区”对话框。

② 如果是一个开放式的路径，则在转换为选区范围后，路径的起点会连接终点成为一个封闭的选区范围。

2.5　新手上路

通过前面内容的学习，为了能够更进一步地掌握路径知识，提高综合应用能力，下面介绍相关实例的操作。

2.5.1　新手上路——婚纱背景替换

每一位即将成为新娘的少女都想拥有一套漂亮、独特的婚纱照。要作品有美的效果，除了漂亮的人物和婚纱外，还要有合适的背景。当掌握了 Photoshop CS5 的应用技术后，尽管有些美景你不能身临其境，但是它都可以成为你婚纱照的背景。本例效果展示如图 2-108 所示。

图 2-108　婚纱照背景替换后效果图

制作步骤如下。

(1) 打开“婚纱照片”及“庄园草坪”两幅素材图像，如图 2-109、图 2-110 所示。

(2) 选择工具箱中的快速选取工具，在“婚纱照片”图像窗口中，将人物轮廓建立成选区，如图 2-111 所示。

图 2-109 “婚纱照片”素材图像

图 2-110 “庄园草坪”素材图像

(3) 展开“路径”面板，单击“路径”面板底部的“从选区生成工作路径”按钮，便将建立的人物轮廓选区生成了路径，如图 2-112 所示。

图 2-111 建立人物轮廓选区

图 2-112 从选区生成工作路径

(4) 因为一幅完美的婚纱照是不能有一点瑕疵的，所以要对建立的人物轮廓边缘进行精细处理，这个过程通过编辑路径来实现。

(5) 激活工作路径，回到图像窗口中，可以通过增加、删除路径锚点，以及“转换点工具”的调整来将人物轮廓的路径精确化。

(6) 路径被编辑得满意之后，在按住 Ctrl 键的同时，单击“工作路径”，将工作路径再次作为选区载入。

(7) 按 Ctrl＋C 键，复制当前选区内的图像，然后激活“庄园草坪”图像窗口，按 Ctrl＋V 键，将人物图像粘贴到当前窗口中。按 Ctrl＋T 键，将人物大小调整为适当，如图 2-113 所示。

(8) 为了保证视觉效果，可以通过执行“编辑”|“变换”|“水平翻转”命令，将人物的方向变换一下，效果如图 2-114 所示。

图 2-113　将人物图像复制粘贴到背景图像中

图 2-114　调整人物图像的方向

(9) 放大图像窗口，发现人物的图像边缘可能会有条细细的白边，可以通过执行"图层"|"修边"|"移去白色杂边"命令来将其去除。

(10) 然后适当调整人物位置以及适当改变人物图层的亮度和对比度，使两幅图像更加和谐，一幅理想的外景婚纱照效果便可以通过以上步骤轻松实现，最终完成的效果如图 2-108 所示。

2.5.2　新手上路——描边路径的应用

"描边路径"对话框中的"工具"下拉列表框中有铅笔、画笔、橡皮擦、仿制图章、图案图章、修复画笔、涂抹、模糊、颜色替换和快速选择工具等，如图 2-115 所示，若能灵活运用，可得到许多奇妙的效果。

本例通过运用路径制作邮票的锯齿以及邮戳效果，完成的效果如图 2-116 所示。

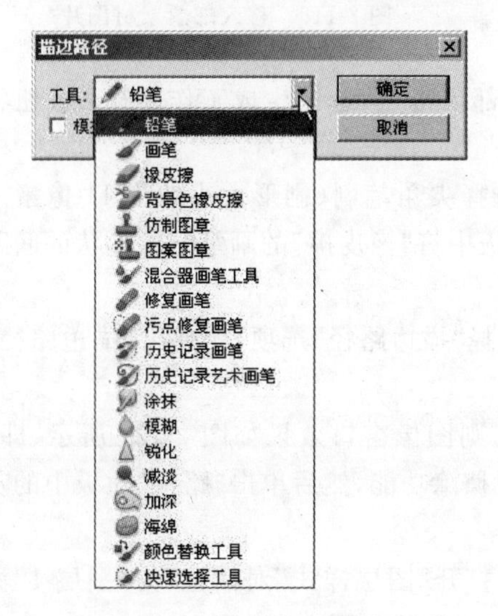

图 2-115　"描边路径"对话框

图 2-116　邮票效果图

制作步骤如下。

(1) 执行“文件”|“新建”命令新建文件“邮票”：画布尺寸为350×450像素，颜色模式为RGB颜色，背景色为白色。

(2) 在英文输入状态下按D键将前/背景色置为系统默认状态，然后将前景色设为淡蓝色，选择线性渐变将画布背景填充为蓝白渐变色，如图2-117所示。

(3) 打开素材文件“北京2008奥运会环境标志”图片，选择移动工具将其复制到新建文件中生成“图层1”，执行“编辑”|“自由变换”命令(或按Ctrl+T键)对“图层1”进行缩放，使画布四周留出一定间距，如图2-118所示。

图2-117　填充渐变背景色

图2-118　移入邮票素材图片

(4) 载入“图层1”的选区，在“路径”面板底部单击“从选区生成工作路径”按钮将选区转换为工作路径，如图2-119所示。

(5) 按E键选择工具箱中的橡皮擦工具，选择尖角笔刷(刷形大小约为11像素)，执行“窗口”|“画笔”命令，打开“画笔”面板。在面板中将“橡皮擦”的画笔笔尖形状的间距调整到110%左右。

(6) 单击“路径”面板右上角的下拉菜单，选择“描边路径”选项，会弹出“描边路径”对话框，将工具选择为“橡皮擦”，如图2-120所示。

(7) 单击“描边路径”面板中的“确定”按钮，则图像窗口效果如图2-121所示，即“橡皮擦”画笔按设置的画笔间距沿路径边缘执行了擦除功能，然后单击“路径”面板中的灰色区域隐藏工作路径。

(8) 激活“图层1”，双击“图层1”的缩略图，打开“图层样式”对话框，为“图层1”添加“投影”效果，“图层”面板如图2-122所示，图像窗口效果如图2-123所示。

图 2-119 将选区转换为工作路径

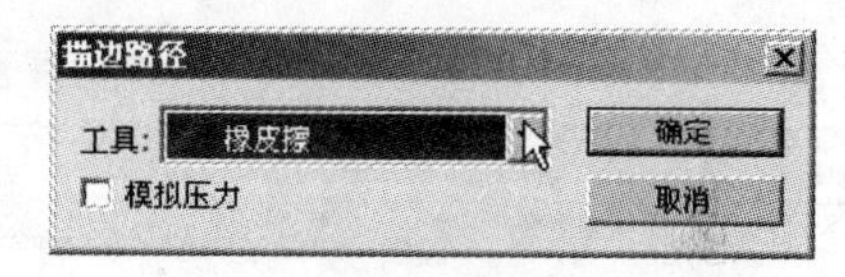

图 2-120 “描边路径”对话框

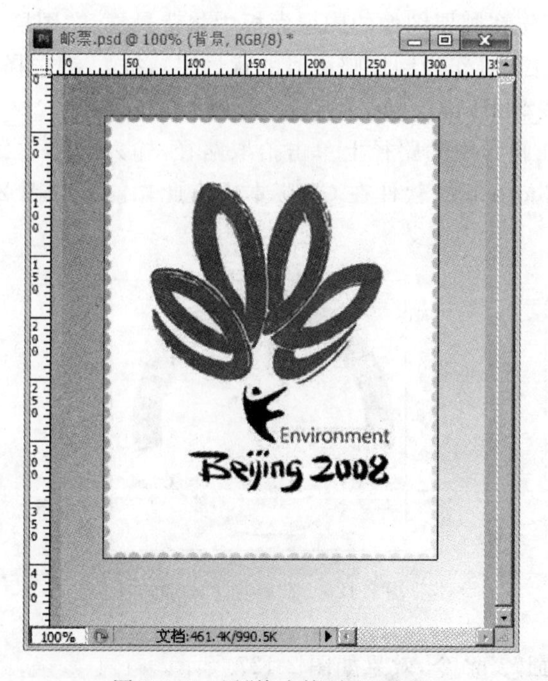

图 2-121 用“橡皮擦”描边路径

图 2-122 “图层”面板效果

(9) 添加文字效果及装饰线,并将这些文字及装饰线所在图层合并到“图层 1”中,图像窗口效果如图 2-124 所示。

图 2-123 添加“投影”后图像效果

图 2-124 添加文字及装饰线

(10) 接下来将制作邮戳效果。首先在邮票图像的图层面板中将背景层和“图层 1”设为隐藏图层。然后新建“图层 2”,填充白色(作为制作邮戳时的背景层),按 U 键选择形状工具组中的椭圆路径工具,在画布上按 Shift 键绘制正圆路径,如图 2-125 所示。

(11) 按 T 键切换到文字工具。在画布中的路径上单击拾取路径,输入文字“二道区临河街营业厅”,则文字沿路径排列(Photoshop 软件在 CS 版本中有此功能),如图 2-126 所示。

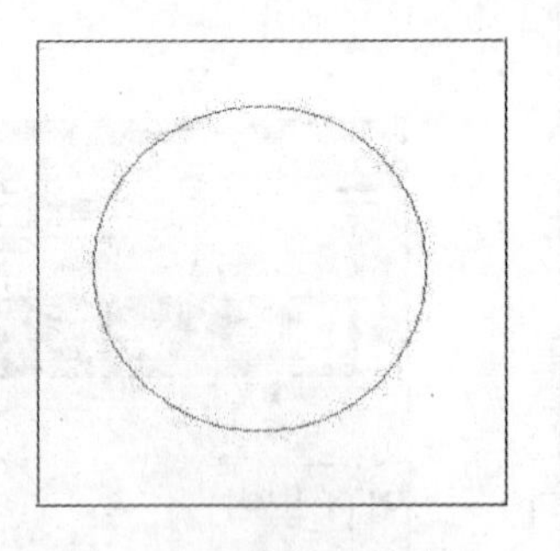

图 2-125 绘制正圆路径

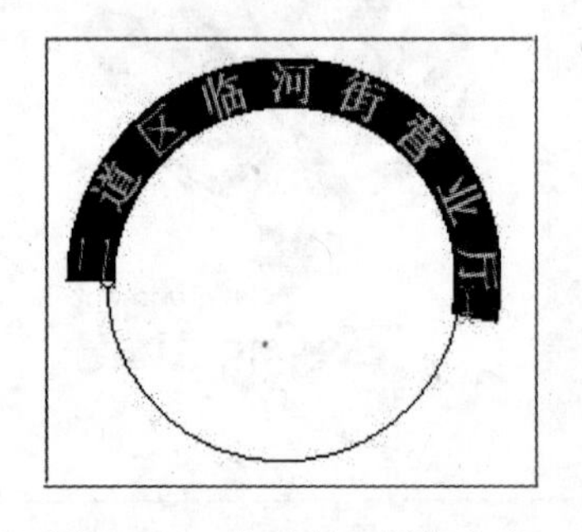

图 2-126 在路径上添加文字

(12) 执行“编辑”|“变换”|“垂直翻转”命令,效果如图 2-127 所示。

(13) 隐藏工作路径后,选择文字工具输入其他文字,如图 2-128 所示。

(14) 新建图层,选择适当刷形大小的尖角画笔(直径大约 10 像素),激活工作路径,单击“路径”面板底部的“用画笔描边路径”按钮,然后隐藏工作路径,效果如图 2-129 所示。

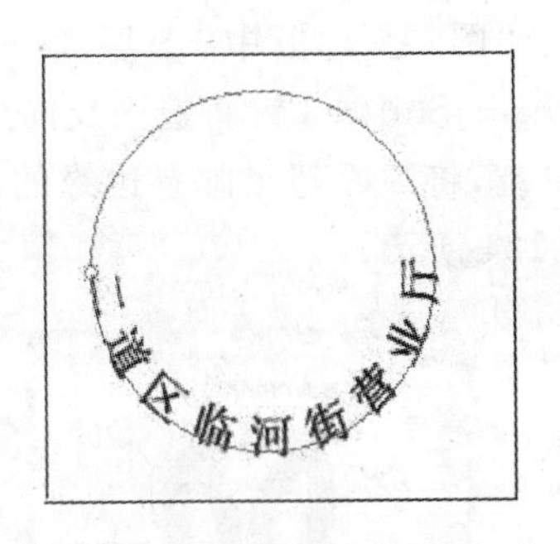

图 2-127　垂直翻转文字

图 2-128　添加其他文字

(15) 激活图层面板，将“图层 2”(白背景)删除，然后将所有可见图层合并为“图层 2”(邮戳)，“图层”面板效果如图 2-130 所示。

图 2-129　用画笔描边路径

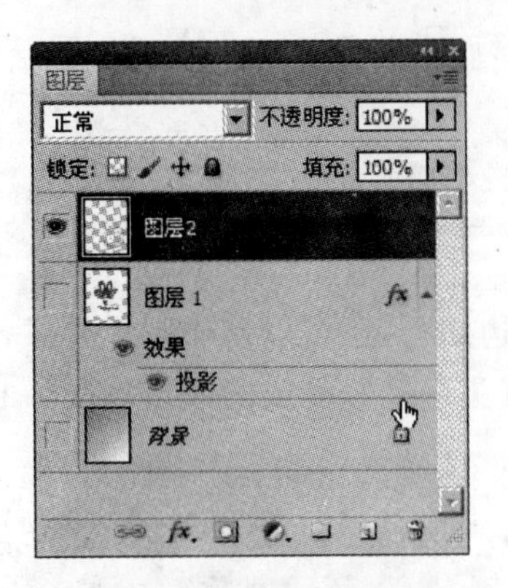

图 2-130　“图层”面板效果

(16) 激活“图层 2”，按 E 键选择橡皮擦工具，选择适当笔刷(例如滴溅或粉笔笔刷)，将“图层 2”的“邮戳”图形修饰出斑驳的印记效果，如图 2-131 所示。

(17) 在“图层”面板中，将背景层、“图层 1”设为可见图层，在图像窗口中调整邮戳图层的所在位置，效果如图 2-132 所示。

图 2-131　修饰后的邮戳效果

图 2-132　图像窗口效果

(18) 激活“图层 1”,按 Ctrl 键的同时单击“图层”面板中“图层 1”的缩略图,如图 2-133 所示,将“图层 1”的选区载入,然后按 Ctrl+Shift+I 键将选区反向选择。

(19) 再激活“图层 2”(邮戳图层),按 Delete 键,将邮戳超出邮票边缘的部分删除掉,然后按 Ctrl+D 键,取消选区。最终效果如图 2-134 所示。

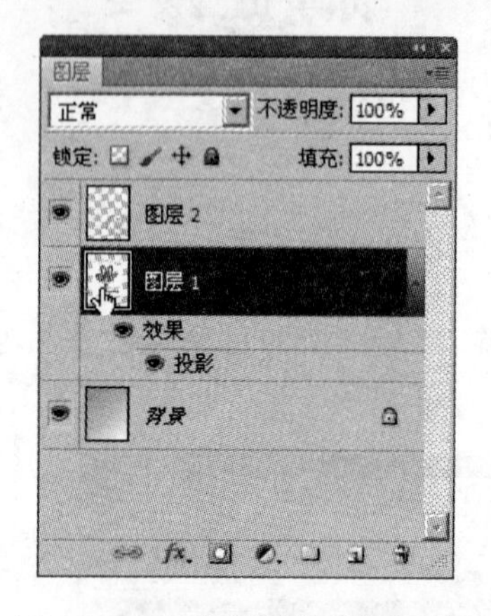

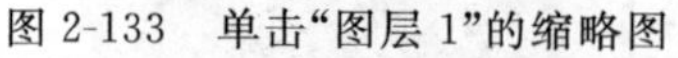

图 2-133 单击“图层 1”的缩略图

图 2-134 邮票效果图

利用描边路径,还可以制作胶片效果,操作方法与上面步骤基本相似,仅是“橡皮擦”的刷形选“方头画笔”,完成的效果如图 2-135 所示,仅供参考。

图 2-135 胶片效果参考

2.6 知识回顾

一、填空题

1. 路径最基本的单元是路径段与(　　),在编辑路径的形状时,一般是使用(　　)工具。
2. Photoshop 中的路径和(　　)可以相互转换。

二、选择题

1. 在 Photoshop 中绘制多边形矢量对象时,多边形的边数应该是(　　)之间的整数。

   A. 3~12　　B. 3~24　　C. 3~99　　D. 3~100

2. 下面对矢量图和像素图描述正确的是(　　)。

   A. 矢量图的基本组成单元是像素

   B. 像素图的基本组成单元是锚点和路径

   C. Adobe Illustrator 图形软件能够生成矢量图

   D. Adobe Photoshop 能够生成矢量图

第3章

通道和蒙板

对于初学者来说，通道和蒙板是很难理解的，所以好多人在处理图像时都刻意地想要避开这两个概念。其实，通道和蒙板在进行图像处理时是不可缺少的。现在，我们就来慢慢地接触、了解和运用它们。

3.1 通道

3.1.1 通道的概念

通道的主要作用是存放图像的颜色和选区信息，通道主要有如下3种。

(1) 颜色通道：用来保存图像的颜色信息。

(2) Alpha通道：用来保存图像的选区信息。

(3) 专色通道：一种特殊的颜色通道，用于存放打印时加印的颜色信息。

3.1.2 “通道”面板

在Photoshop中，存储和编辑通道都会在“通道”面板中进行，如图3-1所示。

图3-1中各字母说明如下。

A——颜色通道：每打开或新建文件时，在通道中会自动出现该图像的颜色通道，通道的数量由图像颜色模式决定。以RGB图像模式为例，在通道中会出现4个通道，分别是RGB通道、红色通道、绿色通道和蓝色通道。其中RGB通道是个复合通道，红、绿、蓝3个通道中存储的是红、绿、蓝3种颜色在该图像中的分布信息，正是这些信息合成到一起才形成了彩色图像。红、绿、蓝3色的分布信息是由黑白图像表示的，其中的深浅变化显示了各颜色的多少。

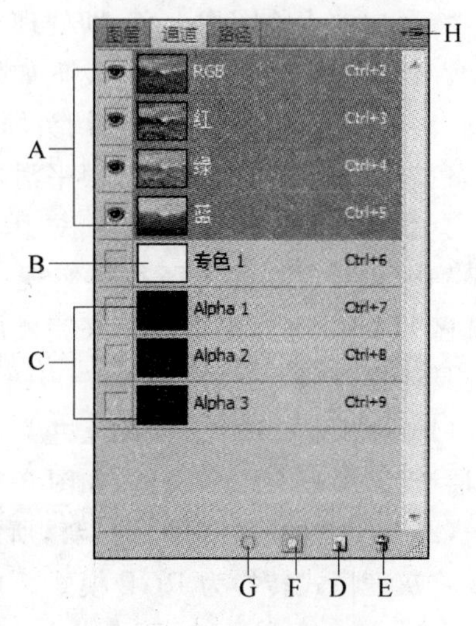

图3-1 “通道”面板

同理，如果打开一个CMYK模式的图像，在通道中会出现5个通道，分别为CMYK复合通道、青色通道、洋红通道、黄色通道和黑色通道。Lab 模式图像会出现 L、a、b 和 Lab 4 个通道。灰度模式、位图模式和索引模式只有一个通道。

B——专色通道：在印刷彩色制品时，一般会通过青色、洋红、黄色和黑色 4 种原色油墨印刷，但是印刷大面积的纯色时会出现一些色差，这就需要单独加印一种颜色，以便更好地表现纯色信息。这种加印的颜色就是印刷时所谓的专色。如果一个图像有专色通道，打印时专色通道会作为一张单独的胶片输出。

C——Alpha 通道：这是用途最广泛的通道，很多特殊效果如果在图层中无法实现，就可以考虑在 Alpha 通道中实现。Alpha 通道主要用来存储和编辑选区信息。

D——新建 Alpha 通道：每单击一次，就会新建一个 Alpha 通道，并会自动命名为 Alpha 1，Alpha 2，…，Alpha n。如有需要，可以双击通道名以改变通道的名称。

E——删除通道：想要删除某个通道，选择这个通道，再单击“删除”按钮就可以；或者将通道拖放到“删除”按钮上也可以完成删除通道的任务。

F——将选区存储为通道：如果想保存选区，就可以单击这个按钮将选区保存为一个通道。

G——将通道作为选区载入：单击这个按钮，可以随时将通道内的选区载入。

H——通道快捷菜单：这里包含了新建、复制和删除、合并、分离通道选项等。分离通道是将彩色图像的颜色通道分离成数目相同的灰度图像，可以单独进行编辑；合并通道是将分离后的通道再进行合并，也可以将几幅尺寸一致的灰度图像合并。

3.1.3 通道的应用

前面只是提到了与通道相关的概念性的知识，下面通过两个实际案例来具体介绍通道的应用。

1. 黑白人物上色

将黑白的人物图像上色，即处理成彩色图像，如图 3-2 所示。仔细观察这张图片，会发现如果想将人物处理成彩色的，需要将人物的皮肤、嘴唇、头绳、衣服甚至是背景变换颜色。头绳、衣服的边缘都很平滑，背景的颜色也单一，用工具就可选出。但是人的皮肤，因与人的头发相接，想要精确地找到它们的选区很难实现。所以考虑利用通道与选区的关系，通过通道计算来完成皮肤选区的选择。

图 3-2 黑白图像上色

具体操作如下。

(1) 打开素材图片“人物上色”，因其是灰度图像，所以“通道”面板只有一个通道，如图 3-3 所示。

(2) 灰度图像只有黑、白、灰，所以要变为彩色图像，先要将灰度模式转换为 RGB 模式。执行“图像”|“模式”|“RGB 模式”命令，“通道”面板中会出现 4 个通道，如图 3-4 所示。

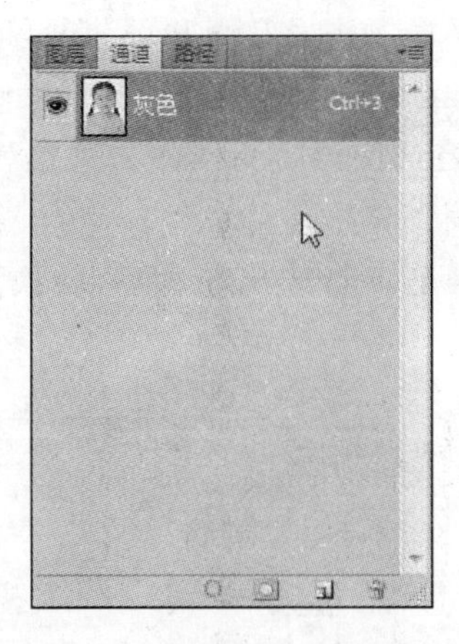

图 3-3 灰度模式图像通道

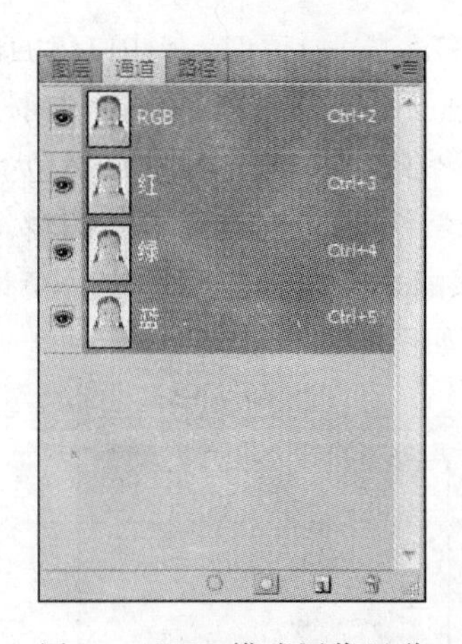

图 3-4 RGB 模式图像通道

（3）观察图像，皮肤的选区可以从整个人的轮廓的选区中减去头发和衣服的选区得到。先选择整体轮廓的选区。选择魔棒工具，设置容差为 12，单击背景部分，选中后反选，并在“通道”面板中单击“将选区存储为通道”按钮，会保存为 Alpha 1 通道，更名为“轮廓”。可以看出，在通道中，选区会存为白色，选区之外的部分会存为黑色，如图 3-5 所示。

（4）头发的边缘因为有碎发，利用工具找到选区不容易实现。可以考虑执行“选择”|“色彩范围”命令，会打开如图 3-6 所示的对话框。这个命令可以选择与单击位置颜色相同的区域，同时通过窗口中的颜色“容差”和右侧的“取样”选项来调整选择的范围。利用这个方法，可将头发和眼睛选中，形成选区，保存成通道，通道命名为“头发”，如图 3-7 所示。

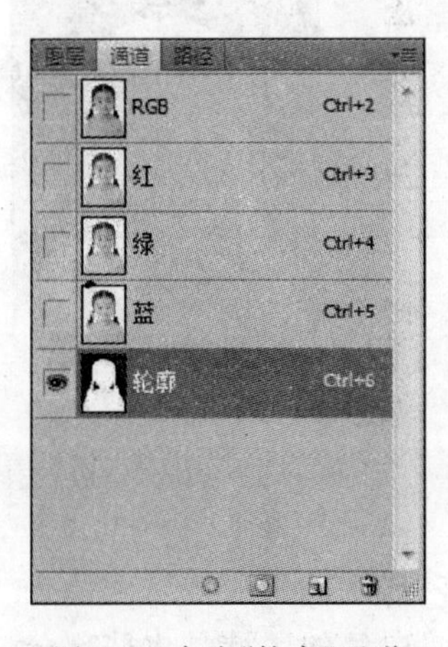

图 3-5 存为“轮廓”通道

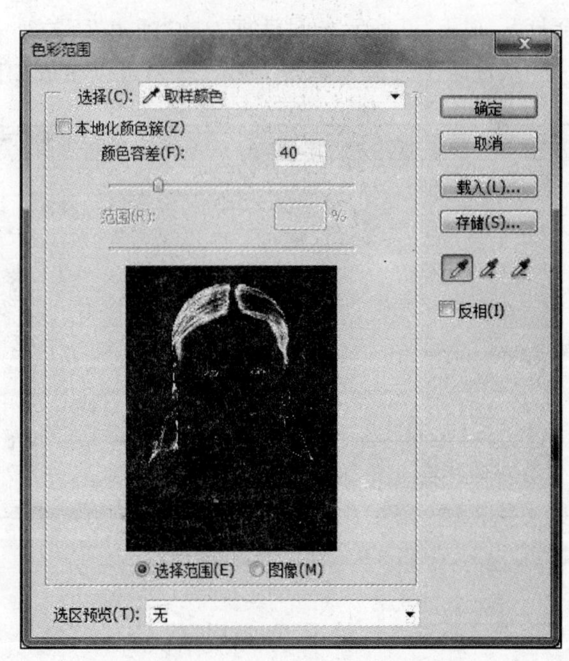

图 3-6 “色彩范围”对话框

(5) 观察“头发”通道时，有些白色的部分是不属于头发和眼睛部分的，可能是因为选择色彩范围时没有选取精确。可以利用通道中选区与选区外的颜色关系来修补其中的内容。把不需要的地方用画笔涂抹成黑色，就可以将选区内容更改了。这也就是通道的优势，可以利用黑色、白色对选区进行编辑。

(6) 衣服的选区相对容易得多。可以利用钢笔工具选出轮廓后，转换成选区，存为“衣服”通道，如图 3-8 所示。

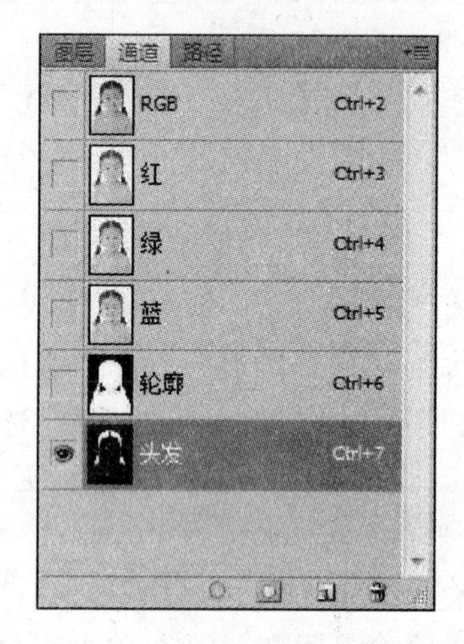

图 3-7 存为“头发”通道

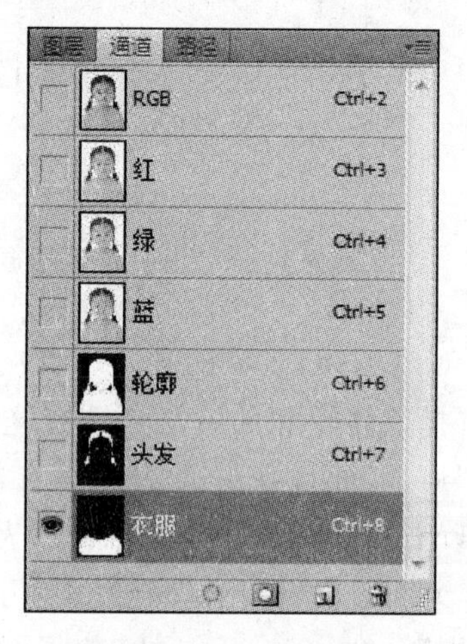

图 3-8 存为“衣服”通道

(7) 现在载入“轮廓”通道的选区(可以单击“通道”面板上的“将通道作为选区载入”按钮，也可以按住 Ctrl 键的同时单击“轮廓”通道的缩略图)，执行“选择”|“载入选区”命令，会打开如图 3-9 所示的对话框。在“通道”下拉列表框中选择“衣服”，在“操作”选项组中选择“从选区中减去”，单击“确定”按钮可以生成如图 3-10 所示的选区。

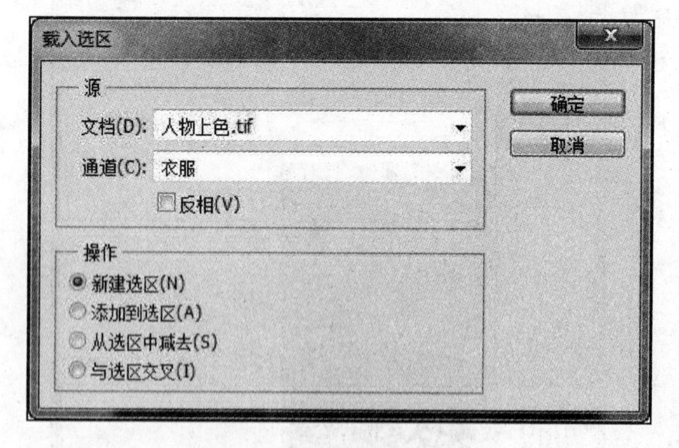

图 3-9 “载入选区”对话框

图 3-10 载入“衣服”选区

(8) 选区不取消的情况下，利用“载入选区”命令将“头发”选区从当前选区中减去，将生成的选区存储为新的通道，命名为“皮肤”，如图 3-11 所示。白色的区域是皮肤部分，如果有皮肤之外的区域，可以利用画笔工具修整。

(9) 现在就可以利用这些通道中处理好的选区上色了。可以分别载入"皮肤"、"衣服"选区，在"图层"面板中新建图层填充颜色，并将各图层的混合模式改为"颜色"。再载入"轮廓"通道，反选后填加颜色，或者替换成其他的风景图片。再利用磁性套索工具和钢笔工具选择头绳与嘴唇进行上色。最终效果如图 3-12 所示。

图 3-11 存储"皮肤"通道

图 3-12 人物上色效果图

刚开始接触通道，处理时可能会觉得有些难，只要多加练习，就可以得心应手地使用了。

2. 利用颜色通道更改图像颜色

前面提到过，颜色通道的数量是由图像模式决定的，每个通道中显示的是该颜色在图像中的分布信息。可以利用这个特点，只通过更改颜色通道的信息来更改图像的颜色。

打开如图 3-13 所示的图像后，"通道"面板如图 3-14 所示。现在，任意选择一个通道，用其通道信息将别的通道信息覆盖。例如，现在将红色通道全选，按 Ctrl＋C 键复制，再选择蓝色通道，按 Ctrl＋V 键粘贴，图像会发生变化，如图 3-15 所示。

图 3-13 原图

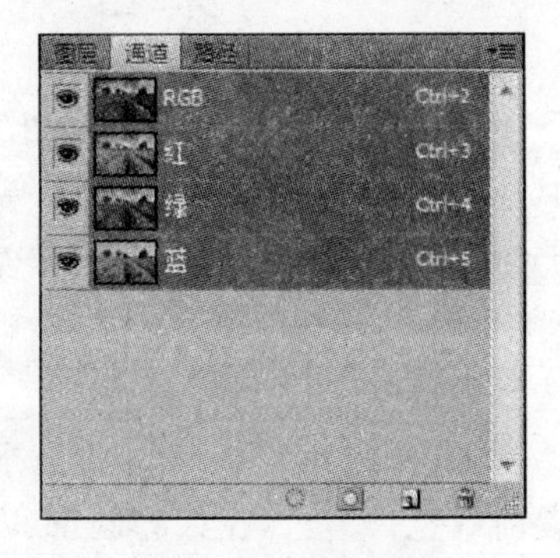

图 3-14 通道信息

图 3-15 更改颜色后的效果图

读者还可以试试利用其他的通道信息任意更换,会出现更加意想不到的效果。这个实例也是提醒我们,如果不想改变图像颜色而利用通道信息时,千万不要在原来的颜色通道上操作。

3.2 蒙板

3.2.1 蒙板的概念

蒙板是一项高级的选区创建技术,蒙板的功能主要是保护被遮蔽的区域,使其不受任何操作影响,同时显示未被遮蔽的区域。换句话说,可以将蒙板看做盖在图像上方的一块板子,在需要改动的位置将板子抠出相应形状的窟窿露出图像,而被板子遮盖的部分会被保护起来,并能看到下面图层的图像。

蒙板的概念与 Alpha 通道的概念类似,蒙板会作为灰度通道存放,因此也可以利用所有的工具来编辑它。

3.2.2 蒙板的分类

蒙板的类型主要有快速蒙板和图层蒙板,具体内容如下。

1. 快速蒙板

快速蒙板是为了临时保存和编辑选区而建立的临时性蒙板。使用快速蒙板时,先单击工具栏下方的按钮,在“通道”面板中会出现如图 3-16 所示的“快速蒙板”通道。可以看出,接下来的操作都是针对选区的操作。

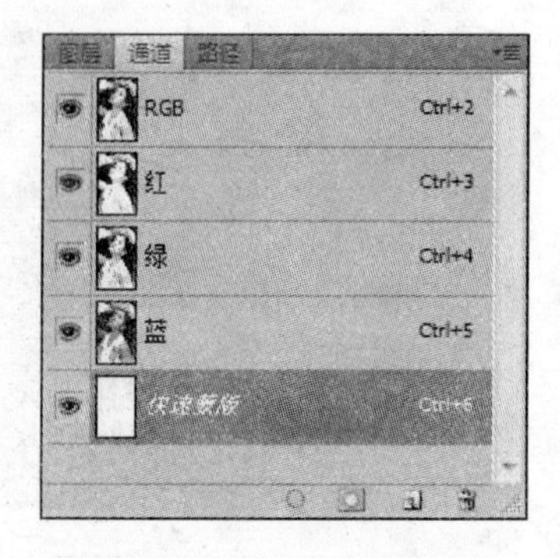

图 3-16 快速蒙板通道

例如,在快速蒙板编辑状态下,选择画笔工具,设置前景色为黑色,在人物脸部和颈部进行涂抹,如图 3-17 所示。再单击按钮,恢复正常编辑状态,这时，面部和颈部就会转换为选区，快速蒙板通道也会自动消失。

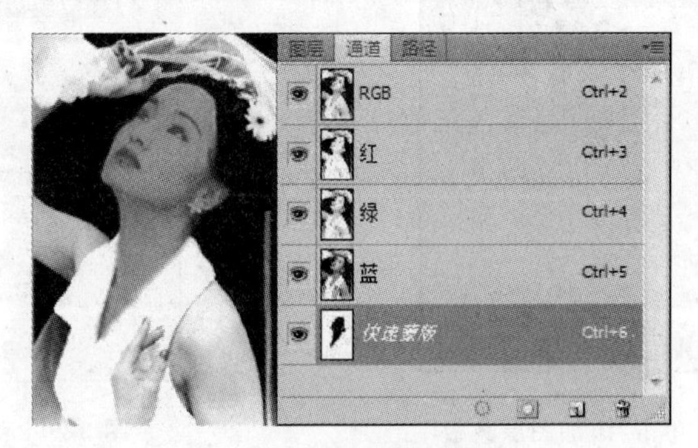

图 3-17　编辑快速蒙板

如果想保存快速蒙板编辑的信息，可以将"快速蒙板"通道拖曳到"新建通道"按钮上复制；或者在取消快速蒙板编辑之后，在"通道"面板中单击"将选区保存为通道"按钮，存成 Alpha 通道。

双击"快速蒙板"按钮，会出现如图 3-18 所示的"快速蒙板选项"对话框，可以编辑被蒙板区域或所选区域的颜色和不透明度，这样可以选择与图像颜色对比度强烈的颜色编辑快速蒙板，便于操作。单击"确定"按钮可以完成编辑。

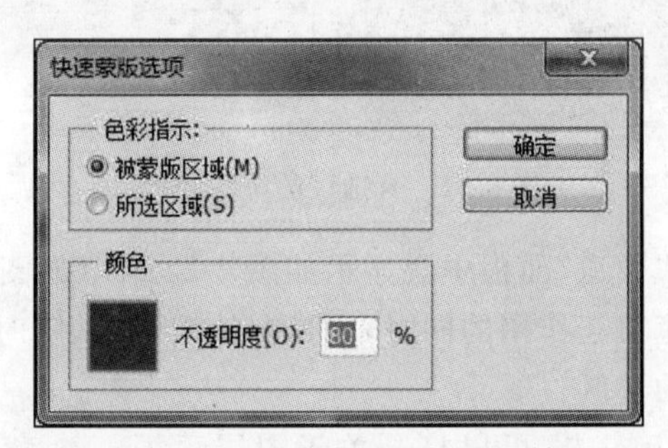

图 3-18　"快速蒙板选项"对话框

2. 图层蒙板

图层蒙板是在指定的图层上添加蒙板，被黑色部分遮蔽的图像无法显示，只显示没有被黑色遮盖的区域。

创建图层蒙板的方法有以下两种。

(1) 没有选区创建图层蒙板。直接单击如图 3-19 所示的"添加图层蒙板"按钮，可为图层添加图层蒙板。在没有选区的情况下，添加的图层蒙板是白色的，如果想要整个图像都遮盖，可以将整个蒙板填成黑色。

在蒙板和图层缩略图中间有个链接的标志，同时在蒙板缩略图外有个编辑框，表示现在编辑的是图层蒙板，如图 3-20 所示。如果要编辑图像，就在图像缩略图上单击，出现编辑框就可以了。

图 3-19 单击“添加图层蒙板”

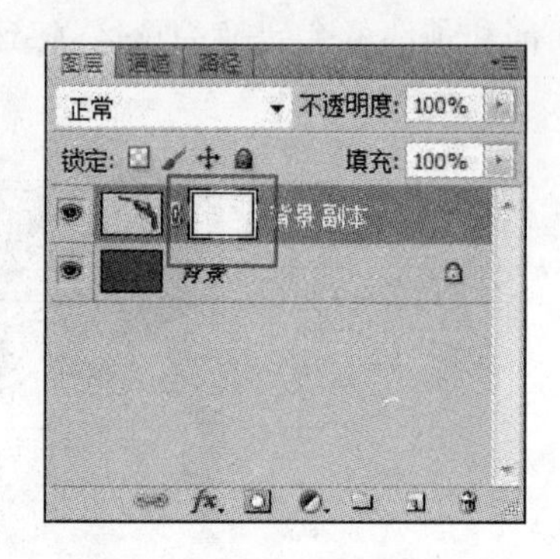

图 3-20 添加图层蒙板

(2) 有选区创建图层蒙板。在添加图层蒙板之前创建选区,再添加图层蒙板,会自动将选区内区域填成白色,选区之外的区域填成黑色。例如,创建图 3-20 内的手枪选区,再单击“添加图层蒙板”按钮,图层蒙板的状态如图 3-21 所示。手枪的位置填成白色,所以显示出来。其余部分填成黑色,被遮盖起来,同时露出了背景层的颜色。

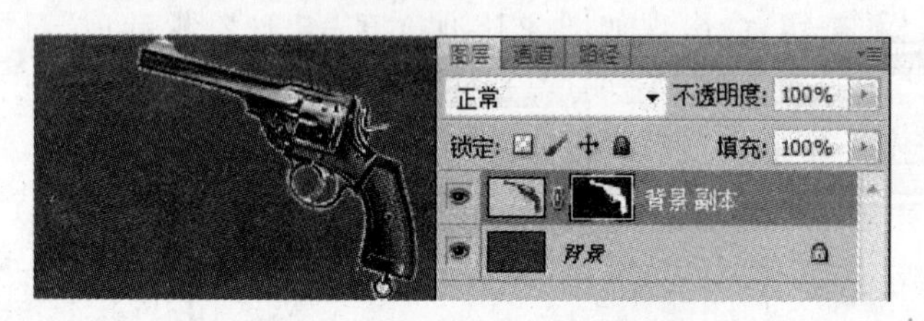

图 3-21 有选区的图层蒙板

创建图层蒙板之后,“通道”面板中会显示如图 3-22 所示的图层蒙板通道,可见,图层蒙板在对图像的显示与遮盖起作用的同时,也是在编辑选区,随时可以利用载入通道选区的方法来载入图层蒙板的选区。

图 3-22 图层蒙板通道

在图层蒙板缩略图上右击,可以打开关于图层蒙板的快捷菜单,其中包括删除蒙板、应用蒙板、调整蒙板、蒙板与选区之间的操作等。应用蒙板操作可以在确定蒙板之后,将蒙板的效果应用于图层,取消蒙板的缩略图。

为图层添加图层蒙板,可以不改变图层任何像素就可将图像进行显示与遮盖,需要改变图像显示状态时,只需改变其图层蒙板就可以。这样的好处在于,遮盖图像的多余区域并不删除,图像还是完整的。

3.2.3 蒙板的应用

蒙板经常会被运用到图像合成、特效制作当中,下面通过两个实例,来更清楚地了解蒙板的应用。

1. 图像合成

将如图 3-23 所示的两张图片合成，将长城图片的天空部分替换。

图 3-23　合成图片

(1) 将“天空”图片拖入“长城”图片中，调整大小和位置，如图 3-24 所示。

(2) 观察图像时，“天空”图层边缘平整，直接缩小合成效果并不会理想。可以为“天空”图层添加图层蒙板，用黑色部分遮盖下方白色区域，白色部分显露上方乌云区域，黑白中间过渡灰色，就可将图片合成。基于此，选择利用渐变工具中的“线性渐变填充”。

(3) 在用“线性渐变填充”时，选择“黑→白”的渐变色，线性填充时要在“天空”图层下边缘位置开始向上填充，保证黑色部分将图像边缘遮盖，如图 3-25 所示。

图 3-24　调入“天空”图片

图 3-25　渐变填充方式

(4) 如果渐变的填充不够理想，可以反复填充几次，直到满意为止。利用这种方法就可完成图像的合成了。在合成图像时不一定总是用渐变，要根据图像的特点来选择工具填充图层蒙板。

2. 图像修饰

打开如图 3-26 所示的图片，有双下巴会显得人苍老，现在让我们利用图层蒙板通过遮盖的原理来解决这个问题。

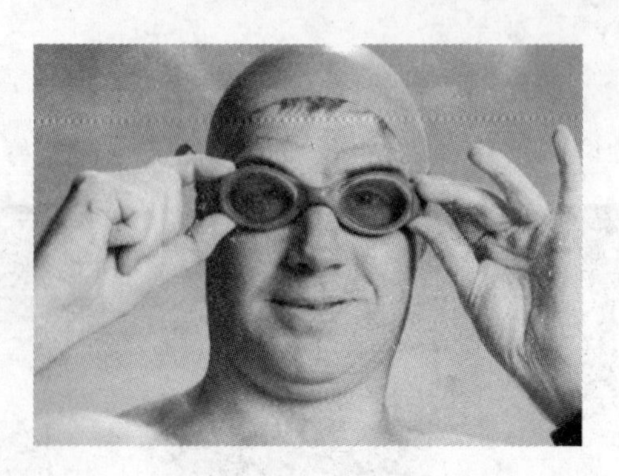

图 3-26　人物图片

(1) 利用钢笔工具将人物双下巴圈选以便转换成选区,如图 3-27 所示。圈选时要注意,下巴周围的区域多选中一些,这样有利于遮盖操作。

(2) 按 Ctrl+Enter 键将路径转换为选区,将选区内的部分复制到新的图层。按住 Ctrl 键,单击图层的缩略图找到新图层的选区,添加图层蒙板,如图 3-28 所示。

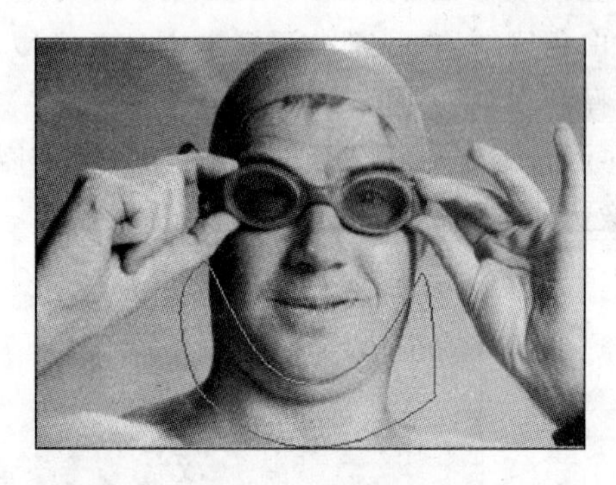

图 3-27　钢笔工具圈选下巴区域

图 3-28　为选区添加图层蒙板

(3) 接下来要做的是用"图层 1"的下巴区域变形,来遮盖背景当中的人物下巴。现在图层和蒙板是链接到一起的,将图层变形,蒙板也会变形,就起不到遮盖的作用了。所以考虑将图层缩略图与蒙板缩略图中间的链接取消(单击链接处),将图层与蒙板分离,如图 3-29 所示。

(4) 单击图层缩略图,将编辑框定位到图层上。按 Ctrl+T 键对图像进行扭曲和缩放等变换,将下巴区域遮盖,如图 3-30 所示。

图 3-29　取消链接

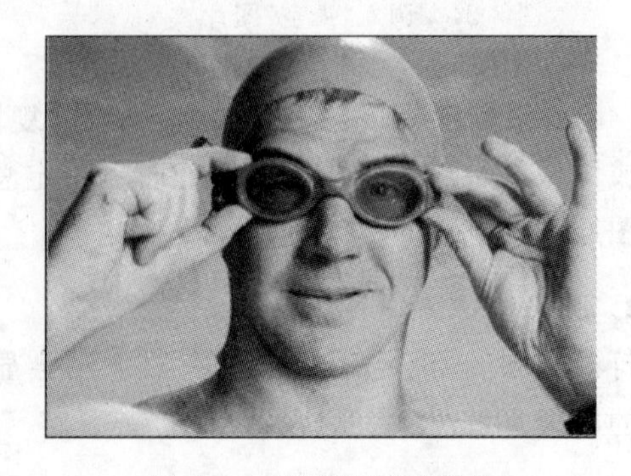

图 3-30　将下巴区域覆盖

(5) 观察现在的图像,下巴被完好地遮盖住了,但是颈部的图像还需进行修整。还是利用图层蒙板遮盖的方法,在"图层 1"的蒙板中,利用黑色的画笔对多余部分进行遮盖。还可利用"修复画笔工具"等在图层中对颈部纹理进行修饰。最终效果如图 3-31 所示。

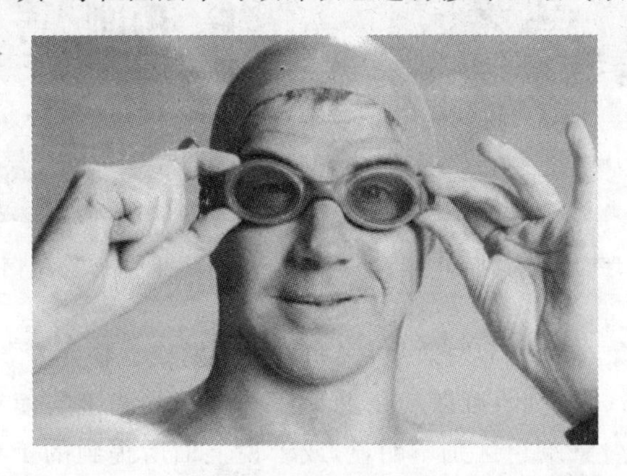

图 3-31　最终效果图

(6) 此类方法可以适用于去除眼袋、肚腩等,对人物照片进行美化处理。

3.3　新手上路——人物抠图

前面了解了通道和蒙板,在图像处理时,也会将它们结合起来运用,主要用于人物抠图。

抠图是指将图像从原图中选取出来的技术。总结起来可以按照如下顺序对图像进行分析,选择抠图方法。

(1) 形状规矩、边缘平滑的图像,例如,如图 3-32 所示的图像,可以使用椭圆、矩形等选框工具将其选取出来。

(2) 形状不规整、边缘不平滑、同时图像与背景颜色区别明显的情况下,如果背景颜色较为单一,如图 3-33 所示,可以使用魔棒工具先选中背景后再反选,来选中图像;如果背景颜色复杂,但与图像颜色区别较明显,如图 3-34 所示,可使用磁性套索工具选取;如果背景颜色复杂,与图像颜色区分也不明显时,如图 3-35 所示,可以使用路径工具圈选路径后形成选区。

图 3-32　用选框工具抠图

图 3-33　用魔棒工具抠图

图 3-34 用磁性套索工具抠图

图 3-35 用钢笔工具抠图

(3) 如果抠图对象边缘有毛发效果,例如人物头发或动物毛发,如果毛发颜色与背景颜色区别明显,如图 3-36 所示,可以使用滤镜工具。有关滤镜的使用会在第 4 章详细介绍。如果毛发颜色与背景颜色区别不明显,或者说上面所提到的工具和命令都无法抠取图像时,可以使用通道和蒙板进行抠图。

实际上,通道和蒙板抠图适用于所有的图像,只是因为方法复杂,需要经过很多的练习才能得心应手,所以在抠图时往往最后考虑。下面,通过对如图 3-37 所示的人物抠图,介绍通道和蒙板抠图方法。

图 3-36 滤镜工具抠图

图 3-37 人物素材

观察这张图片,人物的头发边缘都是发丝,而且背景颜色偏灰,与发丝的颜色较为靠近,所以考虑在通道中将发丝与背景分离出来,再进行抠图。具体操作如下。

(1) 打开"通道"面板,如图 3-38 所示,首先找出通道中头发与背景区别最为明显的通道,可以看出,红色通道最为合适,它的背景偏白,而头发偏黑,这样很容易分离出来。

(2) 复制红色通道为"红副本"通道,接下来的操作要在副本通道中进行。始终要记得,颜色通道的修改会影响原图像的颜色,所以要利用颜色通道的信息就要先复制,如图 3-39 所示。

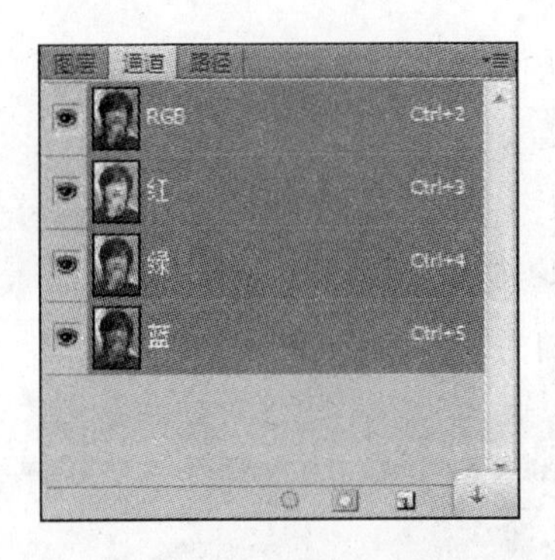

图 3-38　“通道”面板

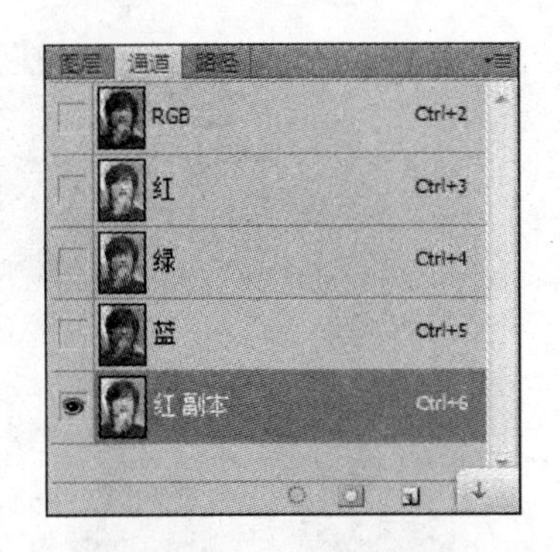

图 3-39　复制通道

(3) 想将“红副本”通道中的人物与背景分离，实际就是将头发变得更黑，背景变得更白，可以使用“调整色阶”或“曲线”命令使图像中的深色与浅色区别更明显。有关调整色阶或曲线的知识在第 5 章会做详细介绍，这里两个命令任选其一就可，读者可先按如图 3-40 所示的曲线调整参数进行设置。调整后的通道效果如图 3-41 所示。

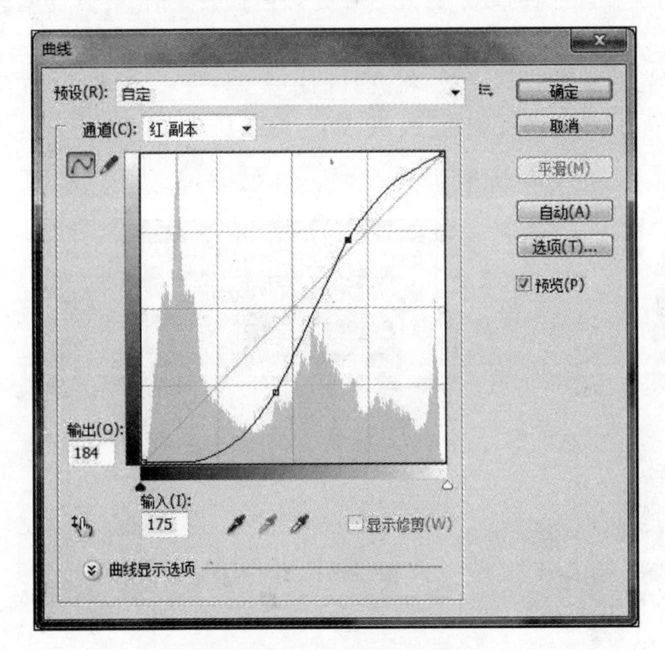

图 3-40　调整曲线

图 3-41　调整效果

(4) 在观察通道时，左下角和右侧的发丝还没有完全与背景分离，还可使用加深工具和减淡工具调整发丝和背景颜色。在调整时，要注意加深工具和减淡工具的选项栏中的范围选项。例如，在图 3-42 所示的区域，要将发丝加深、背景减淡，所以用加深工具选择阴影范围加深，用减淡工具选择中间调或高光范围减淡，两个工具的不透明度都要调小，这样不会让效果变化太快。调整后的效果如图 3-43 所示。

图 3-42　调整区域

图 3-43　调整后的效果

(5) 利用这个方法,将发丝边缘与背景分离出来,效果如图 3-44 所示。在通道中的处理决定抠图的成败,处理得越细心,抠图的效果越好。在处理通道效果时,要具体问题具体分析,多加练习。

(6) 通道效果处理好后,首先回到"图层"面板,将背景图层复制一个。再载入"红副本"通道的选区,在复制图层中单击"添加图层蒙板"按钮,如图 3-45 所示。

图 3-44　调整通道效果

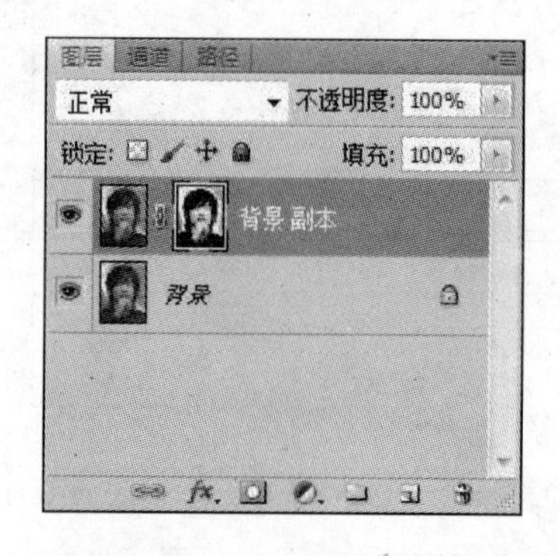

图 3-45　添加图层蒙板

小贴士

在人物抠图时,都会复制图层,这样可以将原背景层保留,如果处理效果不好,可以将复制图层删除,再重新复制操作。

(7) 图层蒙板中黑色的部分是遮盖的区域,所以蒙板中的内容要按 Ctrl+I 键进行反相,将人物显示出来。一般要观察抠图效果时,会在复制图层下方新建一个与图片颜色对比明显的图层,检验抠图效果,如图 3-46 所示。

(8) 图像效果如图 3-47 所示。图像中人物面部区域可以在蒙板中用白色画笔涂抹,背景处用黑色画笔涂抹,发丝边缘处可用加深或减淡工具来处理。

(9) 最终效果图如图 3-48 所示，到此，人物抠图任务也完成了。

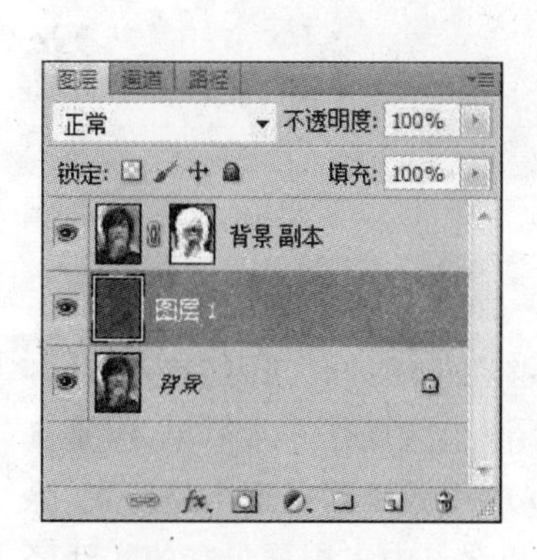

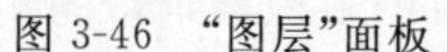

图 3-46　“图层”面板

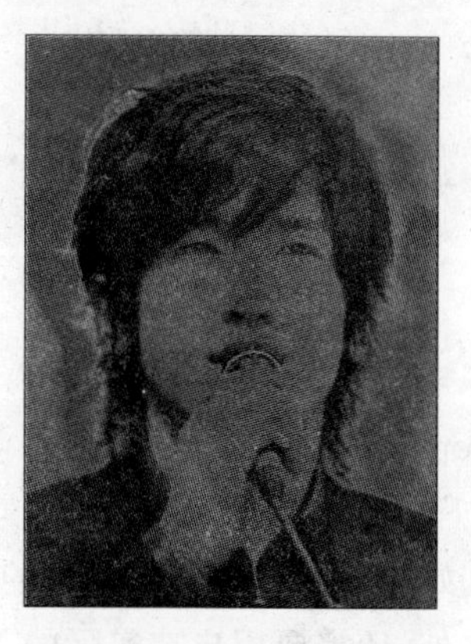

图 3-47　图像效果

图 3-48　最终效果

3.4　知识回顾

一、填空题

1. 通道的作用是(　　)和(　　)。

2. 通道的数量取决于图像的(　　)，例如 RGB 图像模式有(　　)个通道，分别为(　　)通道、(　　)通道、(　　)通道和(　　)通道。

3. 蒙板的类型主要有(　　)和(　　)。

二、选择题

1. 如果想直接将 Alpha 通道中的选区载入，那么该按住(　　)键的同时并单击 Alpha 通道。

A. Alt　　B. Ctrl　　C. Shift　　D. Shift+Alt

2. 为图层添加图层蒙板后，在想要显示的区域应填充(　　)颜色。

A. 黑　　B. 白　　C. 灰

第4章

滤　镜

滤镜是 Photoshop CS5 中最奇妙的部分，它能够在很短的时间内创建各种各样光怪陆离、变换万千、精彩绝伦的特殊图像效果。滤镜的操作非常简单，但是真正用起来却很难恰到好处。如果想在最适当的时候应用滤镜到最适当是位置，除了平常的美术功底之外，还需要用户在实际的工作和学习中多积累丰富的实践经验。另外，滤镜通常需要同通道、图层等联合使用，才能取得最佳的艺术效果。

本章只是着重介绍常用的一些滤镜的功能，让读者能够举一反三，掌握各个滤镜的使用方法。

4.1　初识滤镜

4.1.1　滤镜的分类

Photoshop CS5 中的滤镜基本可以分为 3 个部分：内阙滤镜、内置滤镜（也就是 Photoshop 自带的滤镜）、外挂滤镜（也就是第三方滤镜）。内阙滤镜指内阙于 Photoshop 程序内部的滤镜，共有 6 组 24 个滤镜；内置滤镜指 Photoshop 默认安装时，Photoshop 安装程序自动安装到 plugins 目录下的滤镜，共 12 组 72 个滤镜；外挂滤镜就是除上面两种滤镜以外，由第三方厂商为 Photoshop 所生产的滤镜，它们不仅种类齐全、品种繁多，而且功能强大，同时版本与种类也在不断升级与更新。

4.1.2　滤镜的一般使用规则与技巧

1. 滤镜的使用规则

通过使用滤镜，可以修饰照片，为图像提供素描或印象派绘画外观的特殊艺术效果，还可以使用扭曲和光照效果创建独特的变换。Adobe 提供的滤镜显示在“滤镜”菜单中。第三方开发商提供的某些滤镜可以作为增效工具使用。在安装后，这些增效工具滤镜出现在“滤镜”菜单的底部。

要使用滤镜，可从“滤镜”菜单中进行相应的命令。在任意滤镜对话框中，一般都会显示“确定”和“取消”按钮。当调整好各个参数后，单击“确定”按钮就可以执行此滤镜命令，如对效果不满意想取消，可以单击“取消”按钮。

小贴士

在任意滤镜对话框中，按住 Alt 键，对话框中的“取消”按钮变成“复位”按钮，单击它可以将滤镜参数设置恢复到刚打开对话框时的状态。

滤镜的使用规则如下。

（1）滤镜应用于现用的可见图层或选区。如果没有定义选区，则对整个图像作处理；如果当前选中的是某一图层或通道，则对当前图层和通道起作用。

（2）对于 8 位/通道的图像，可以通过“滤镜库”累积应用大多数滤镜，所有滤镜都可以单独应用。

（3）不能将滤镜应用于位图模式或索引颜色的图像。

（4）有些滤镜只对 RGB 图像起作用。

（5）可以将所有滤镜应用于 8 位图像。

（6）可以将下列滤镜应用于 16 位图像：液化、消失点、平均模糊、模糊、进一步模糊、方框模糊、高斯模糊、镜头模糊、动感模糊、径向模糊、表面模糊、形状模糊、镜头校正、添加杂色、去斑、蒙尘与划痕、中间值、减少杂色、纤维、云彩、分层云彩、镜头光晕、锐化、锐化边缘、进一步锐化、智能锐化、USM 锐化、浮雕效果、查找边缘、曝光过度、逐行、NTSC 颜色、自定、高反差保留、最大值、最小值以及位移。

（7）可以将下列滤镜应用于 32 位图像：平均模糊、方框模糊、高斯模糊、动感模糊、径向模糊、形状模糊、表面模糊、添加杂色、云彩、镜头光晕、智能锐化、USM 锐化、逐行、NTSC 颜色、浮雕效果、高反差保留、最大值、最小值以及位移。

（8）滤镜的处理效果是以像素为单位的，即滤镜的处理效果与图像的分辨率有关。因此用相同的参数处理不同分辨率的图像，其效果会不同。

（9）有些滤镜完全在内存中处理。如果可用于处理滤镜效果的内存不够，用户将会收到一条错误消息。

2. 滤镜的使用技巧

滤镜功能是非常强大的，使用起来千变万化，应用得体将产生各种各样的特效。下面是使用滤镜的一些技巧。

（1）对局部图像进行滤境效果处理时，可以对选区设定羽化值，使要处理的区域能自然地与原图像融合，减少突兀感。

（2）使用 Ctrl＋Z 键不断地切换，可对比执行滤镜前后的效果。

（3）在使用滤镜处理图像时要注意图层和通道的使用，可以单独地对图像和通道进行滤镜处理，处理完成后再把这些图层和通道合成。

（4）上次使用过的滤镜，按 Ctrl＋F 键，可重复执行。

（5）有些滤镜效果可能占用大量内存，特别是应用于高分辨率的图像时。可以执行下列任一操作以提高性能。

① 在一小部分图像上试验滤镜和设置。

② 如果图像很大，并且存在内存不足的问题，则将效果应用于单个通道，例如应用于

每个 RGB 通道(有些滤镜应用于单个通道的效果与应用于复合通道的效果是不同的,特别是当滤镜随机修改像素时)。

③ 在运行滤镜之前先执行“清理”命令释放内存。

④ 将更多的内存分配给 Photoshop。如有必要,可退出其他应用程序,以便为 Photoshop 提供更多的可用内存。

4.1.3 滤镜库

1. 滤镜库概述

滤镜库可提供许多特殊效果滤镜的预览。用户可以应用多个滤镜、打开或关闭滤镜的效果、复位滤镜的选项以及更改应用滤镜的顺序。如果对预览效果感到满意,则可以将它应用于图像。滤镜库并不提供“滤镜”菜单中的所有滤镜。“滤镜库”对话框如图 4-1 所示。

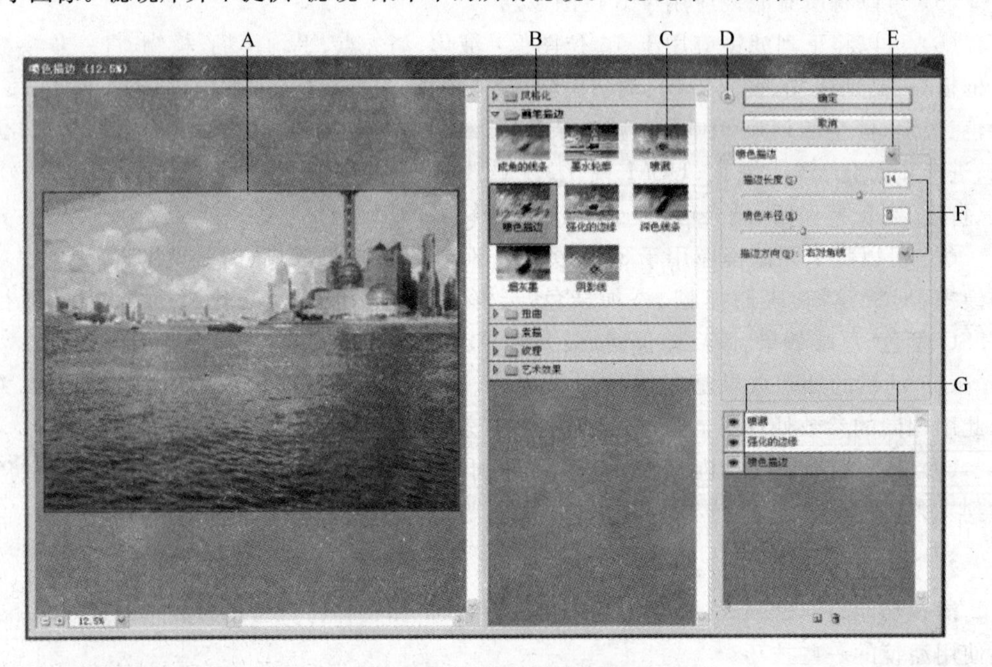

图 4-1 “滤镜库”对话框

图 4-1 中各字母说明如下。

A——预览。

B——滤镜类别。

C——所选滤镜的缩览图。

D——显示/隐藏滤镜缩览图。

E——滤镜弹出式菜单。

F——所选滤镜的选项。

G——要应用或排列的滤镜效果的列表。

(1) 显示滤镜库

执行"滤镜"|"滤镜库"命令，单击滤镜的类别名称，可显示可用滤镜效果的缩览图。

(2) 放大或缩小预览

单击预览区域下的"+"或"-"按钮，或选取一个缩放百分比即可。

(3) 查看预览的其他区域

使用抓手工具在预览区域中拖动即可查看预览的其他区域。

(4) 隐藏滤镜缩览图

单击滤镜库顶部的"显示/隐藏"按钮 即可隐藏滤镜缩览图。

2. 从滤镜库中选择滤镜

滤镜效果是按照它们的选择顺序应用的。在应用滤镜之后，可通过在已应用的滤镜列表中将滤镜名称拖动到另一个位置来重新排列它们。重新排列滤镜效果可显著改变图像的外观。单击滤镜旁边的图标，可在预览图像中隐藏效果。此外，还可以通过选择滤镜并单击"删除图层"按钮删除已应用的滤镜。

为了在试用各种滤镜时节省时间，可以先在图像中选择有代表性的一小部分进行试验。

(1) 执行下列操作之一。

① 要将滤镜应用于整个图层，要确保该图层是现用图层或选中的图层。

② 要将滤镜应用于图层的一个区域，要选择该区域。

③ 要在应用滤镜时不造成破坏以便以后能够更改滤镜设置，要选择包含要应用滤镜的图像内容的智能对象。

(2) 执行"滤镜"|"滤镜库"命令。

(3) 单击一个滤镜名称以添加第一个滤镜。用户可能需要单击滤镜类别旁边的倒三角形以查看完整的滤镜列表。添加滤镜后，该滤镜将出现在"滤镜库"对话框右下角的已应用滤镜列表中。

(4) 为选定的滤镜输入值或选择选项。

(5) 执行下列任一操作。

① 要累积应用滤镜，可单击"新建效果图层"图标，并选取要应用的另一个滤镜。重复此过程以添加其他滤镜。

② 要重新排列应用的滤镜，可将滤镜拖动到"滤镜库"对话框右下角的已应用滤镜列表中的新位置。

③ 要删除应用的滤镜，可在已应用滤镜列表中选择滤镜，然后单击"删除图层"按钮。

(6) 如果对结果满意，可单击"确定"按钮。

4.1.4　智能滤镜

1. 关于智能滤镜

应用于智能对象的任何滤镜都是智能滤镜。智能滤镜将出现在"图层"面板中应用这些智能滤镜的智能对象图层的下方。由于可以调整、移去或隐藏智能滤镜，这些滤镜是非破坏性的。

(1) 可以将任何 Photoshop 滤镜(除“抽出”、“液化”、“图案生成器”和“消失点”之外)作为智能滤镜应用。

(2) 要使用智能滤镜,需选择智能对象图层,选择一个滤镜,然后设置滤镜选项。应用智能滤镜之后,可以对其进行调整、重新排序或删除操作。

(3) 要展开或折叠智能滤镜的视图,可单击在“图层”面板中的智能对象图层的右侧显示的“智能滤镜”图标旁边的三角形(此方法还会显示或隐藏“图层样式”)。

2. 智能滤镜与普通滤镜的区别

智能滤镜是一种非破坏性的滤镜,可以达到与普通滤镜完全相同的效果,但它是作为图层效果出现在“图层”面板上的,因此不会改变图像中的任何像素,并且可以随时修改参数,或者删除。普通滤镜是通过改变图像像素来创建特效的,这种实现方法会修改像素导致最后的图像无法恢复。

图 4-2 所示为应用智能滤镜实现的效果,观察“图层”面板可以看到它与普通滤镜的不同。智能滤镜包含一个图层样式的滤镜列表,单击智能滤镜前面的眼睛图标就可以将滤镜效果隐藏。也可以将滤镜效果删除。将滤镜效果删除后,即恢复原始的图像。

图 4-2 应用智能滤镜后的图层效果

小贴士

可以用以下两种方法创建智能对象。

(1) 执行“打开为智能对象”命令。

(2) 将一个或多个 Photoshop 图层转换为智能对象。

4.2 常用滤镜

4.2.1 风格化滤镜组

风格化滤镜组含有 9 种滤镜,它是通过置换像素并且查找并增加图像中的对比度,在选区上产生一种绘画式或印象派的艺术效果。

（1）查找边缘：能自动搜索图像像素对比度变化剧烈的边界，将高反差区变亮，低反差区变暗，其他区域则介于两者之间，硬边变为线条而柔边变粗，形成一个清晰的轮廓，如图 4-3 和图 4-4 所示。

（2）等高线：可以查找主要亮度区域的转换并为每个颜色通道淡淡地勾勒主要亮度区域的转换，以获得与等高线图中的线条类似的效果，如图 4-3 和图 4-5 所示。

图 4-3　原图 1

图 4-4　查找边缘

图 4-5　等高线

（3）风：可以在图像中增加一些细小的水平线来模拟风吹效果。该效果只能在水平方向起作用，如图 4-6 和图 4-7 所示。

（4）浮雕效果：可通过勾画图像或选取的轮廓以及降低周围色值的方式来生成突起或凹陷的浮雕效果，如图 4-6 和图 4-8 所示。

图 4-6　原图 2

图 4-7　风吹效果

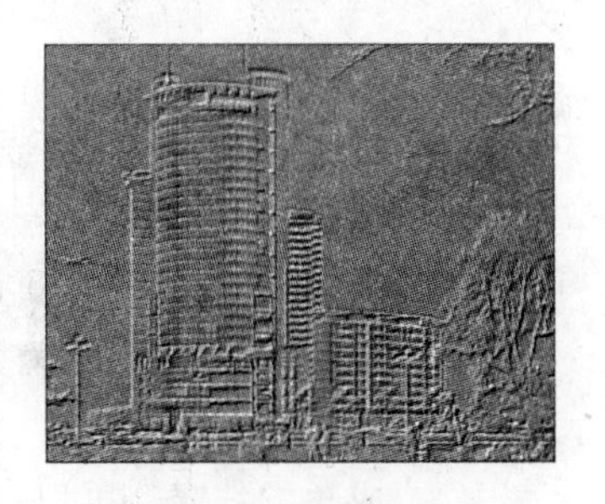

图 4-8　浮雕效果

（5）扩散：可以使图像中相邻的像素按规定的方式随机移动，使图像扩散，形成一种类似于透过磨砂玻璃观察对象时的分离模糊效果，如图 4-9 和图 4-10 所示。

图 4-9　原图 3

图 4-10　扩散效果

(6) 拼贴：可以将图像拆散为一系列的拼贴。

(7) 曝光过度：可以混合负片和正片图像，模拟出摄影中增加光线强度而产生的过度曝光效果。

(8) 凸出：可以将图像分成一系列大小相同且有机重叠放置的立方体或锥体，产生特殊的3D效果。

(9) 照亮边缘：可以搜索像素图像中颜色变化较大的区域，标识颜色的边缘，并向其添加类似霓虹灯的光亮，如图4-11和图4-12所示。

图4-11　原图4

图4-12　照亮边缘

4.2.2　画笔描边滤镜组

画笔描边滤镜组含有8种滤镜，它们使用不同的油墨和画笔笔触效果产生绘画式或精美艺术的外观。有些滤镜为图像添加颗粒、绘画、杂色、边缘细节或纹理，以得到各种绘画效果。

(1) 成角的线条：可以使用对角描边重新绘制图像，用一个方向的线条绘制亮部区域，再用相反方向的线条绘制暗部区域，如图4-13和图4-14所示。

(2) 阴影线：可以保留原始图像的细节和特征，同时使用模拟的铅笔阴影线添加纹理，并使色彩区域的边缘变得粗糙，如图4-13和图4-15所示。

图4-13　原图5

图4-14　成角的线条

图4-15　阴影线

(3) 水墨轮廓：能够以钢笔画的风格，用纤细的线条在原细节上重绘图画。

(4) 喷溅：能够模拟喷枪，使图像产生笔墨喷溅的艺术效果，如图 4-16 和图 4-17 所示。

图 4-16　原图 6

图 4-17　喷溅

(5) 喷色描边：可以使用图像的主导色用成角的、喷溅的颜色线条重新绘画图像，产生斜纹飞溅的效果。

(6) 强化的边缘：可以强化图像的边缘。设置高的边缘亮度值时，强化效果类似白色粉笔；设置低的边缘亮度值时，强化效果类似黑色油墨。

(7) 深色线条：用短而紧密的深色线条绘制暗部区域，用长的白色条纹绘制亮区，如图 4-18 和图 4-19 所示。

(8) 烟灰墨：能够以日本画的风格绘画图像。它使用非常黑的油墨在图像中创建柔和的模糊边缘，使图像看起来像是用蘸满油墨的画笔在宣纸上绘画，如图 4-18 和图 4-20 所示。

图 4-18　原图 7

图 4-19　深色线条

图 4-20　烟灰墨

4.2.3　模糊滤镜组

模糊滤镜组含有 11 种滤镜，它们可以削弱相邻像素的对比度并柔化图像，使图像产生模糊效果。在去除图像的杂色，或者创建特殊效果时会经常用到此类滤镜。

(1) 表面模糊：能够在保留边缘的同时模糊图像，可用来创建特殊效果并消除杂色或颗粒，用它为人像照片进行磨皮，效果非常好。

(2) 动感模糊：可以根据制作效果的需要沿指定方向(－360°～＋360°)以指定强度(1～999)模糊图像，产生的效果类似于以固定的曝光时间给一个移动的图像拍照。在表现对象的速度感时会经常用到该滤镜，如图 4-21 和图 4-22 所示。

图 4-21　原图 8

图 4-22　动感模糊

(3) 高斯模糊：可以添加低频细节，使图像产生一种朦胧效果，如图 4-23 和图 4-24 所示。

图 4-23　原图 9

图 4-24　高斯模糊

(4) 方框模糊：可以基于相邻像素的平均颜色值来模糊图像，生成类似于方框的特殊模糊效果。

(5) 模糊和进一步模糊：都是对图像进行轻微模糊的滤镜，它们可以在图像中有显著颜色变化的地方消除杂色。其中，前者滤镜对于边缘过于清晰，对比度过于强烈的区域进行平滑处理，生成极轻微的模糊效果；后者滤镜所产生的效果要比前者滤镜强 3～4 倍。

(6) 径向模糊：模拟前后移动相机或旋转相机所产生的模糊效果，如图 4-25 和图 4-26 所示。

图 4-25　原图 10

图 4-26　径向模糊

(7) 镜头模糊：可以向图像中添加模糊以产生更窄的景深效果，使图像中的一些对象在焦点内，另一些区域变模糊。用它来处理照片，可以创建景深效果。但需要用 Alpha 通道或图层蒙板的深度值来映射图像中像素的位置。

(8) 平均：可以查找图像的平均颜色，然后以该颜色填充图像，创建平滑的外观。

(9) 特殊模糊：提供了半径、阈值和模糊品质等设置选项，可以精确地模糊图像。

(10) 形状模糊：可以使用指定的形状创建特殊的模糊效果。

4.2.4　扭曲滤镜组

扭曲滤镜组包含 12 种滤镜，它们可以对图像进行几何变形，创建三维或其他变形效果，如拉伸、扭曲、模拟水波、模拟火光等效果。一般这些滤镜会耗用很多内存，操作时应注意。

(1) 波浪：可以在图像上创建波状的图案，生成波浪效果，如图 4-27 和图 4-28 所示。

图 4-27　原图 11

图 4-28　波浪

(2) 波纹：波纹与波浪的工作方式相同，但提供的选项较少，只能控制波纹的数量和波纹大小，如图 4-27 和图 4-29 所示。

(3) 水波：用于模拟水池中的波纹，在图像中产生类似于向水池中投入小石子后水面的变化形态，如图 4-27 和图 4-30 所示。

图 4-29　波纹

图 4-30　水波

(4) 海洋波纹：可以将随机分隔的波纹添加到图像表面，它产生的波纹细小，边缘有较多抖动，图像看起来就像是在水下面。

(5) 玻璃：可以制作细小的纹理，使图像看起来像是透过不同类型的玻璃观察的一样。

(6) 极坐标：可以将图像从平面坐标转换为极坐标，或者从极坐标转换为平面坐标，如图 4-31～图 4-33 所示。

图 4-31　原图 12

图 4-32　平面坐标到极坐标

图 4-33　极坐标到平面坐标

(7) 挤压：可以将整个图像或选取内的图像向内或向外挤压。

(8) 扩散亮光：可以在图像中添加白色杂色，并从图像中心向外渐隐亮光，使其产生一种光芒漫射的效果。使用该滤镜可以将照片处理为柔光照，亮光的颜色由背景色决定，选择不同的背景颜色，可以产生不同的视觉效果。

(9) 切变：是比较灵活的滤镜，用户可以按照自己设定的曲线来扭曲图像，如图 4-34～图 4-36 所示。

图 4-34　原图 13

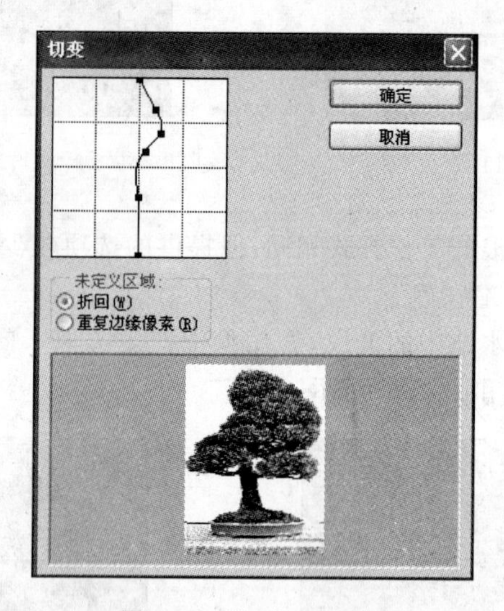

图 4-35　“切变”对话框

图 4-36　切变效果

小贴士

打开“切变”对话框以后，在曲线上单击可以添加控制点，通过拖动控制点改变曲线的形状即可扭曲图像。如果要删除某个控制点将它拖至对话框外即可。

(10) 球面化：通过将选区折成球形，扭曲图像以及伸展图像以适合选中的曲线，使图像产生 3D 效果，如图 4-37 和图 4-38 所示。

图 4-37　原图 14

图 4-38　球面化

(11) 旋转扭曲：可以使图像产生旋转的风轮效果，旋转会围绕图像中心进行，中心旋转的程度比边缘大，如图 4-39 和图 4-40 所示。

图 4-39　原图 15

图 4-40　旋转扭曲

(12) 置换：可以根据另一张图片的亮度值使现有图像的像素重新排列并产生位移，如图 4-41 和图 4-42 所示。在使用该滤镜前需要准备好一张用于置换的 PSD 格式的图像文件。

图 4-41　原图 16

图 4-42　置换效果

4.2.5 锐化滤镜组

锐化滤镜组包含5种滤镜，它们可以通过增强相邻像素间的对比度来聚焦模糊的图像，使图像变得清晰。

(1) "锐化"与"进一步锐化"："锐化"滤镜通过增加像素间的对比度使图像变得清晰，锐化效果不是很明显；"进一步锐化"滤镜比"锐化"滤镜的效果强烈些，相当于应用了两三次锐化滤镜。

(2) 锐化边缘："锐化边缘"滤镜只锐化图像的边缘，同时保留总体的平滑度。

(3) 智能锐化：与"USM锐化"滤镜功能比较相似，但它具有独特的锐化控制选项，可以设置锐化算法，控制阴影和高光区域的锐化量。智能滤镜包含基本和高级两种锐化方式，在操作时，最好将窗口缩放到100%，以便精确查看锐化效果。

(4) USM锐化：可以查找图像中颜色发生显著变化的区域，然后将其锐化。并提供了选项，对于专业的色彩校正，可以使用该滤镜调整边缘的对比度，如图4-43和图4-44所示。

图4-43 原图17

图4-44 USM锐化

4.2.6 视频滤镜组

视频滤镜组包含2种滤镜，它们可以处理隔行扫描方式的设备中提取的图像，将普通的图像转换为视频设备可以接受的图像，以解决视频图像交换时系统差异的问题。

(1) NTSC 颜色：可以将色域限制在电视机重现可接受的范围内，防止过饱和颜色渗到电视扫描仪中，使 PS 图像可以被电视接受。

(2) 逐行：通过隔行扫描方式显示画面的电视，以及视频设备中捕捉的图像会出现扫描线，“逐行”滤镜可以移去视频图像中的奇数或偶数隔行线，使在视频上捕捉的运动图像边缘平滑。

4.2.7　素描滤镜组

素描滤镜组包含 14 种滤镜，它们可以将纹理添加到图像，常用来模拟素描和速写等艺术效果或手绘外观。其中大部分滤镜在重绘图像时都要使用前景色和背景色，因此，设置不同的前景色和背景色时，可以获得不同的效果。

(1) 半调图案：可以在保持连续色调范围的同时，模拟半调网屏效果。新建一文件，只需设置好前景色和背景色就可以得到这 3 种效果，如图 4-45～图 4-47 所示。

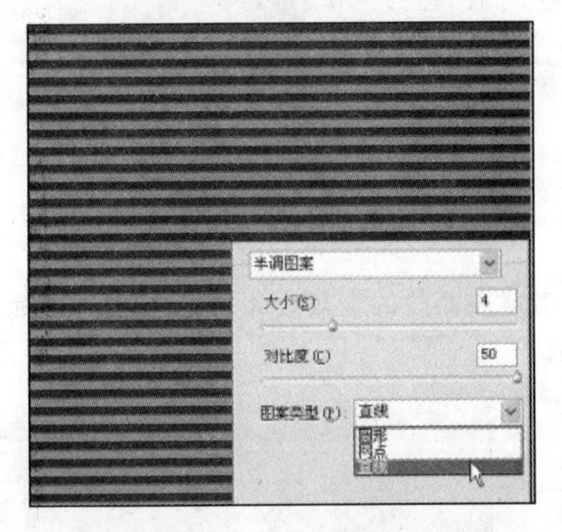

图 4-45　直线半调图案

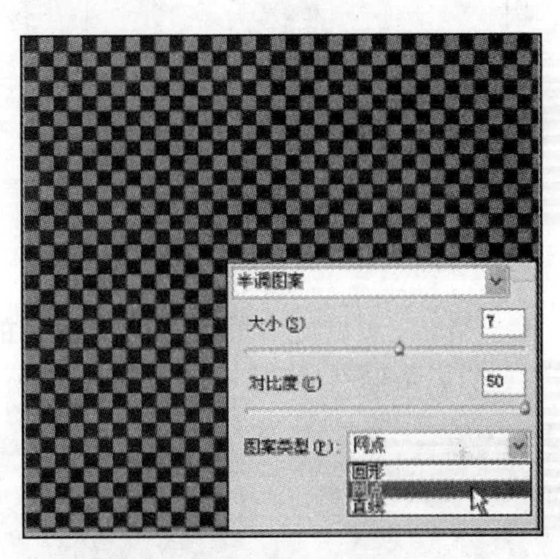

图 4-46　网点半调图案

图 4-47　圆形半调图案

(2) 便条纸：可以简化图像，创建像是手工制作的纸张构建的图像，图像的暗区用前景色处理，亮区用背景色处理。

(3) 粉笔和炭笔：可以重绘高光和中间调，并使用粗糙粉笔绘制纯中间调的灰色背景。阴影区域用黑色对角炭笔线条替换，炭笔用前景色绘制，粉笔用背景绘制，如图 4-48 和图 4-49 所示。

图 4-48　原图 18

图 4-49　粉笔和炭笔

(4) 铬黄：可以渲染图像，创建如擦亮的铬黄表面般的金属效果，高光在反射表面上是高点，阴影是低点，如图 4-50 和图 4-51 所示。

图 4-50　原图 19

图 4-51　铬黄

(5) 绘画笔："绘画笔"滤镜使用细的、线状的油墨描边捕捉原图像中的细节，前景色作为油墨，背景色作为纸张，以替换原图像的颜色，如图 4-52 和图 4-53 所示。

(6) 基底凸现：可以变换图像，使之呈现浮雕的雕刻状和突出光照下变化各异的表面。图像的暗区将呈现前景色，而浅色使用背景色。

(7) 石膏效果：可以按 3D 效果塑造图像，然后使用前景色与背景色为结果图像着色，图像中的暗区凸起，亮区凹陷。

图 4-52　原图 20

图 4-53　绘画笔

(8) 水彩画纸：可以用有污点的、像画在潮湿的纤维上的涂抹，使颜色流动混合，如图 4-54 和图 4-55 所示。

图 4-54　原图 21

图 4-55　水彩画纸

(9) 撕边：滤镜可以重建图像，使之像是由粗糙、撕破的纸片组成的，然后使用前景色与背景色为图像的着色。

(10) 炭笔：可以产生色调分离的涂抹效果。图像的主要边缘以粗线条绘制，而中间色调对角描边进行素描，炭笔是前景色，背景是纸张颜色。

(11) 炭精笔：可以在图像上模拟浓黑和纯白的炭精笔纹理，暗区使用前景色，亮区使用背景色。为了获得更逼真的效果，可以在应用滤镜之前将前景色改为实用的炭精笔颜色，如黑色、深褐色和血红色。要获得减弱的效果，可以将背景色改为白色，在白色背景中添加一些前景色，然后再应用滤镜。

(12) 图章：可以简化图像，使之看起来就像是用橡皮或木制图章创建的一样，如图 4-56 和图 4-57 所示。

(13) 网状：可以模拟胶片乳胶的可控收缩和扭曲来创建图像，使之在阴影处结块，在高光处呈现轻微的颗粒化。

(14) 影印：可以模拟影印图像的效果，大的暗区趋向于只复制边缘四周，而中间色调要么为纯黑色，要么为纯白色，如图 4-58 和图 4-59 所示。

图 4-56 原图 22

图 4-57 图章

图 4-58 原图 23

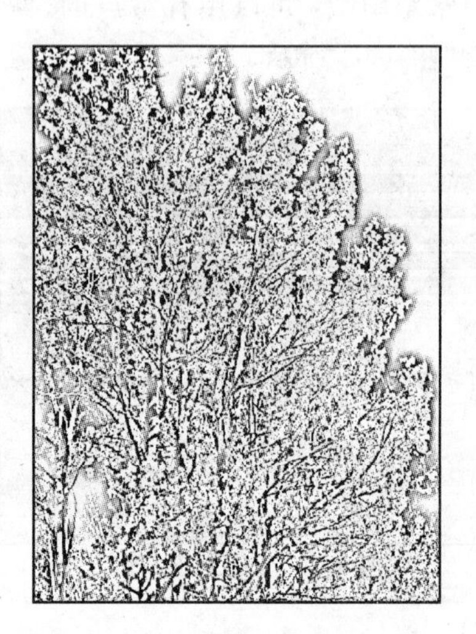

图 4-59 影印

4.2.8 纹理滤镜组

纹理滤镜组包含 6 种滤镜，它们为图像造成深度感或材质感，可增加组织结构的外观。

(1) 龟裂缝：可以将图像绘制在一个高凸的石膏表面，以循着图像等高线生成精细的网状裂缝，如图 4-60 和图 4-61 所示。

(2) 马赛克拼贴：可以渲染图像，使它看起来像是由小的碎片或拼贴组成的，然后加深拼贴之间缝隙的颜色，如图 4-60 和图 4-62 所示。

(3) 颗粒：可以使用常规、软化、喷洒、结块、斑点等不同种类的颗粒在图像中添加纹理。

(4) 拼缀图：可以将图像分成规则排列的正方形块，每一个方块使用该区域的主色填充。该滤镜可随机减小或增大拼贴的深度，以模拟高光和阴影，如图4-63和图4-64所示。

图4-60 原图24

图4-61 龟裂缝

图4-62 马赛克拼贴

(5) 染色玻璃：可以将图像重新绘制为单色的相邻单元格，色块之间的缝隙用前景色填充，使图像看起来是彩色玻璃，如图4-63和图4-65所示。

图4-63 原图25

图4-64 拼缀图

图4-65 染色玻璃

(6) 纹理化：可以生成各种纹理，在图像中添加纹理质感，可选择的纹理包括“砖形”、“粗麻布”、“画布”和“砂岩”，也可以单击“纹理”选项右侧下拉列表，载入PSD格式的文件作为纹理文件，如图4-66和图4-67所示。

图4-66 原图26

图4-67 粗麻布纹理

4.2.9 像素化滤镜组

像素化滤镜组包含7种滤镜,它们可以通过使单元格中颜色值相近的像素结成块来清晰地定义一个选区,可用于创建彩块、点状、晶格和马赛克等特殊效果。

(1) 彩块化：可以使纯色或相近颜色的像素结成像素块。使用该滤镜处理扫描的图像时,可以使其看起来像是手绘的图像,也可以使现实主义图像产生类似抽象派的绘画效果。

(2) 彩色半调：可以使图像变为网点状效果。它先将图像的每一个通道划分出矩形区域,再以和矩形区域亮度成比例的圆形替代这些矩形,圆形的大小与矩形的亮度成比例,高光部分生成的网点较小,阴影部分生成的网点较大,如图4-68和图4-69所示。

图4-68 原图27

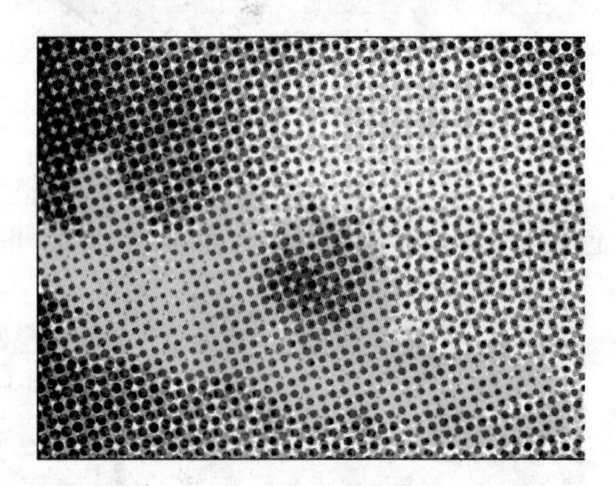

图4-69 彩色半调

(3) 点状化：可以将图像中的颜色分散为随机分布的网点,如同点状绘画效果,背景色将作为网点之间的画布区域。使用该滤镜时,可通过"单元格大小"来控制网点的大小,如图4-68和图4-70所示。

(4) 晶格化：可以使图像中相近的像素集中到多边形色块中,产生类似结晶的颗粒效果。使用该滤镜时,可通过"单元格大小"来控制多边形色块的大小,如图4-68和图4-71所示。

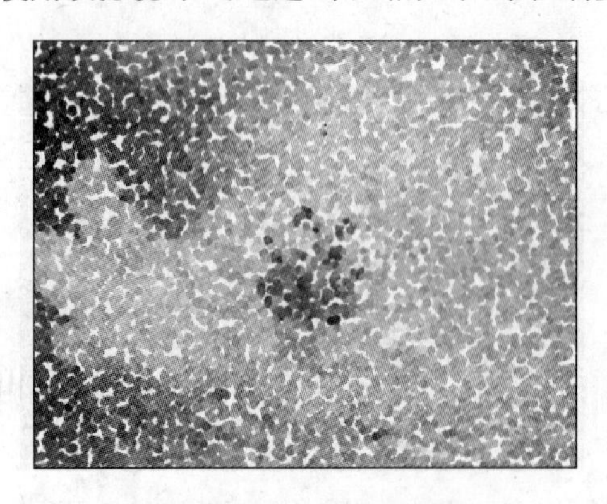

图4-70 点状化

图4-71 晶格化

（5）马赛克：可以使像素结为方形块，再给块中的像素应用平均的颜色，创建出马赛克效果，如图 4-68 和图 4-72 所示。

（6）铜版雕刻：可以在图像中随机产生各种不规则的直线、曲线和斑点，使图像产生年代久远的金属板效果，如图 4-68 和图 4-73 所示。

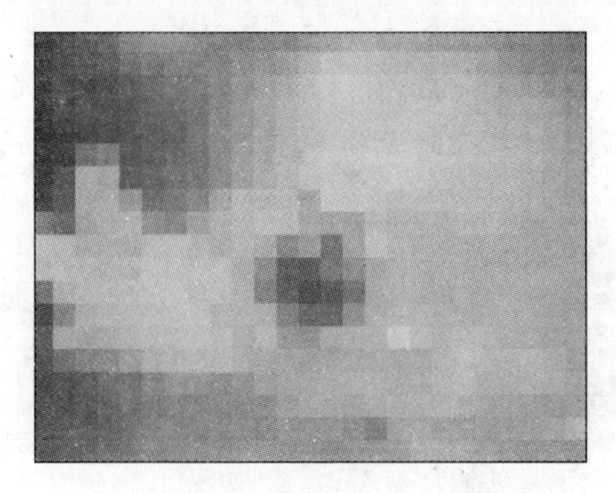

图 4-72　马赛克

图 4-73　铜版雕刻

（7）碎片：可以把图像的像素进行 4 次复制，再将它们平均，并使其相互偏移，使图像产生一种类似于相机没有对准焦距所拍摄出的效果模糊的照片。

4.2.10　渲染滤镜组

渲染滤镜组包含 5 种滤镜，它们可在图像中创建三维形状、云彩图案、光晕图案和模拟灯光效果。

（1）云彩：可以使用介于前景色与背景色之间的随机值生成柔和的云彩图案。如果按住 Alt 键，然后执行“云彩”命令，则可生成色彩更加鲜明的云彩图案，如图 4-74 所示。

（2）纤维：可以使用前景色和背景色随机创建变质纤维效果，如图 4-75 所示。

图 4-74　云彩

图 4-75　纤维

(3) 分层云彩：与“云彩”效果滤镜大致相同，但多次应用该滤镜可以创建与大理石花纹相似的横纹和叶脉图案。

(4) 光照效果：是一个强大的灯光效果制作滤镜，它包含17种光照样式、3种光照类型和4套光照属性，可以在RGB图像上产生无数光照效果，还可以使用灰度文件的纹理产生类似3D效果，如图4-76和图4-77所示。

(5) 镜头光晕：可以模拟亮光照射到相机镜头所产生的折射，常用来表现玻璃、金属等反射的反射光，或用来增强日光和灯光效果，如图4-76和图4-78所示。

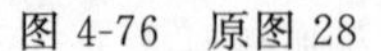

图4-76 原图28

图4-77 光照效果

图4-78 镜头光晕

4.2.11 艺术效果滤镜组

艺术效果滤镜组包含15种滤镜，它们可以模仿自然或传统介质效果，使图像看起来更贴近绘画或具有艺术效果。

(1) 壁画：使用短而圆、粗略涂抹的颜料笔，以一种粗糙的风格绘制图像，如图4-79和图4-80所示。

图4-79 原图29

图4-80 壁画

(2) 粗糙蜡笔：可以在带纹理的背景上应用粉笔描边，在亮色区域，粉笔看上去很厚，几乎看不见纹理；在深色区域，粉笔似乎被擦去了，纹理会显露出来，如图4-79和图4-81所示。

(3) 水彩：可以简化图像中的细节，模拟绘制水彩画风格的图像，如图4-79和图4-82所示。

(4) 彩色铅笔：用彩色铅笔在纯色背景上绘制图像，可保留重要的边缘，外观呈粗糙阴影线，纯色背景色会透过平滑的区域显示出来。

图 4-81 粗糙蜡笔

图 4-82 水彩

(5) 底纹效果：可以在带纹理的背景上绘制图像，然后将最终效果绘制在该图像上。

(6) 调色刀：可以减少图像的细节生成描绘得很淡的画布效果，并显示出下面的纹理。

(7) 干画笔：使用“干画笔”滤镜绘制图像边缘，并通过将图像的颜色降到普通颜色范围来简化图像，如图 4-83 和图 4-84 所示。

图 4-83 原图 30

图 4-84 干画笔

(8) 海报边缘：可以减少图像中颜色的数目，并将图案的边缘以黑线描绘。应用该滤镜后，图像将出现大范围的阴影区域，如图 4-83 和图 4-85 所示。

(9) 海绵：用颜色对比强烈、纹理较重的区域创建图像，模拟海绵绘画效果，如图 4-83 和图 4-86 所示。

图 4-85 海报边缘

图 4-86 海绵

(10) 绘画涂抹：可以把图像分为几种颜色区后锐化图像，产生一种涂抹过的图像效果，如图 4-83 和图 4-87 所示。

(11) 涂抹棒：使用较短的对角线涂抹图像中的暗部区域，从而柔化图像，亮部区域会变亮而丢失细节，整个图像显示出涂抹扩散的效果，如图 4-83 和图 4-88 所示。

图 4-87 绘画涂抹

图 4-88 涂抹棒

(12) 胶片颗粒：将平滑的图案应用于阴影和中间色调，将一种更平滑、饱和度更高的图案添加到亮区。在消除混合条纹和将各种来源的图像在视觉上进行统一时，该滤镜非常有用。

(13) 木刻：可以将图像变为高对比度的图像，使图像看起来好像一幅彩色剪影图。

(14) 霓虹灯光：可以在柔化图像外观时给图像着色，在图像中产生彩色氖光灯照射的效果，如图 4-89 和图 4-90 所示。

图 4-89 原图 31

图 4-90 霓虹灯光

(15) 塑料包装：可以给图像涂上一层光亮的塑料，以强调表面细节，如图 4-91 和图 4-92 所示。

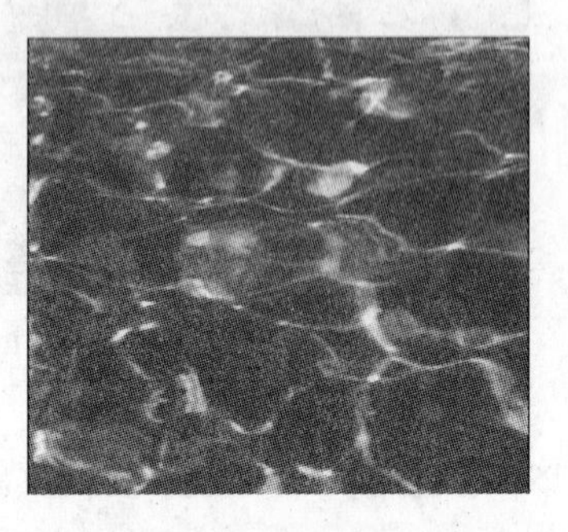

图 4-91 原图 32

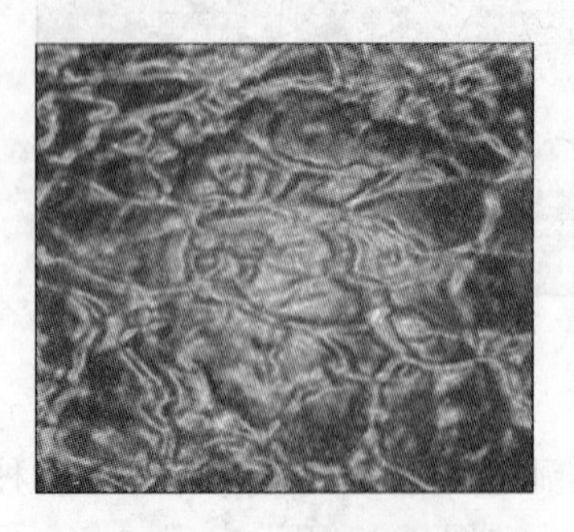

图 4-92 塑料包装

4.2.12　杂色滤镜组

杂色滤镜组包含 5 种滤镜，它们可以添加或去掉图像中的杂色，可以创建不同寻常的纹理或去掉图像中有缺陷的区域。

（1）添加杂色：可以在图像上添加随机像素点，模仿高速胶片上捕捉画面的效果，如图 4-93 和图 4-94 所示。

图 4-93　原图 33

图 4-94　添加杂色

（2）去斑：可以模糊图像中除边缘外的区域，这种模糊可以在去掉图像中的杂色同时保留细节。

（3）蒙尘与划痕：可以通过改变不同的像素来减少杂色，如图 4-95 和图 4-96 所示。

图 4-95　原图 34

图 4-96　蒙尘与划痕

（4）中间值：通过混合选区内像素的亮度来减少图像中的杂色。该滤镜对于减少图像的动感效果非常有用。也可以用于去除有划痕的扫描图像中的划痕。

（5）减少杂色：可基于影响整个图像或各个通道的用户设置保留边缘，同时减少杂色。

4.2.13 其他滤镜组

其他滤镜组包含 5 种滤镜，它们当中有允许用户自定义滤镜的命令，也有使用滤镜修改蒙板、在图像中使选区发生位移和快速调整颜色的命令。

(1) 高反差保留：可以在有强烈颜色转变发生的地方按指定的半径保留边缘细节，并且不显示图像的其余部分，如图 4-97 和图 4-98 所示。

(2) 位移：可以将图像垂直或水平移动一定数量，在选取的原位置保留空白，如图 4-97 和图 4-99 所示。

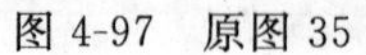

图 4-97　原图 35

图 4-98　高反差保留

图 4-99　位移

(3) 自定义：是 Photoshop 为用户提供可以自定义滤镜效果的功能。用户可以存储创建的自定义滤镜，并将它们用于其他的 Photoshop 图像。

(4) 最大值与最小值：可以在指定的半径内，用周围像素的最高或最低亮度值替换当前像素的亮度值。其中“最大值”滤镜具有应用阻塞的效果，可以扩展白色区域、阻塞黑色区域；最小值滤镜具有伸展的效果，可以扩展黑色区域、收缩白色区域。

4.3 外挂滤镜

4.3.1 外挂滤镜概述

外挂滤镜就是由第三方厂商为 Photoshop 所生产的滤镜，它能够通过不同的方式改变像素数据，以达到对图像进行抽象化、艺术化的特殊处理效果。它们不仅种类齐全，品种繁多而且功能强大，同时版本与种类也在不断升级与更新，其中比较常用的外挂滤镜有 KPT 系列、Eye Candy 系列、PhotoTools、Xenofex 和 Ulead Type 等。

4.3.2 外挂滤镜的安装方法

Photoshop 外挂滤镜基本都安装在 Photoshop 安装文件的滤镜目录下(有的也安装在 Plug-Ins 目录下)，安装的方法有以下几种。

(1) 有些外挂滤镜本身带有搜索 Photoshop 目录的功能，会把滤镜部分安装在

Photoshop 目录下，把启动部分安装在 Program Files 下。这种软件如果用户没有注册过，每次启动计算机后都会跳出一个提示用户注册的对话框。

（2）有些外挂滤镜不具备自动搜索功能，所以必须手动选择安装路径，而且必须是 Photoshop的 Plug-Ins 目录下，这样才能成功安装，否则会跳出一个安装错误的对话框。

（3）还有些滤镜不需要安装，只要直接复制到 Plug-Ins 目录下就可以使用了。

按上述情况安装的滤镜会在 Photoshop 的菜单中自动生成一个菜单，一般整齐地排列在滤镜菜单的下部。而它的名字通常是这些滤镜的出品公司名称。所有的外挂滤镜安装完成后，不需要重启计算机，只要启动 Photoshop 就能直接使用。

4.4　新手上路——杂志广告制作

前面已经介绍了滤镜的使用规则和技巧，并分别介绍了各种常用滤镜的功能，相信大家对滤镜已经不陌生了，下面一起来设计制作三星音乐手机的杂志广告吧！

这幅广告主要是用来宣传一款新推出的三星音乐手机。为了吸引消费者的眼球，该广告采用了比较炫的背景来衬托产品的高品质，手机上翩翩起舞的蝴蝶，传递了音乐手机的音色之美，整个广告画面简单明了，充满现代生活气息。

在杂志广告制作过程中涉及云彩滤镜、铬黄滤镜、叠加和颜色减淡图层模式、渐变填充、抠图等，详见操作步骤。

制作步骤如下。

（1）新建文件，尺寸：A4 纸、竖排。分辨率：72ppi，RGB 模式。

（2）编辑渐变色，颜色值：＃9E3502→＃000000。然后为背景填充径向渐变，效果如图 4-100 所示。再复制背景层，并将图层模式设为“颜色减淡”，效果如图 4-101 所示。

图 4-100　填充背景色

图 4-101　复制后的背景

(3) 新建图层,并将前景设为白色,背景设为黑色。执行“滤镜”|“渲染”|“云彩”命令,效果如图 4-102 所示。再执行“滤镜”|“素描”|“铬黄”命令,参数默认,效果如图 4-103 所示。再将该图层模式设为“叠加”,不透明度设为 28%,效果如图 4-104 所示。

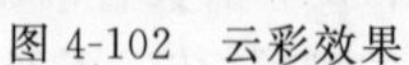
图 4-102 云彩效果

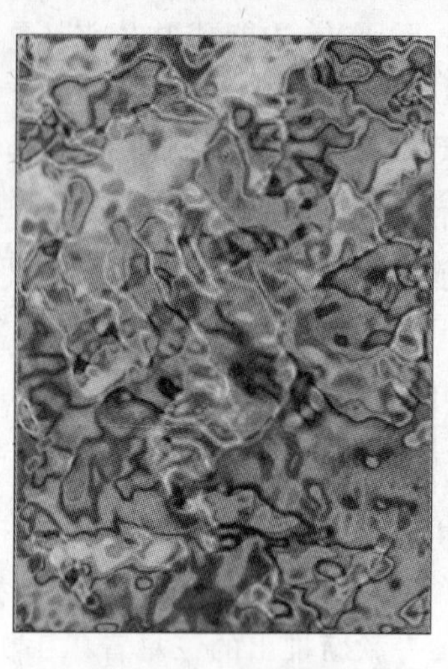
图 4-103 铬黄效果

图 4-104 背景图层效果

(4) 打开素材图片“红色三星手机.jpg”,抠图后将手机复制到制作好的背景图层上,并添加外发光图层样式,效果如图 4-105 所示。用同样的方法,从素材中分别将蝴蝶和蓝色手机抠出,并添加到背景上,效果如图 4-106 所示。

图 4-105 添加“外发光”效果

图 4-106 添加装饰

(5) 选择文字工具,分别输入三星标志和广告语,效果如图 4-107 所示。至此,手机杂志广告制作完成。

图 4-107　最终效果图

4.5　知识回顾

一、填空题

1. 动感模糊滤镜是指在某一方向对(　　)进行了线性位移,产生沿某一方向运动的模糊效果。

2. 方框模糊滤镜是基于(　　)来模糊图像的。

3. 滤镜中的(　　)效果,可以使图像表面产生高光区域,好像用塑料纸包住物体时产生的效果。

4. 球面化滤镜可以使选区中心的图像产生(　　)的球体效果,类似挤压滤镜的效果。

二、选择题

1. 下列哪些滤镜只对 RGB 起作用?(　　)

A. 马赛克　　B. 光照效果　　C. 波纹　　D. 浮雕效果

2. 下列属于纹理滤镜的是(　　)。

A. 颗粒　　B. 马赛克　　C. 纹理化　　D. 进一步纹理化

3. 下列滤镜可用于 16 位通道图像是(　　)。

A. 高斯模糊　　B. 水彩　　C. 马赛克　　D. USM 锐化

第5章

图像色彩及处理

色彩无论是在生活中还是在设计过程中，都是非常重要的。人们经常需要对图像的色彩、色调等进行调整，从而使图像看起来更加赏心悦目。Photoshop CS5 中提供了功能全面的色彩与色调调整命令，使用这些命令，可以非常方便地对图像的色彩、亮度、对比度等进行修改。本章将结合实例介绍色调和色彩调整的基本概念和调整命令。

5.1 图像色彩概述

色彩使图像绚丽多彩，认识色彩是图像色彩处理和调整的基础。所以，在介绍色彩与色调调整命令之前，先来了解一下图像色彩的基本概念。

1. 色彩

色彩分非彩色和彩色两类。非彩色是指黑、白、灰系统色；彩色是指除了非彩色以外的所有色彩，如红、黄、绿、蓝等。

2. 色彩的基本性质

原色就是最基本的色，大多数颜色可由 3 种最基本的原色混合而成，电脑采用的三原色是红、绿、蓝。下面介绍一下色彩的基本性质。

(1) 明度

明度是色彩的明暗程度，也叫光度或亮度。在非彩色中，黑色的明度最低，白色最高，中间存在一段从亮到暗的灰色系列。在彩色中，任何一种纯度色都有着自己的明度特征。明度高，色彩较亮；明度低，色彩较暗。

(2) 色相

色相是色彩的相貌，是区别色彩种类的名称，用不同的名称表示，如红、黄蓝等。

(3) 饱和度

饱和度是色彩的纯净程度，或鲜艳、鲜明程度，又称为纯度或彩度。饱和度常用高低来表示，饱和度越高，色越纯、越艳；饱和度越低，色越涩、越浊。

(4) 对比度

对比度指不同颜色的差异程度，对比度越大，两种颜色之间的差异就越大。

3. 互补色

互补色是色环上任意两个处于相对位置的色彩，又称为对比色，如红与绿、蓝与黄等。

4. 颜色模式

颜色的使用是 Photoshop 的一大特点。任何一幅精美的图像都离不开颜色的合理搭配。在图像处理中，不仅要考虑图像的巧妙设计与颜色的搭配，更要考虑图像在输出后的效果，了解颜色模式，可以使图像的输出效果更加清晰。

5.2　自动校正图像色彩命令

自动调整包括 3 个命令，它们没有对话框，直接执行"图像"菜单中的命令即可调整图像的对比度或色调。

5.2.1　自动色调

"自动色调" 命令可以自动调整图像的黑场和白场，即找到图像中的最暗点和最亮点，并将其分别映射为纯黑和纯白，然后按比例重新分配其间的像素值。这种操作可以增加色彩对比度，但可能会引起图像偏色，如图 5-1 所示的圆环通过执行"自动色调"命令，就出现了如图 5-2 所示的偏色效果。

该命令常用于修正一些部分曝光过度的照片。

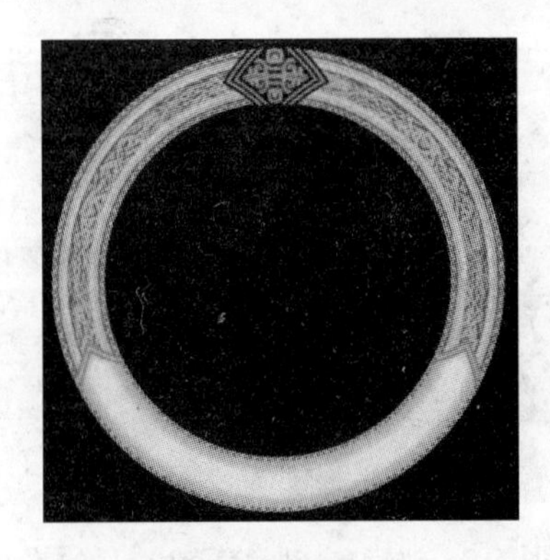

图 5-1　原图 1

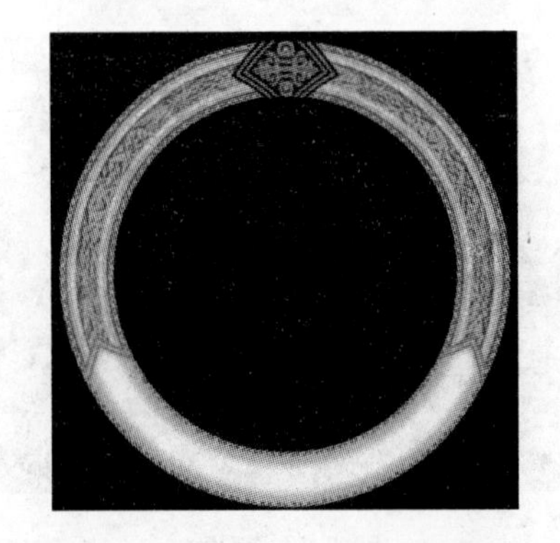

图5-2　执行"自动色调"命令后的效果

5.2.2　自动对比度

"自动对比度"命令自动调整图像中颜色的整体对比度，使图像中最暗的像素和最亮的像素映射为黑色和白色，使暗调区域更暗而高光区域更亮，从而增加图像的对比度。图 5-3 所示的图像执行该命令后，效果如图 5-4 所示，对比度明显增强。

该命令适用于色调较全的图像，对于单色或者色调不丰富的图像几乎不起作用。

图 5-3　原图 2

图 5-4　执行“自动对比度”命令后的效果

5.2.3　自动颜色

“自动颜色”命令除了增加颜色对比度以外，还将对一部分高光和暗调区域进行亮度合并。最重要的是，它把处在 128 级亮度的颜色纠正为 128 级灰色。正因为这个对齐灰色的特点，使得它既有可能修正偏色，也有可能引起偏色，并且“自动颜色”命令只有在 RGB 模式图像中有效。图 5-5 所示的偏红的照片经“自动颜色”命令修复后如图 5-6 所示，颜色变得比较柔和。

图 5-5　原图 3

图 5-6　执行“自动颜色”命令后的效果

5.3　图像色彩的基本调整命令

5.3.1　色阶

使用“色阶”命令可以调整图像的阴影、中间调和高光的关系，从而调整图像的色调范围或色彩平衡。

打开如图 5-7 所示的素材图片，执行“图像”|“调整”|“色阶”命令，弹出如图 5-8 所示的对话框，调整输入色阶和输出色阶的值如图 5-9 所示，得到如图 5-10 所示的效果。

图 5-7　原图 4

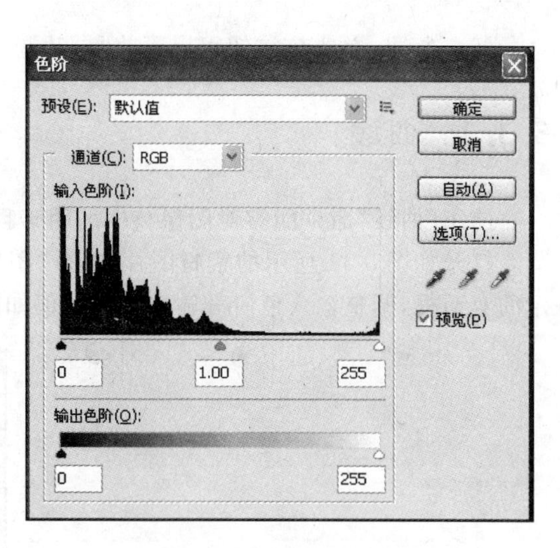

图 5-8　“色阶”对话框

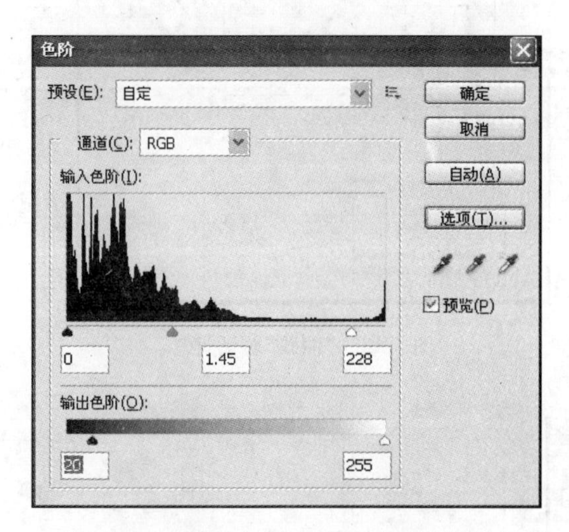

图 5-9　调整色阶数值后的对话框

图 5-10　执行“色阶”命令后的效果

参数说明如下。

(1) 通道：该选项是根据图像模式而改变的。可以对每个颜色通道设置不同的输入色阶与输出色阶值。当图像模式为 RGB 时，该选项中的颜色通道为 RGB、红、绿与蓝；当图像模式为 CMYK 时，该选项中的颜色通道为 CMYK、青色、洋红、黄色与黑色。

(2) 输入色阶：该选项可以通过拖动色阶的三角滑块进行调整，也可以直接在“输入色阶”文本框中输入数值。

(3) 输出色阶：该选项中的“输出阴影”用于控制图像最暗数值；“输出高光”用于控制图像最亮数值。

(4) 吸管工具：3 个吸管分别用于设置图像黑场、白场和灰场，从而调整图像的明暗关系。

(5) 自动：单击该按钮，即可将亮的颜色变得更亮，暗的颜色变得更暗，提高图像的对比度。它与执行“自动色调”命令的效果是相同的。

(6) 选项：单击该按钮可以更改“自动调节”命令中的默认参数。

5.3.2 曲线

使用“曲线”命令能够对图像整体的明暗程度进行调整。

打开如图 5-11 所示的素材图片，执行“图像”|“调整”|“曲线”命令，弹出如图 5-12 所示的对话框，调整输入色阶和输出色阶的值如图 5-13 所示，得到如图 5-14 所示的效果。

图 5-11 原图 5

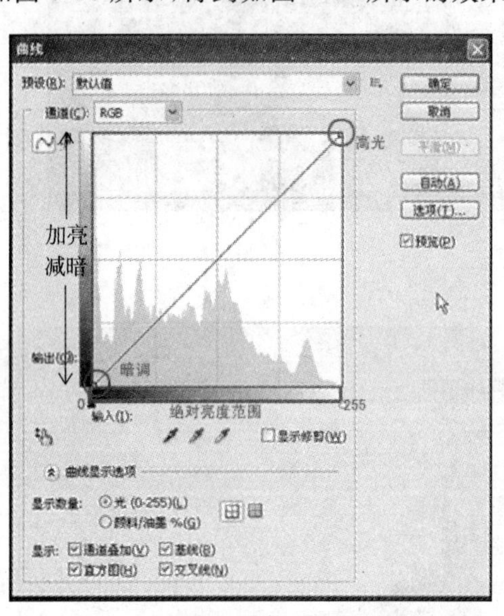

图 5-12 “曲线”对话框

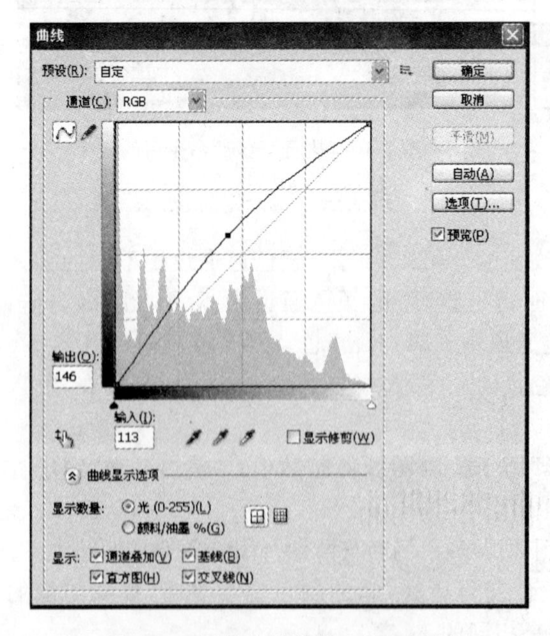

图 5-13 调整曲线数值后的对话框

图 5-14 执行“曲线”命令后的效果

参数说明如下。

(1)“曲线”对话框中,色调范围显示为一条笔直的对角基线,这是因为输入色阶和输出色阶是完全相同的。在对话框中,线段左下角的端点代表暗调,右上角的端点代表高光,中间的过渡代表中间调。要注意左方和下方有两条从黑到白的渐变条。位于下方的渐变条代表绝对亮度的范围;位于左方的渐变条代表变化的方向,对于线段上的某一个点来说,往上移动就是加亮,往下移动就是减暗。加亮的极限是 255,减暗的极限是 0,因此它的范围也属于绝对亮度。若在线段中间单击,会产生一个控制点,然后往上拖动。就会看到图像变亮,通过选中或取消选中“预览”对话框可以比较调整前后的效果。如果要删除已经产生的控制点,可将其拖动到曲线区域之外,就如同删除参考线一样。

(2)通道选项:该选项是根据图像模式而改变的。可以对每个颜色通道设置不同的输入色阶值与输出色阶值。当图像模式为 RGB 时,该选项中的颜色通道为 RGB、红、绿与蓝;当图像模式为 CMYK 时,该选项中的颜色通道为 CMYK、青色、洋红、黄色与黑色。

色阶整体调整明亮度不是很精确,曲线比较精确。

5.3.3　亮度/对比度

使用“亮度/对比度”命令可以直观地调整图像的明暗程度,还可以通过调整图像亮部区域与暗部区域之间的比例来调节图像的层次感。

打开如图 5-11 所示的素材图片,执行“图像”|“调整”|“亮度”|“对比度”命令,弹出如图 5-15 所示的对话框,调整亮度和对比度的值如图 5-16 所示,得到如图 5-17 所示的效果。

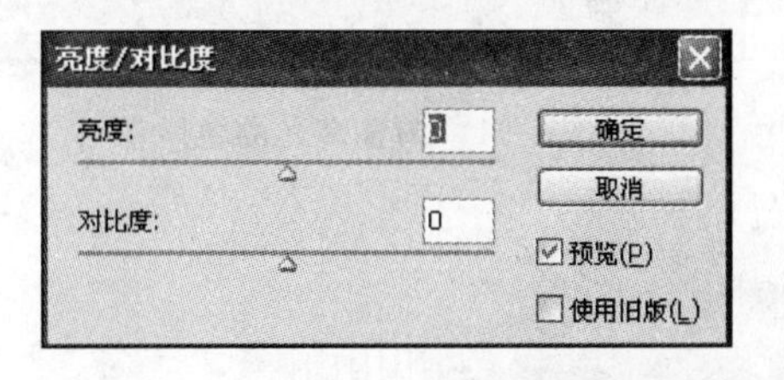

图 5-15　“亮度/对比度”对话框

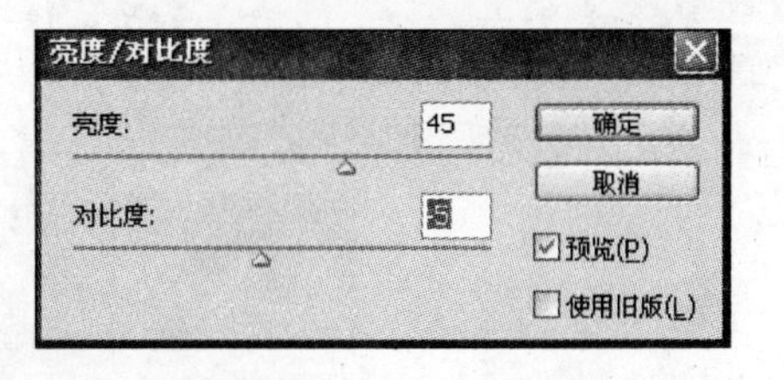

图 5-16　调整高度/对比度数值后的对话框

图 5-17　执行“亮度/对比度”命令后的效果

5.3.4 色彩平衡

可以改变图像颜色的构成,它是根据在校正颜色时增加基本色、降低相反色的原理设计的。例如,在图像中增加黄色,对应的蓝色就会减少;反之就会出现相反效果。

打开如图 5-18 所示的素材图像,执行“图像”|“调整”|“色彩平衡”命令,弹出如图 5-19 所示的“色彩平衡”对话框。更改中间调各颜色区域的颜色值如图 5-20 所示,再更改高光调各颜色区域的颜色值,如图 5-21 所示,可恢复图像的偏色,效果如图 5-22 所示。

图 5-18 原图 6

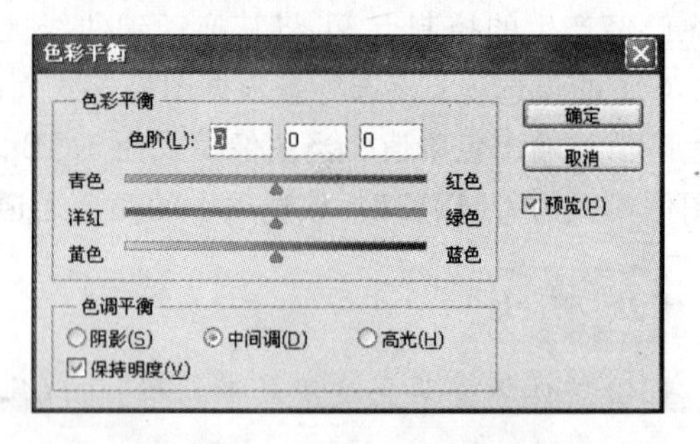

图 5-19 “色彩平衡”对话框

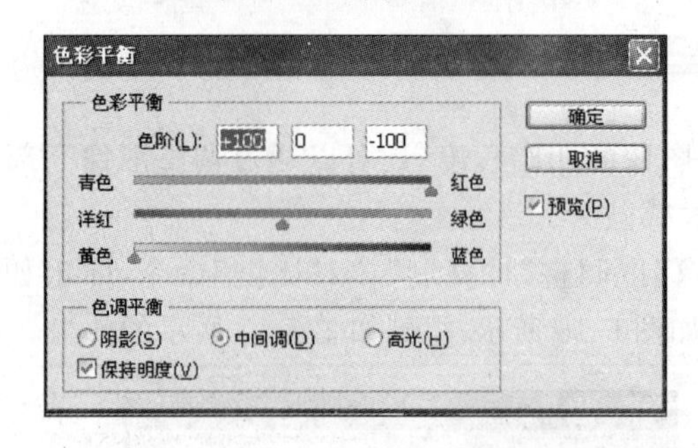

图 5-20 调整中间调的色阶值

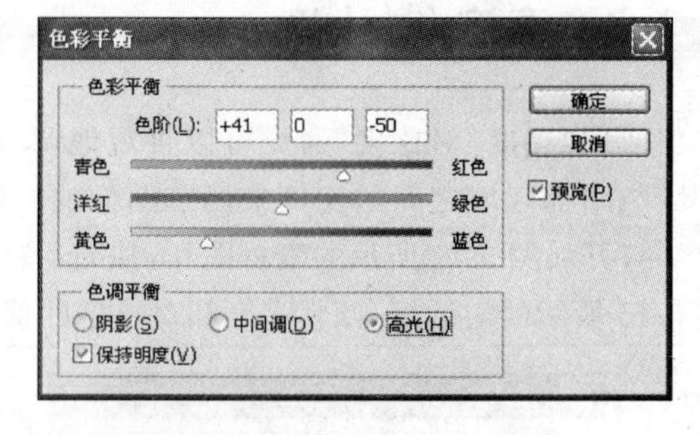

图 5-21 调整高光的色阶值

图 5-22 执行“色彩平衡”命令后的效果

参数说明如下。

(1) 色彩平衡:当选中某一个颜色范围后,可通过在该设置区域调整所需的颜色。当滑块向某一颜色拖近时,是在图像颜色中加入该颜色,所以显示的颜色是与原来颜色综合的混合颜色。

(2) 色调平衡：这 3 个单选按钮可以分别调整图像阴影、中间调以及高光区域的色彩平衡。

(3) 保持明度：选中该选项后，可在不破坏原图像亮度的前提下调整图像色调。

5.3.5　色相/饱和度

"色相/饱和度"命令可以调整图像的色彩及色彩的鲜艳程度，还可以调整图像的明暗程度。

该命令具有以下两个功能。

(1) 能够根据颜色的色相和饱和度来调整图像的颜色，可以将这种调整应用于特定范围的颜色或者对色谱上的所有颜色产生相同的影响。

打开如图 5-23 所示的素材图像，执行"图像"|"调整"|"色相/饱和度"命令，弹出如图 5-24 所示的"色相/饱和度"对话框。因为要调整黄色花朵的颜色，所以在"颜色蒙板"下拉列表中选择"黄色"，同时分别调整色相和饱和度的值，如图 5-25 所示，调整后的效果如图 5-26 所示。

图 5-23　原图 7

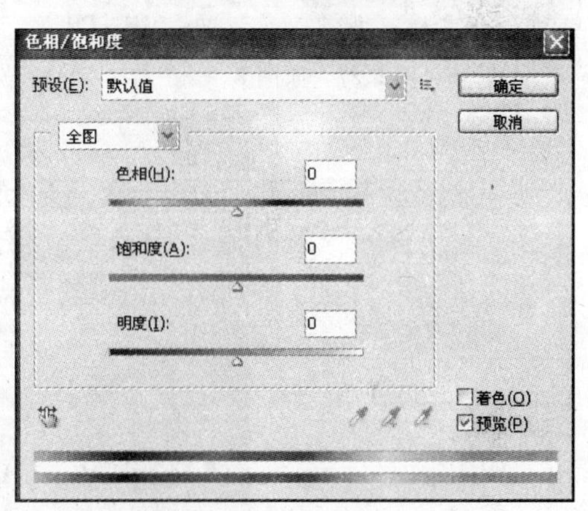

图 5-24　"色相/饱和度"对话框

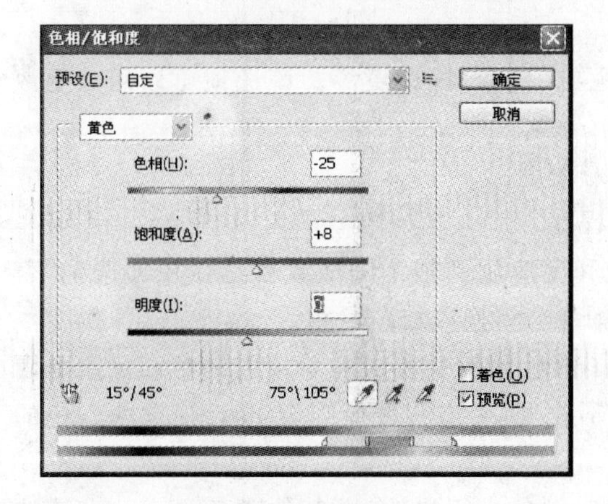

图 5-25　调整参数值 1

图 5-26　效果图 1

(2) 在保留原始图像亮度的同时,应用新的色相与饱和度值给图像着色。

打开如图 5-27 所示的素材图像,执行"图像"|"调整"|"色相/饱和度"命令,弹出"色相/饱和度"对话框。选中"着色"复选框,同时分别调整色相、饱和度和明度的值,如图 5-28 所示,调整后的效果如图 5-29 所示。

图 5-27 原图 8

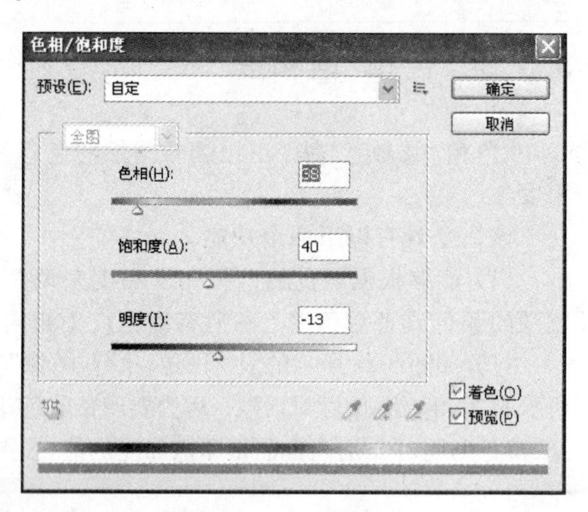

图 5-28 调整参数值 2

图 5-29 效果图 2

参数说明如下。

(1) 色相:即各类色彩的相貌称谓,如大红、普蓝、柠檬黄等。该选项可以用来更改图像的色相。

(2) 饱和度:该选项用于增强图像的色彩浓度。

(3) 明度:该选项用于调整图像的明暗程度。

(4) 着色:该选项可以将一个色相与饱和度应用到整个图像或者选区中。选中"着色"复选框,如果前景色是黑色或者白色,则图像会转换成红色色相。

如果前景色不是黑色或者白色,则会将图像色调转换成当前前景色的色相。这是因为选中"着色"复选框后,每个像素的明度值不改变,而饱和度值则为 25。根据前景色的不同,其色相也随之改变。

(5) 颜色蒙板:可以专门针对某一种特定颜色进行更改,而其他颜色不变。在该选项中可以对红色、黄色、绿色、青色、蓝色、洋红 6 种颜色进行更改。在对话框的“编辑”下拉列表中默认的是全图颜色蒙板。

5.4　图像色彩的高级调整命令

5.4.1　可选颜色

该命令可以校正偏色图像，也可以改变图像颜色。一般情况下，该命令用于调整单个颜色的色彩比重。

打开如图 5-30 所示的素材图像，执行“图像”|“调整”|“可选颜色”命令，弹出如图 5-31 所示的“可选颜色”对话框。因为要调整黄色花朵的颜色，所以在“颜色”选项下拉列表中选择“黄色”，同时分别调整洋红和黄色的值，如图 5-32 所示，调整后的效果如图 5-33 所示。

图 5-30　原图 9

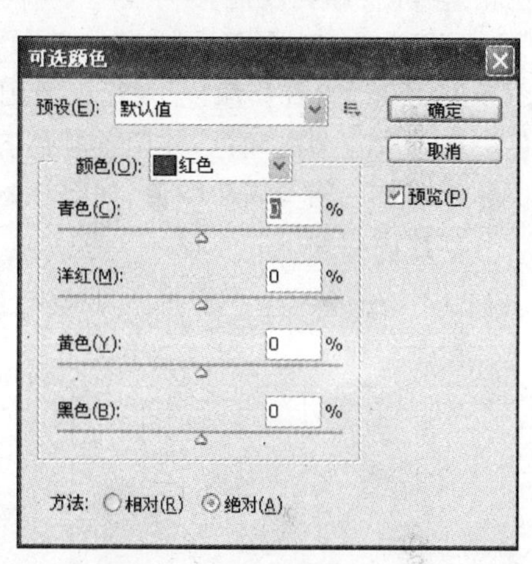

图 5-31　“可选颜色”对话框

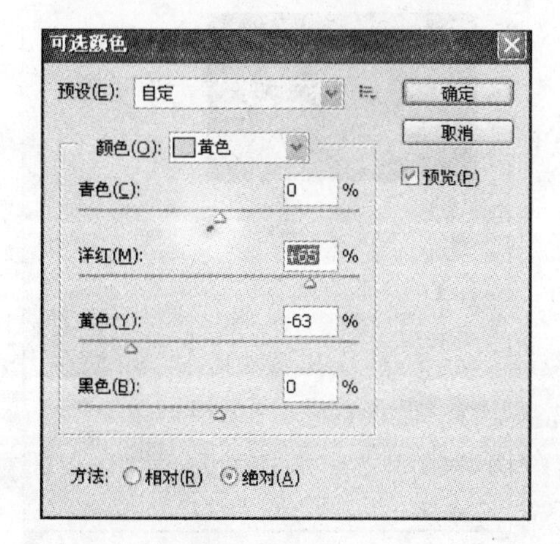

图 5-32　调整可选颜色参数后的对话框

图 5-33　执行“可选颜色”命令后的效果

参数说明如下。

(1)“颜色”选项：可以选择要调整的颜色，如绿色、红色或中性色等。

(2)颜色参数：通过使用“青色”、“洋红”、“黄色”、“黑色”这 4 个滑块可以针对选定的颜色调整其色彩比重。

(3)“方法”选项：“相对”是按照总量的百分比更改现有的青色、洋红、黄色或者黑色的量，例如，从 50%红色的像素开始添加 10%，则 5%将添加到红色，结果为 55%的红色；“绝对”是采用绝对值调整颜色，例如，如果从 50%的黄色像素开始，然后添加 10%，黄色油墨会设置为总共 60%。

5.4.2 替换颜色

与“色相/饱和度”命令中的某些功能相似，它可以先选定颜色，然后改变选定区域的色相、饱和度和亮度值。

打开如图 5-34 所示的素材图像，执行“图像”|“调整”|“替换颜色”命令，弹出如图 5-35 所示的“替换颜色”对话框。因为要调整黄色花朵的颜色，所以用“吸管”或双击颜色块来选取花朵的颜色，并调整颜色容差值，当要替换的花朵选区都被选中后，在替换选项部分调整色相等参数的值，如图 5-36 所示。调整后的效果如图 5-37 所示。

参数说明如下。

(1)选取颜色：想要更改颜色显示，可以双击该色块，打开“选择目标颜色”对话框选择一种颜色。

图 5-34 原图 10

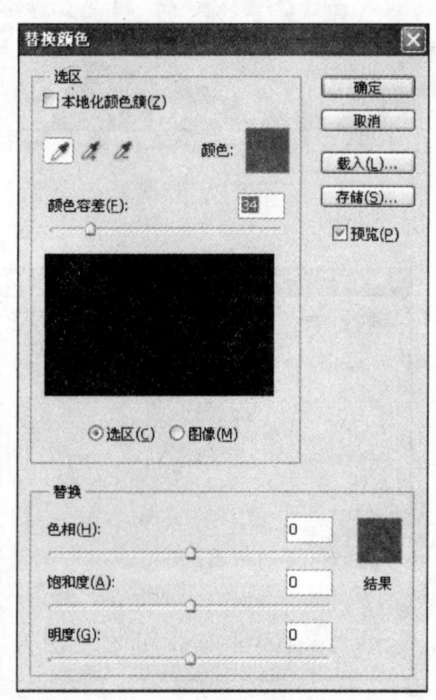

图 5-35 “替换颜色”对话框

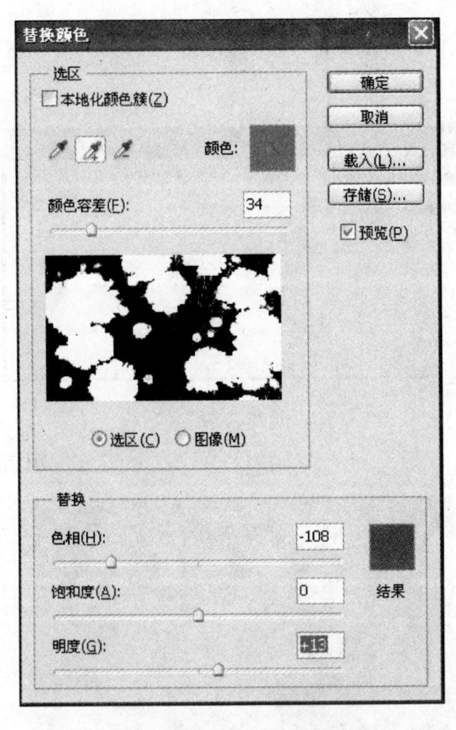

图 5-36　调整替换颜色参数后的对话框

图 5-37　执行“替换颜色”命令后的效果

(2) 颜色容差：拖移“颜色容差”滑块或者输入一个值来调整蒙板的容差。此滑块控制选区中包括那些相关颜色的程度。

(3) 吸管工具：打开“替换颜色”对话框后，在默认情况下，选取颜色显示的是前景色，这时可以使用吸管工具在图像中单击选取要更改的颜色。还可以通过“添加到取样”按钮以及“从取样中减去”按钮调整选区的颜色范围。

(4) 替换：该选项组用于结果颜色的显示以及对结果颜色的色相、饱和度和明度的调整。

5.4.3　渐变映射

渐变映射是指将设置好的渐变模式映射到图像中，从而改变图像的整体色调。

在默认情况下，“渐变映射”对话框中的“灰度映射所用的渐变”选项显示的是前景色与背景色，并且设置前景色为阴影映射，背景色为高光映射。随着工具箱中的前景色与背景色更改，打开的对话框会随之变化。当鼠标指向渐变显示条上方时，显示“点按可编辑渐变”提示，单击弹出“渐变编辑器”对话框，这时就可以添加或者更改颜色。

打开如图 5-38 所示的素材图像，执行“图像”|“调整”|“渐变映射”命令，弹出如图 5-39 所示的“渐变映射”对话框。因为要打造金色雪景效果，所以单击渐变显示条，对渐变色进行编辑，如图 5-40 所示。调整后的效果如图 5-41 所示。

图 5-38　原图 11

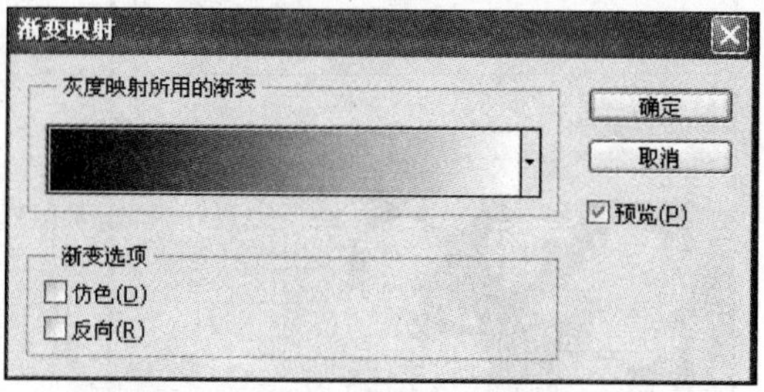

图 5-39　“渐变映射”对话框

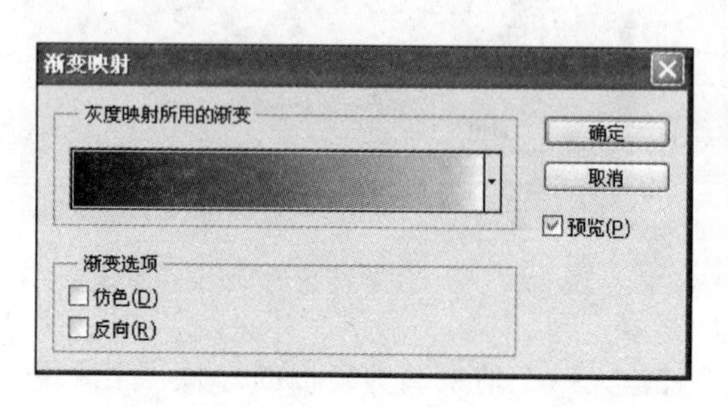

图 5-40　编辑后的“渐变映射”对话框

图 5-41　执行“渐变映射”命令后的效果

5.4.4　阴影/高光

能够使照片内的阴影区域变亮或变暗，常用于校正照片内因光线过暗而形成的暗部区域，也可校正因过于接近光源而产生的发白焦点。“阴影/高光”命令不是简单地使图像变亮或变暗，它基于阴影或高光中的周围像素(局部相邻像素)增亮或变暗。正因为如此，阴影和高光都有各自的控制选项。当选中“显示其他选项”复选框后，对话框中的选项发生变化。

打开如图 5-42 所示的素材图像，执行“图像”|“调整”|“阴影/高光”命令，弹出如图 5-43 所示的“阴影/高光”对话框。调整各参数的值，如图 5-44 所示。调整后的效果如图 5-45 所示。

参数说明如下。

(1) 数量：“阴影”选项组中的“数量”参数值越大，图像中的阴影区域越亮；“高光”选项组中的“数量”参数值越大，图像中的高光区域越暗。

(2) 色调宽度：可用来控制阴影或者高光中色调的修改范围。

(3) 半径：可用来控制每个像素周围的局部相邻像素的大小。

图 5-42　原图 12

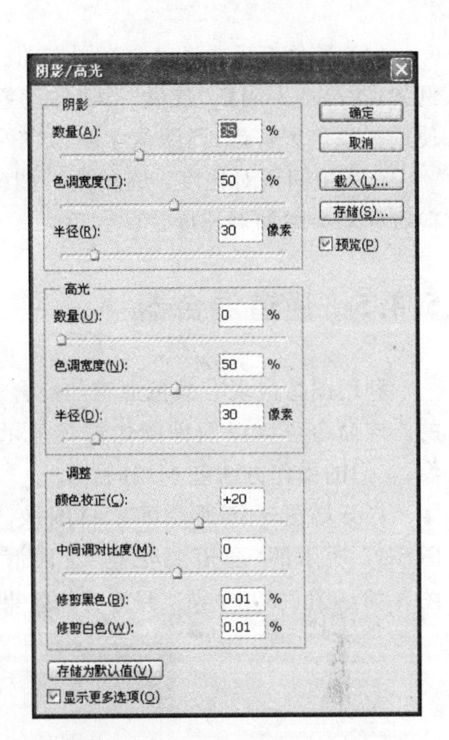

图 5-43　“阴影/高光”对话框

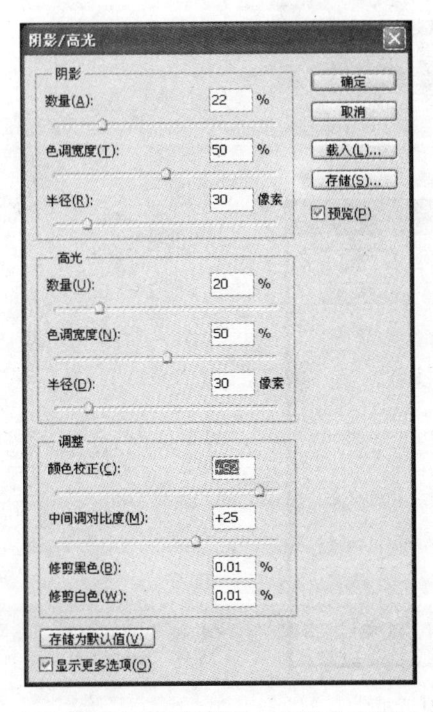

图 5-44　调整阴影/高光参数后对话框

图 5-45　执行“阴影/高光”命令后的效果

(4) 颜色校正：该命令在图像的已更改区域中微调颜色，此调整仅适用于彩色图像。例如，通过增大阴影“数量”滑块的设置，可以将原图像中较暗的颜色显示出来。这时可以使这些颜色更鲜艳，而图像中阴影以外的颜色保持不变。

(5) 中间调对比度：该参数可调整中间调的对比度。向左移动滑块会降低对比度，向右移动会增加对比度。

5.4.5 通道混合器

利用图像内现有颜色通道的混合来修改目标颜色通道，从而实现调整图像颜色的目的。该命令可以以两种图像模式显示通道选项，即 RGB 模式图像或者 CMYK 模式图像，它们的操作方法基本相同。

打开如图 5-46 所示的素材图像，执行“图像”|“调整”|“通道混合器”命令，弹出如图 5-47 所示的“通道混合器”对话框。分别调整红、绿、蓝 3 个通道中各参数的值，如图 5-48～图 5-50 所示。调整后的效果如图 5-51 所示。

图 5-46　原图 13

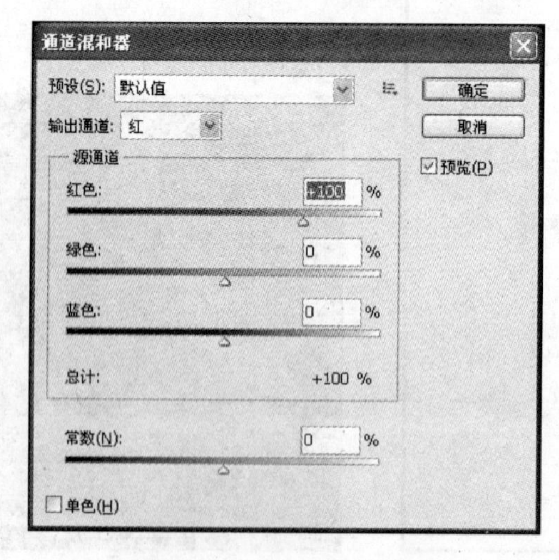

图 5-47　“通道混合器”对话框

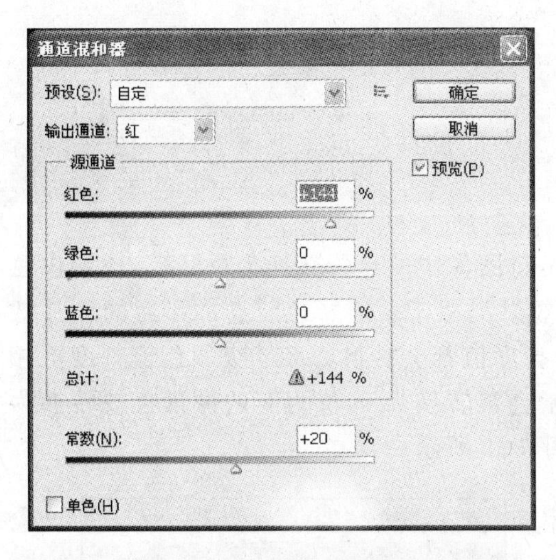

图 5-48　红色通道参数值

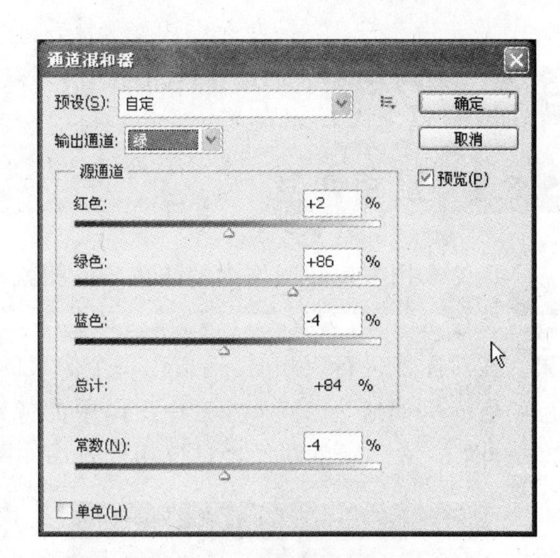

图 5-49　绿色通道参数值

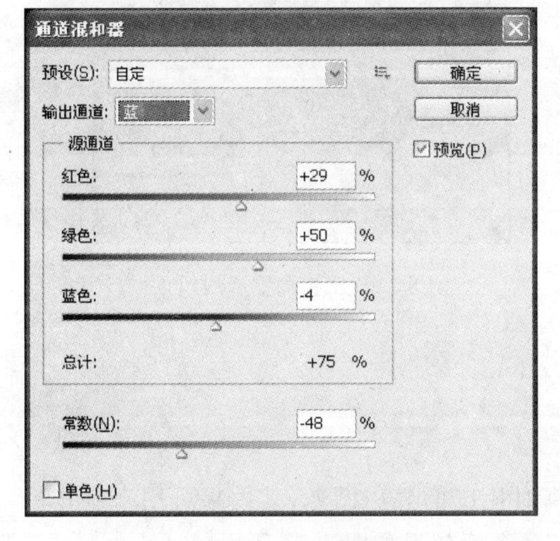

图 5-50　蓝色通道参数值

图 5-51　调整后的效果

参数说明如下。

(1) 预设：该下拉列表中包括软件自带的几种预设效果选项，它们可以创建不同效果的灰度图像。

(2) 输出通道："输出通道"选项可以用来选择所需调整的颜色。

(3) 源通道：4 个滑块可以针对选定的颜色调整其色彩比重。

(4) 常数：此选项用于调整输出通道的灰度值。负值增强黑色像素，正值增强白色像素。当参数值设置为－200％时，将使输出通道成为全黑；当参数值设置为＋200％时，将使输出通道成为全白。

(5) 单色：选中"通道混合器"对话框中的"单色"复选框可以创建高品质的灰度图像。需要注意的是选中"单色"复选框，将彩色图像转换为灰色图像后，要想调整其对比度，必须是在当前对话框中调整，否则就会为图像上色。

5.5 特殊图像色调调整命令

5.5.1 反相调整

该命令用来反转图像中的颜色。反相就是将图像中的色彩转换为反转色,比如白色转为黑色,红色转为青色,蓝色转为黄色等。效果类似于普通彩色胶卷冲印后的底片效果。在对图像进行反相时,通道中每个像素的亮度值都会转换为256级颜色值刻度上相反的值。例如值为255时,正片图像中的像素会被转换为0,值为5的像素会被转换为250。图5-52所示的图像经过反相后效果如图5-53所示。

图5-52 原图14

图5-53 反相调整后的效果

5.5.2 阈值调整

阈值调整是将灰度或者彩色图像转换为高对比度的黑白图像,其效果可用来制作漫画或版刻画。图5-54所示的图像,执行“阈值”命令后效果如图5-55所示。

图5-54 原图15

图5-55 阈值调整后的效果

5.5.3 色调分离

该命令可以指定图像中每个通道的色调级或者亮度值的数值，然后将像素映射为最接近的匹配级别。图 5-56 所示的图像，执行“色调分离”命令后效果如图 5-57 所示。

图 5-56　原图 16

图 5-57　色调分离后的效果

5.6 新手上路——照片效果美化

本章的前几节已经介绍了色彩的基础知识和图像调整命令的用法及功能，下面让我们一起动手来打造一幅唯美的风景照片吧。

制作步骤如下。

(1) 打开照片素材，如图 5-58 所示。创建可选颜色调整图层，在弹出的“调整”面板中，分别选择“颜色”选项下拉列表中的黄色、绿色进行调整，参数设置如图 5-59 和图 5-60 所示。这一步是为了把树叶颜色转为黄绿色，效果如图 5-61 所示。

图 5-58　照片素材

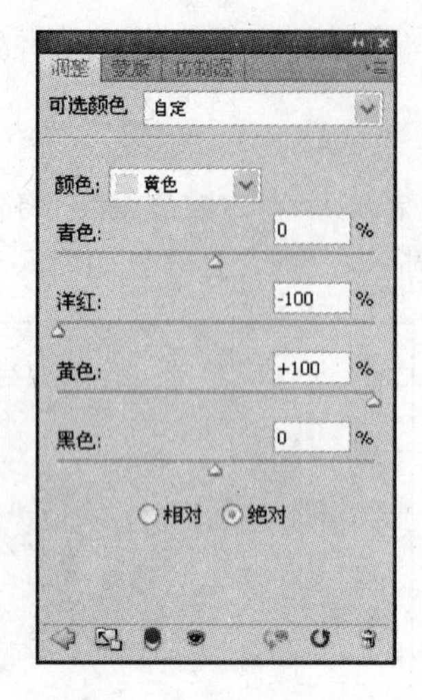

图 5-59　黄色参数调整 1

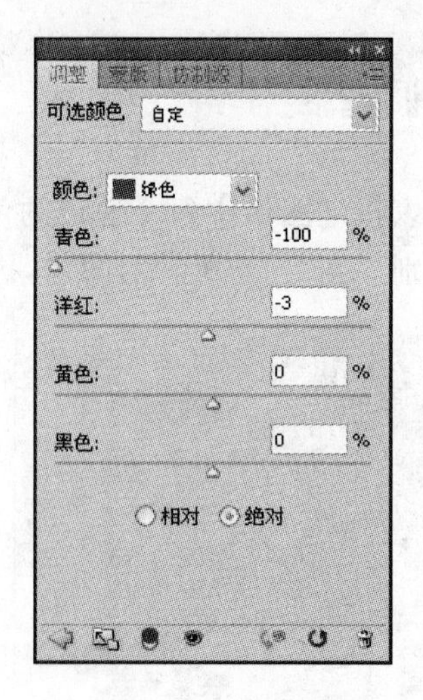

图 5-60　绿色参数调整 1

图 5-61　将树叶颜色转为黄绿色

(2) 再创建可选颜色调整图层,在弹出的“调整”面板中,分别选择“颜色”选项下拉列表中的红、黄、青、白、黑色进行调整,参数设置如图 5-62～图 5-66 所示。这一步把图片的主色转为较为浓一些的黄绿色,并给图片暗部增加暗紫色,效果如图 5-67 所示。

(3) 创建曲线调整图层,在弹出的“调整”面板中,分别选择“通道”选项下拉列表中的红、绿、蓝通道,并对曲线进行调整,参数设置如图 5-68～图 5-70 所示。确定后把图层不透明度改为 45%,这一步微调图片暗部颜色,效果如图 5-71 所示。

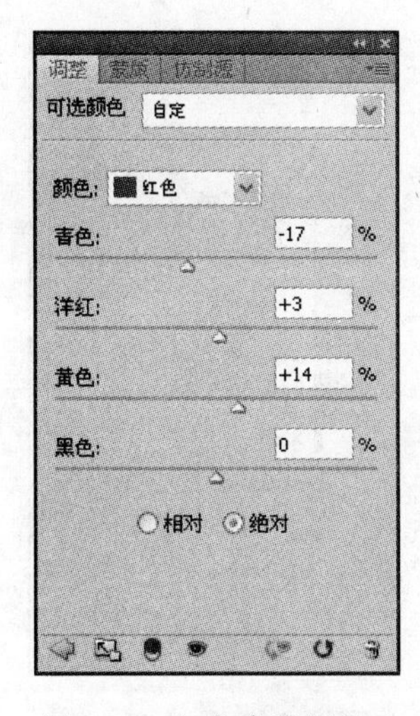

图 5-62　红色参数调整 1

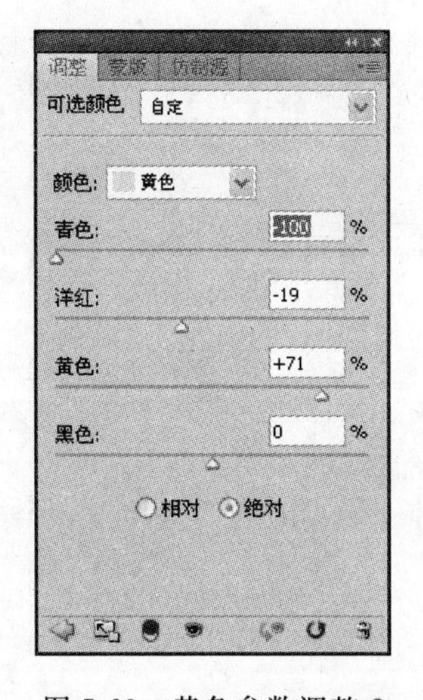

图 5-63　黄色参数调整 2

图 5-64　青色参数调整

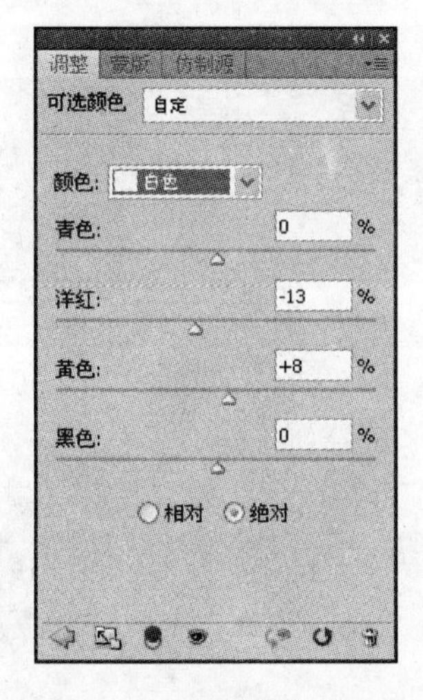

图 5-65　白色参数调整

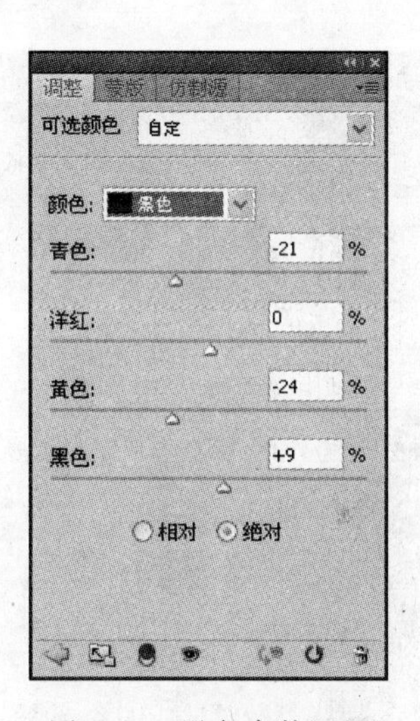

图 5-66　黑色参数调整

图 5-67　为图片暗部增加暗紫色

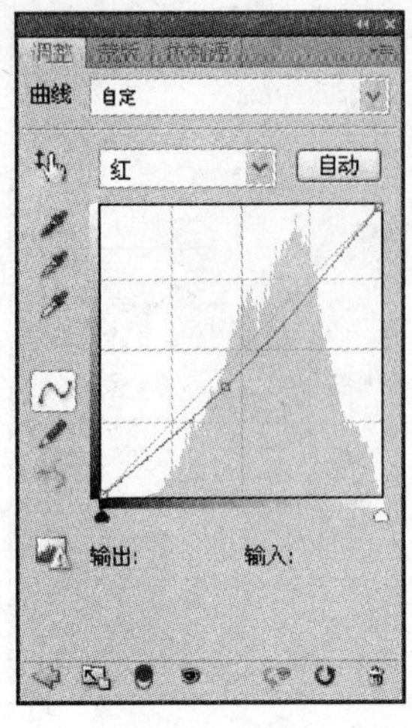

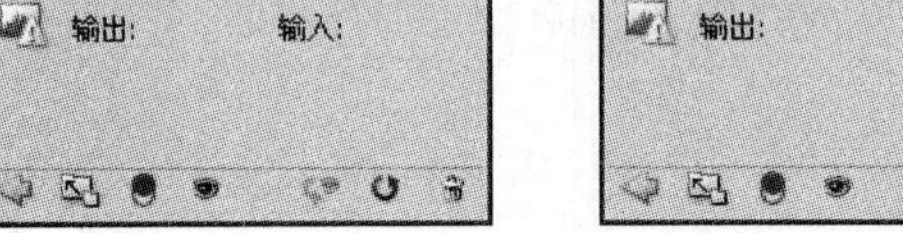
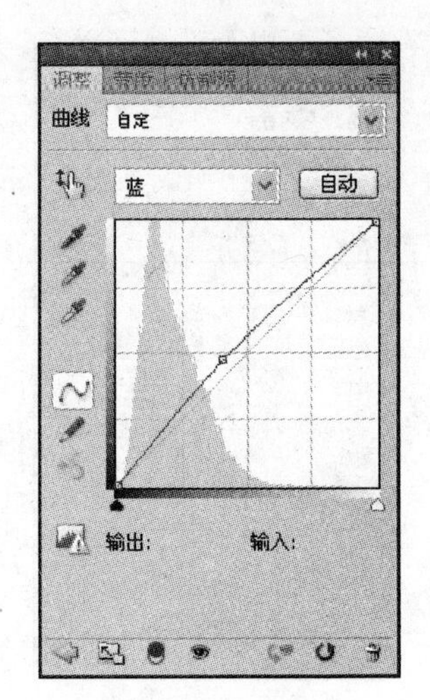

图 5-68　红色通道参数值 2　　图 5-69　绿色通道参数值 2　　图 5-70　蓝色通道参数值

图 5-71　进一步微调图片暗部颜色

(4) 创建色彩平衡调整图层，在弹出的“调整”面板中，分别选择“色调”选项中的阴影、中间调和高光，并对下面的颜色值进行调整，参数设置如图 5-72～图 5-74 所示，这一步给图片增加黄褐色，效果如图 5-75 所示。

(5) 选择照片素材所在的图层，执行“图像”|“调整”|“替换颜色”命令，参数设置如图 5-76 所示。这一步是要将素材中星星点点的淡蓝色替换成黄绿色，效果如图 5-77 所示。

(6) 选择“图层”面板中最上面的图层，创建“色阶调整”图层，在弹出的“调整”面板中，对下面的参数值进行调整，参数设置如图 5-78 所示。到此为止一幅唯美的风景照片就打造出来了，效果如图 5-79 所示。

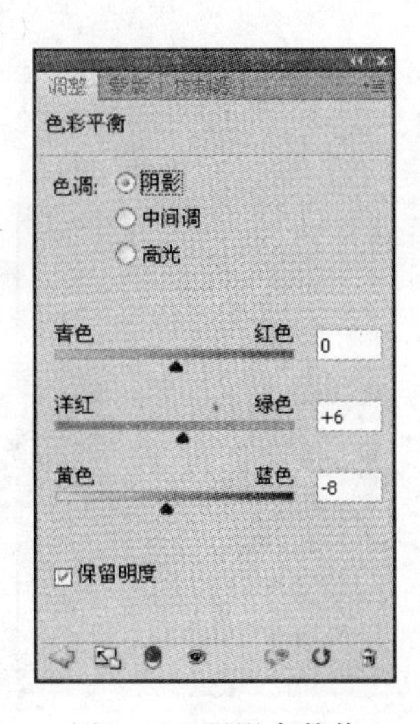

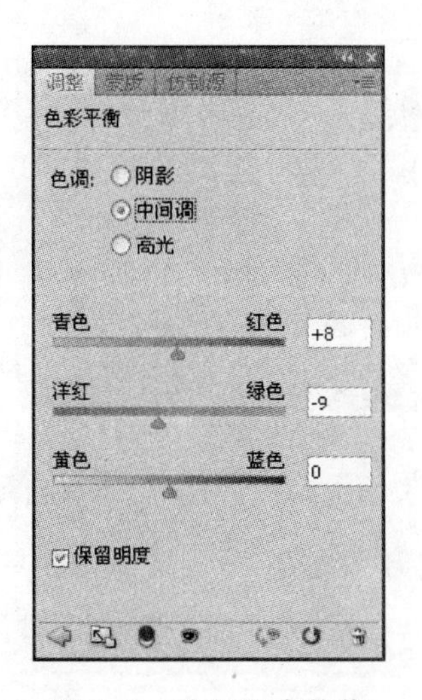

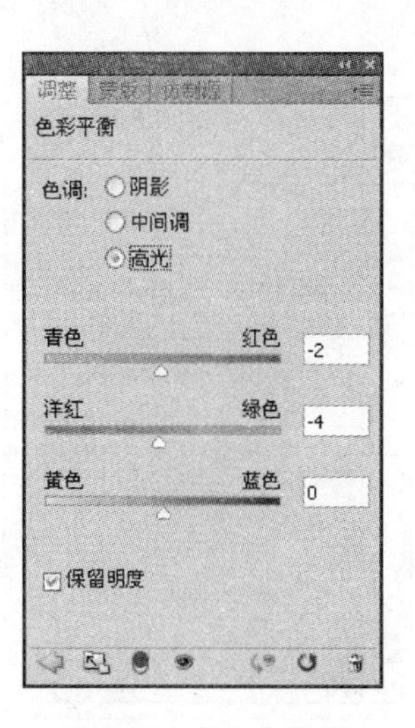

图 5-72　阴影参数值　　图 5-73　中间调参数值　　图 5-74　高光参数值

图 5-75　为图片增加黄褐色

图 5-76　替换颜色参数值　　图 5-77　将星星点点的淡蓝色替换为黄绿色

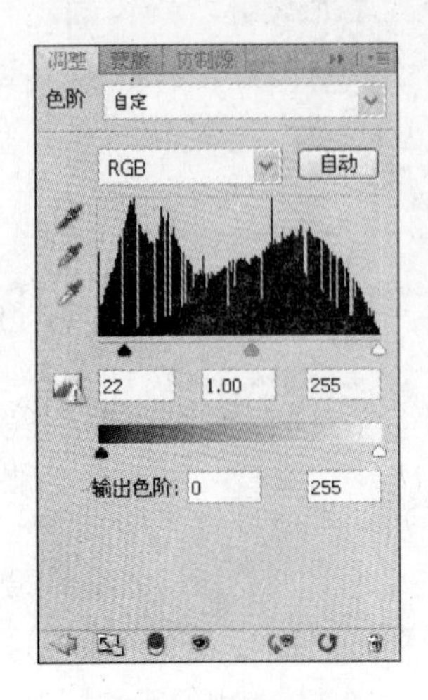

图 5-78 色阶参数值

图 5-79 最终效果图

5.7 知识回顾

一、填空题

1. 在“色相/饱和度”对话框中，可以将一幅彩色或灰色的图像调整为单一色调的方法是(　　)，应用这一方法可将照片处理为仿旧色调。

2. “图像”|“调整”中的(　　)命令可以参照另一幅图像的色调来调整当前图像。

二、选择题

1. 下列有关调整图层特性的描述正确的是(　　)。

   A. 执行任何一个“图像”|“调整”子菜单中的命令都可以生成一个新的调整图层

   B. 调整图层不能执行“使用前一图层创建剪贴蒙板”命令

   C. 调整图层对背景层没有影响

   D. 调整图层用来对图像进行色彩编辑，但它并不影响图像本身，可以随时将其删除

2. 最为精确的明暗调整方式是(　　)，它可以调节阶调曲线中的任意一点，还可以选择不同的颜色通道来进行调整。

   A. 阴影/高光　　B. 色阶　　C. 曲线　　D. 亮度/对比度

3. 下列选项中的(　　)命令可以将图像变成如同普通彩色胶卷冲印后的底片效果。

   A. 反相　　B. 色调均化　　C. 去色　　D. 阈值

4. “色调分离”命令用于在保持图像轮廓的前提下，有效地减少图像中的色彩数量，它是基于(　　)参数的数值变化来形成色块效果的。

   A. 色相　　B. 饱和度　　C. 颜色数量　　D. 色阶

第6章

动作与动画

Photoshop CS5 中提供了大量的预设动作，能够为用户迅速完成图像的自动化处理提高工作效率。用户还可以通过“动画”面板来创建动画，并且可根据需要创建关键帧和时间轴动画。

6.1 动作

“动作”就是播放单个文件或一批文件的一系列命令。动作可以说是 Photoshop 中用于提高工作效率的专家，运用动作可以将需要重复的操作录制下来，然后再借助于其他自动化命令对其进行相应的编辑。

6.1.1 动作基础知识

Photoshop 软件中的“动作”功能为使用者提供了一种自动化的批处理操作，可以将编辑图像的许多操作步骤录制为一个动作集，操作人员可以快捷地利用“动作”为图像添加各种效果、文字、修饰等，从而简化了大量重复的操作，大大提高了工作效率。

1. “动作”面板

“动作”面板是建立、编辑和执行动作的主要场所，它和前面所用到的图层、路径、通道面板等有所不同，该面板存放的动作可以通过批处理的方式反复地应用到多个图像中去。

当执行“窗口”|“动作”命令时，可以在工作界面中显示或隐藏“动作”面板。

“动作”面板的显示模式有列表和按钮两种，分别如图 6-1 和图 6-2 所示，列表模式是“动作”面板的默认显示模式。

小贴士

“动作”面板右上角的黑色小三角按钮可用于切换标准模式与按钮模式，单击鼠标，在弹出的“动作”面板快捷菜单中选择“标准模式”或“按钮模式”选项即可。

“动作”面板中主要选项的含义如下。

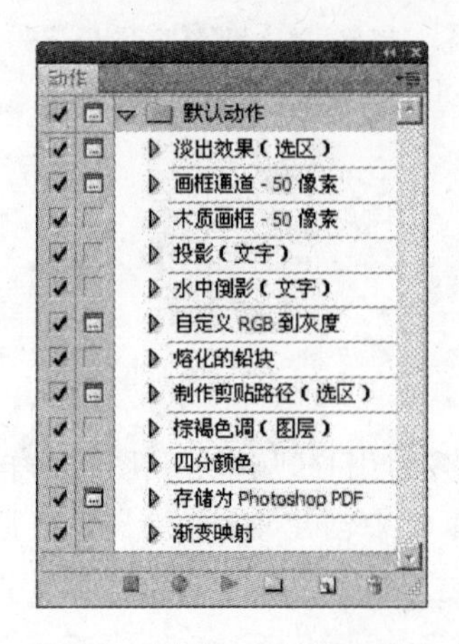

图 6-1 “动作”面板标准模式

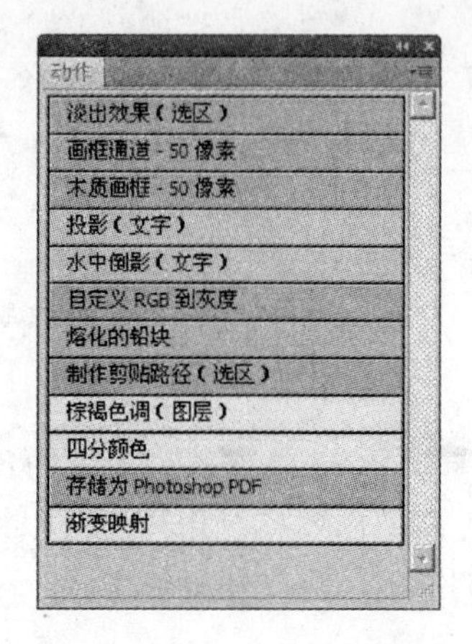

图 6-2 “动作”面板按钮模式

(1) “项目锁定开/关”图标：可设置允许/禁止执行动作组中的动作、选定的部分动作或动作中的命令。

(2) “切换对话开/关”图标：当面板中出现这个图标时，动作执行到该步时将暂停。

(3) “展开/折叠”图标：单击该图标可以展开/折叠动作组，以便存放新的动作。

(4) “创建新动作”按钮：单击该按钮，在弹出的信息提示框中单击“确定”按钮，即可创建一个新动作。

(5) “创建新组”按钮：单击该按钮可新建一个用于存放动作的动作组。

(6) “开始记录”按钮：单击该按钮，可以开始录制动作。

(7) “播放选定的动作”按钮：单击该按钮，可播放当前选择的动作。

(8) “停止播放/记录”按钮：该按钮只有在记录动作或播放动作时才可以使用，单击该按钮，可以停止当前的记录或播放操作。

(9) “删除动作”按钮：单击该按钮从当前动作集中删除选定的动作。

Photoshop 中有许多内置动作，其载入方法与“画笔”工具的载入方式相似。

小贴士

打开“动作”面板有以下 3 种方法。

① 命令：执行“窗口”|“动作”命令。

② 快捷键：按 Alt+F9 键。

③ 按钮：单击标题栏上的“基本功能”按钮，在弹出的下拉菜单中选择“动作”选项。

2. 创建动作

单击“动作”面板底部的“创建新组”按钮或在快捷键菜单中执行“新建组”命令，弹出如图 6-3 所示的对话框。输入新建组的名称，也可使用系统默认名称，单击“确定”按钮就会在“动作”面板中新建一个存放动作的文件夹，并将其设置为当前选中状态，如图 6-4 所示。然后单击“动作”面板底部的“创建新动作”按钮或执行“动作”面板菜单中的“新动作”命令，弹出如图 6-5 所示的“新建动作”对话框。

图 6-3　“新建组”对话框

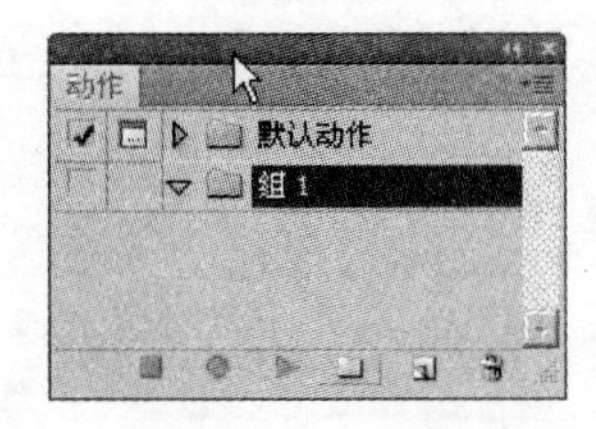

图 6-4　“动作”面板

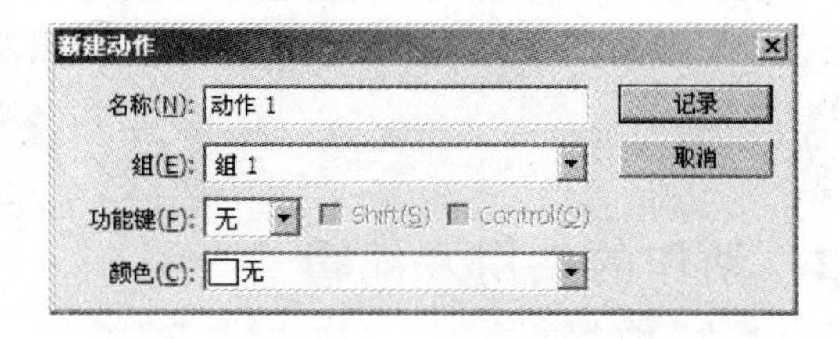

图 6-5　“新建动作”对话框

在“名称”文本框中输入新建动作的名称；在“组”下拉列表中选择存放动作的文件夹；在“功能键”下拉列表中可以为新建动作选择键盘快捷键；在“颜色”下拉列表中可以设置“录制”按钮的颜色。

设置好这些参数后，单击“记录”按钮，新建动作就出现在“动作”面板中，同时面板底部的“录制”按钮处于按下状态，表示已经处于录制状态。

现在便可以进行录制动作的操作了，操作人员可以根据自己的需要录制一些相关动作。

3. 保存和载入动作

如果是自己创建的动作，为了便于以后查看和使用，需要将其保存下来。首先在“动作”面板中选中需要保存的“组”的文件夹，然后单击“动作”面板右上角的三角形按钮，执行快捷菜单中的“存储动作”命令，如图 6-6 所示。在弹出的对话框中选择“组”作为存放的位置，单击“保存”按钮。当需要调用已编辑并保存的动作时，可载入动作，操作如下。

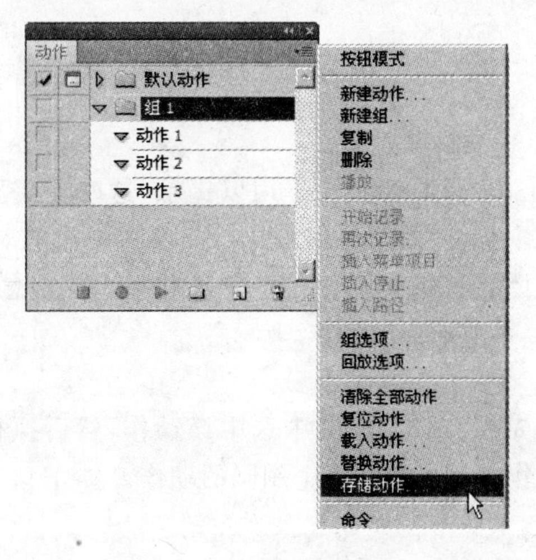

图 6-6　“存储动作”选项

(1) 打开“动作”面板菜单,执行“载入动作”命令,选择自定义的已保存的动作名称,将其载入。

(2) 单击“动作”面板中的“播放”按钮,执行该动作。

小贴士

① “存储动作”选项只能存储动作组,而不能存储单个的动作。

② 载入动作可将在硬盘中所存储的动作文件添加到当前的动作列表之后。

③ “动作”面板菜单中的“替换动作”选项,可将当前所有动作命令替换为从硬盘中装载的动作文件。

6.1.2 动作的使用及编辑

1. 使用动作

(1) 设置播放参数

在播放动作之前,还可以对播放参数进行设置。执行“动作”面板菜单中的“回放选项”命令,弹出如图 6-7 所示的对话框。在该对话框的“性能”栏中,如果选择“加速”表示将加速播放动作;选择“逐步”表示将逐步播放每一个动作;选择“暂停”则表示在每播放一个动作后暂停一段时间再播放,暂停的时间由输入的数值大小来决定。

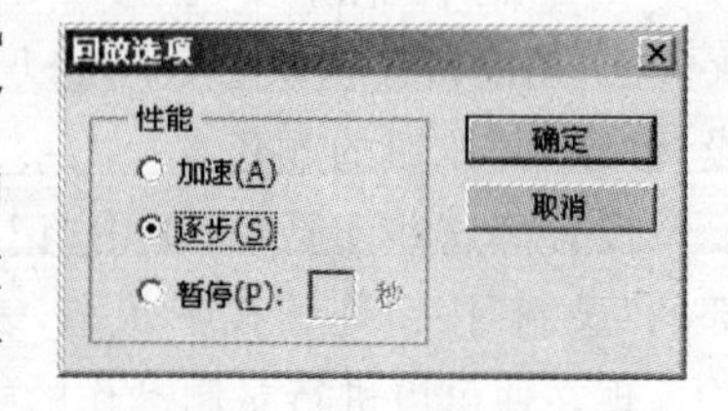

图 6-7 “回放选项”对话框

(2) 播放动作

在需要的时候可以把录制好的动作播放出来,以应用到其他图像中,从而节省操作时间。在“动作”面板中选定要播放的动作,然后单击面板底部的“播放”按钮即可。如果选定的只是某一个动作,则只播放一步;如果选定的是某一动作文件夹,则将播放该文件夹中的所有动作。

2. 编辑动作

(1) 在动作中插入停止项目

在动作播放的过程中,常需要暂停一下用以提示,这时就需要在动作中插入停止项目,即在“动作”面板菜单中执行“插入停止”命令,并可在弹出的对话框中输入提示信息,用来解释停止的目的,当播放到该步骤停止时,系统将显示此信息。若选中“允许继续”复选框则在暂停之后会继续播放下面的动作。

(2) 复制动作

要复制某个动作,应先在“动作”面板中选中该动作,然后执行“动作”面板菜单中的“复制”命令,即可在该动作的后面添加一个相同的动作。

(3) 删除动作

删除动作有以如下几种方法。

方法 1：在“动作”面板中选中要删除的动作，然后单击面板底部的“删除动作”按钮。

方法 2：在“动作”面板中选中要删除的动作，然后执行“动作”面板菜单中的“删除”命令。

方法 3：在“动作”面板中直接利用鼠标将要删除的动作拖动到“删除动作”按钮上。

方法 4：执行“动作”面板菜单中的“清除所有动作”命令，将会删除所有动作。

下面通过两个应用动作的案例来熟悉一下动作的使用方法。

案例 1：利用“动作”面板制作图像纹理背景效果。

(1) 打开素材图片，利用魔棒工具选取图像中的背景部分，如图 6-8 所示。

(2) 在“动作”面板中载入“纹理”动作组，展开后选择“迷幻线条”纹理动作，如图 6-9 所示。

图 6-8　利用魔棒工具选择素材图片的背景

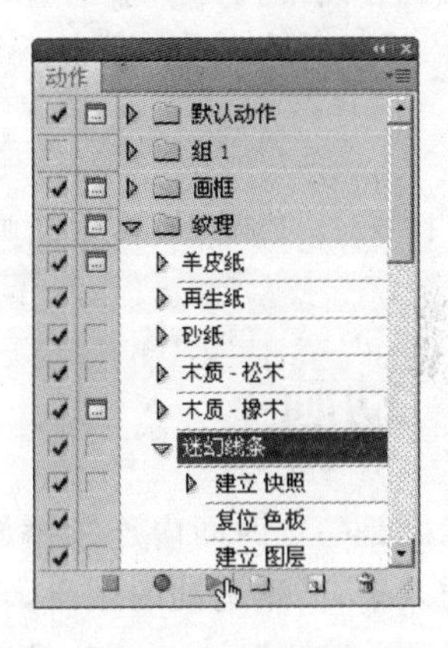

图 6-9　选择并播放“迷幻线条”动作

(3) 单击“播放选定的动作”按钮，执行后生成如图 6-10 所示的背景效果。

案例 2：利用“动作”面板制作画框效果。

(1) 打开素材图片，如图 6-11 所示。

(2) 载入“画框”动作组，选择“木质画框”动作，然后单击面板底部的“播放选定的动作”按钮，如图 6-12 所示。

图 6-10　利用“动作”面板生成的纹理背景效果

图 6-11　风景素材图片

(3) 执行播放操作后，即可生成照片添加木质画框效果，如图 6-13 所示。

“动作”面板中有很多组动作，可供用户用同样方法方便快捷地进行图像效果转换、文字效果生成、画框生成、纹理效果设定等各种特效的生成。在应用过程中有时要配合编辑的选区以及前景色设定的不同而生成不同的效果。当然还可以将自己设计作品的操作过程录制成动作,并保存起来,那么这一动作将一样可以被再次调用执行。

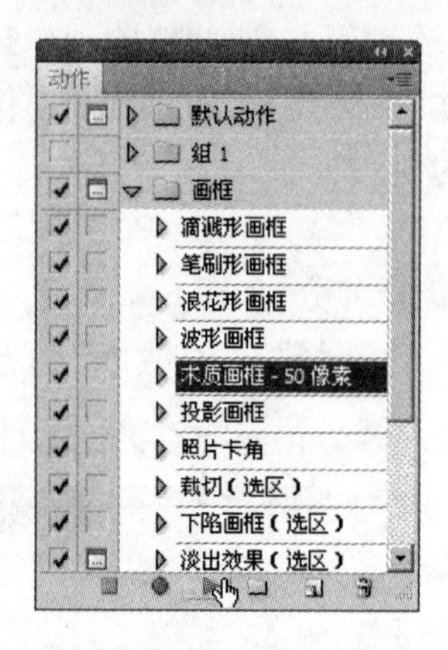

图 6-12 选择并播放“木质画框”动作

图 6-13 利用“动作”面板生成的画框效果

6.2 动画

动画是一定时间内连续播放的一系列画面,这些画面又称为帧,给视觉造成图画连续变化的效果,产生运动的效果,它的基本原理与电影、电视一样。

动画的英文 Animation 是源自拉丁文字根的 Anima,意思为灵魂,动词 Animare 是赋予生命,引申为使某物活起来的意思,所以 Animation 可以解释为经由创作者的安排,使原本不具生命的东西像获得生命一般地活动。

6.2.1 动画基础知识

在 Photoshop 软件中生成的动画是 GIF 动画。GIF 动画很简单,其原理就是将一幅幅差别细微的静态图片不停地轮流显示,就好像在放映电影胶片一样。说得更具体一些,就是做好 GIF 动画中的每一幅单帧画面,然后再将这些静止的画面连在一起,设定好帧与帧之间的时间间隔,最后保存成 GIF 格式即可。

1. “动画(帧)”面板

(1) 显示“动画”面板

执行“窗口”|“动画”命令,即可打开 “动画”面板,如图 6-14 所示。

图中各字母说明如下。

A——动画(帧):显示当前创建的动画是帧动画。当创建的是时间轴动画时,显示为“动画”(时间轴)。

B——显示了每个关键帧的图像效果,并显示排列顺序。

C——帧延迟时间:设置帧在回放过程中的持续时间。

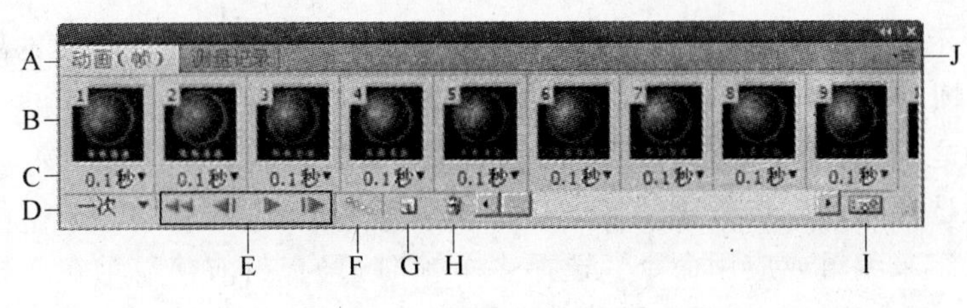

图 6-14　“动画”面板

D——循环选项：设置动画播放的次数，在下拉列表中可选择“一次”、“3 次”、“永远”、“其他”选项。

E——控制按钮：可自动选择序列中的第一个帧作为当前帧。单击按钮，可选择当前帧的前一帧；单击按钮，可播放动画，再次单击可停止播放；单击按钮可选择当前帧的下一帧。

F——过渡动画帧：单击按钮，可以打开“过渡”对话框，可以在两个现有帧之间添加一系列帧，并让新帧之间的图层属性均匀变化。

G——复制所选帧：单击按钮，可将当前选中的帧复制。

H——删除所选帧：单击按钮，即可将选中的帧删除。

I——转换为时间轴动画：单击按钮，可切换到“动画(时间轴)”面板。

J——扩展按钮：单击按钮，在弹出的面板菜单中可执行“新建帧”、“删除单帧”、“拷贝单帧”、“优化动画”、“将帧拼合到图层”等命令。

(2) 使用“动画”面板菜单

利用“动画”面板可以创建、查看和设置动画中帧的选项。在“动画”面板中，可以更改帧的缩略图视图，添加、删除帧，选择单帧或多帧，创建动画效果，更改帧播放时间及播放次数，以及播放动画。

单击“动画”面板右上角的扩展按钮，如图 6-15 所示，便可打开 “动画”面板菜单，访问处理动画的命令。

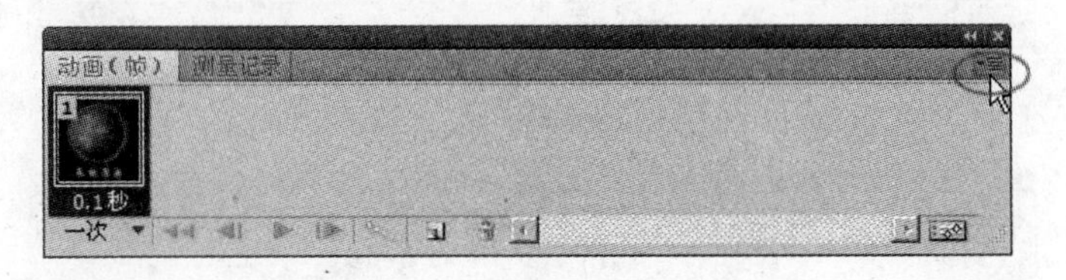

图 6-15　打开“动画”面板菜单

2. 帧动画操作

(1) 帧的概念

帧(Frame)是数据在网络上传输的很小的单位，也可以理解为图形处理器每秒钟能够刷新几次。在这里理解一帧就是一幅静止的画面，快速连续地显示帧便形成了运动的假象，形成了动画，如电视图像等。

(2) 添加帧

添加帧是创建动画的第一步。如果已经在 Photoshop 中打开一幅图像，则“动画”面板将该图像显示为新动画的第一个帧。添加的每个帧最初都是上一个帧的副本。

(3) 选择帧

在处理帧之前，必须将其选择为当前帧。当前帧的内容显示在文档窗口中。

在进行帧选择时可以选择多个连续(按 Shift 键)的或是不连续(按 Ctrl 键)的帧，将它们作为一个组来编辑或应用命令。选择多个帧时，只有当前帧显示在文档窗口中。在"动画"面板中，选中的帧由帧缩略图周围带阴影的高光指示。

(4) 转换为时间轴动画

在 Photoshop CS3 以上的版本，还可以通过单击"动画面板"右下角的"转换为时间轴动画"按钮，如图 6-16 所示，将帧动画转换为"时间轴动画"，如图 6-17 所示。这时的面板就跟 Flash 动画软件很相似了，用户可以在时间轴动画面板中对各图层进行相关设置，而且在其面板菜单中可进行更多的编辑设置，这里就不做赘述了，如图 6-18 所示。

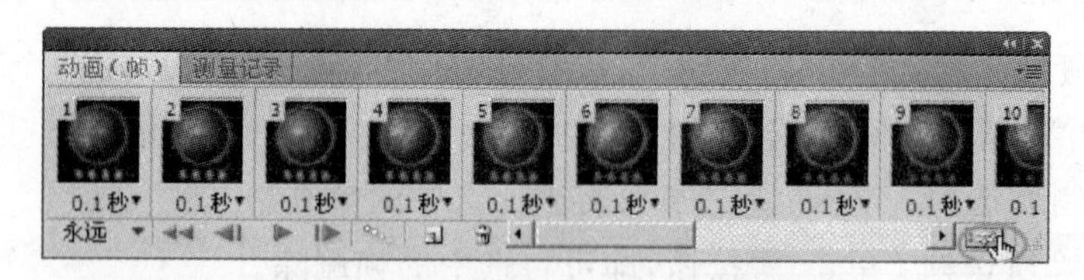

图 6-16 单击"转换为时间轴动画"按钮

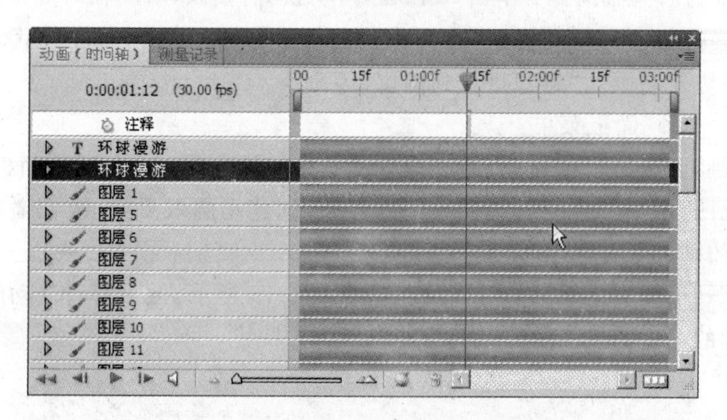

图 6-17 "时间轴动画"面板效果

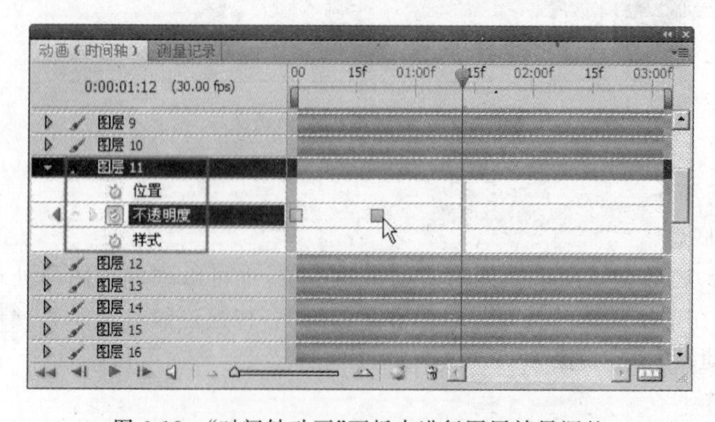

图 6-18 "时间轴动画"面板中进行图层效果调整

3. 存储动画

存储动画的方法有以下 3 种。

方法 1：执行“文件”|“存储为 Web 和设备所用格式”命令，将动画存储为 GIF 格式的动画。

方法 2：执行“文件”|“导出”|“渲染视频”命令，将动画存储为图像序列或视频。

方法 3：使用 PSD 格式存储动画，此格式的动画可导入到 Adobe After Effects 中。

6.2.2　编辑动画

在 Photoshop 软件中编辑动画，每一个动作就是一帧。利用这种动画创作的方法，不但可以设计简单精美的动画、Web 画廊，还可以制作网页动画。在该软件中，使用“图层”面板也是创建动画的重要途径，通过将动画的每个元素放置在不同的图层中，使用“图层”面板上的命令和选项来改变动画帧中元素的位置和外观，给每帧分配一个延迟时间，从而产生动画的效果。利用“过渡”命令还可以在两个指定的动画帧之间自动创建新的过渡状态的动画帧。

下面通过两个案例的操作来熟悉编辑动画的方法和技巧。

案例 1：制作可爱小猫咪眨眼睛的动画。

(1) 打开素材文件夹中的 cat 图片，如图 6-19 所示。

(2) 拖动背景层到“新建图层”按钮，将背景层复制生成“背景副本”图层，如图 6-20 所示。

图 6-19　打开素材 cat 图片

图 6-20　复制背景层为“背景副本”

(3) 打开“动画”面板，单击“复制所选帧”按钮，如图 6-21 所示，插入一关键帧。

(4) 选中“动画”面板中的第一帧，设置播放时间为 2 秒，在“图层”面板中设置背景层为可见，“背景副本”图层为隐藏，如图 6-22 所示。

(5) 在“动画”面板中，激活并选中第二帧，将时间设置为“其他”，并设置其播放时间为 0.05 秒，如图 6-23 所示。

(6) 在“图层”面板中，激活“背景副本”图层后，选择涂抹工具，在图片上对猫的眼睛部分进行涂抹，使之“闭上”，图像效果如图 6-24 所示。

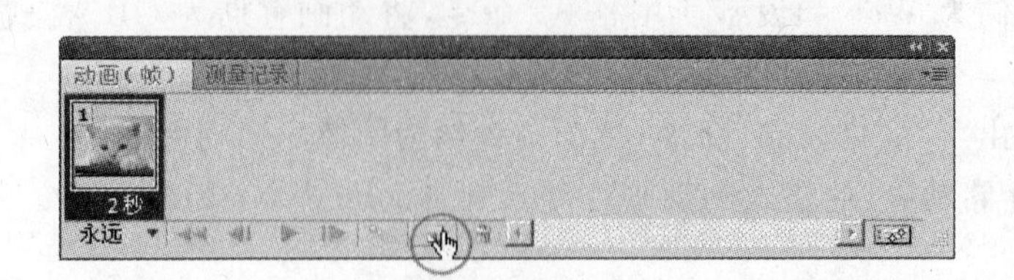

图 6-21 单击"复制所选帧"按钮将第一帧复制　　　图 6-22 "图层"面板的可视化设置

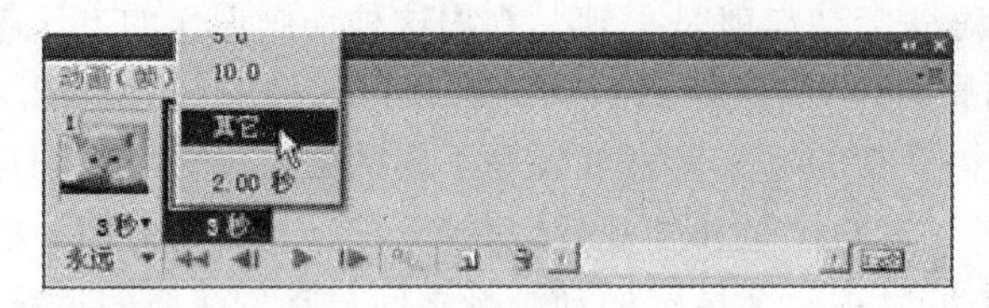

图 6-23 设置帧的延迟时间

图 6-24 "背景副本"图层处理后的效果

(7) 这样两个图层间的切换动画就做好了,可以单击如图 6-25 所示的"播放"按钮观看播放效果,如不满意,可再进行调整。

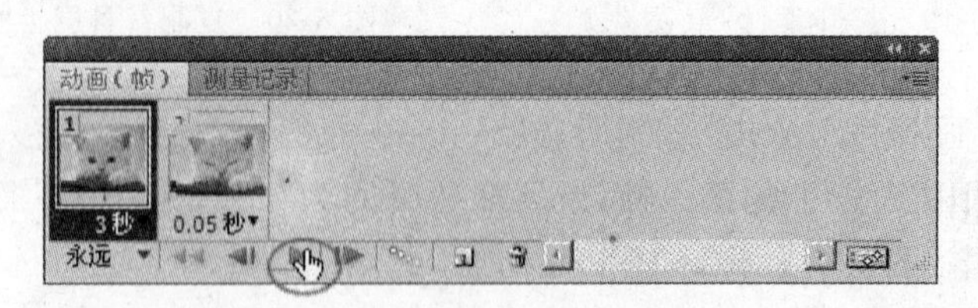

图 6-25 单击"播放"按钮测试帧动画效果

(8) 为了便于以后修改,可以将动作保存为.psd格式。如果想观看动画效果,可以执行如图 6-26 所示的命令,打开如图 6-27 所示的对话框,将其保存为 GIF 动画格式,单击"存储"按钮时,选择保存路径即可。

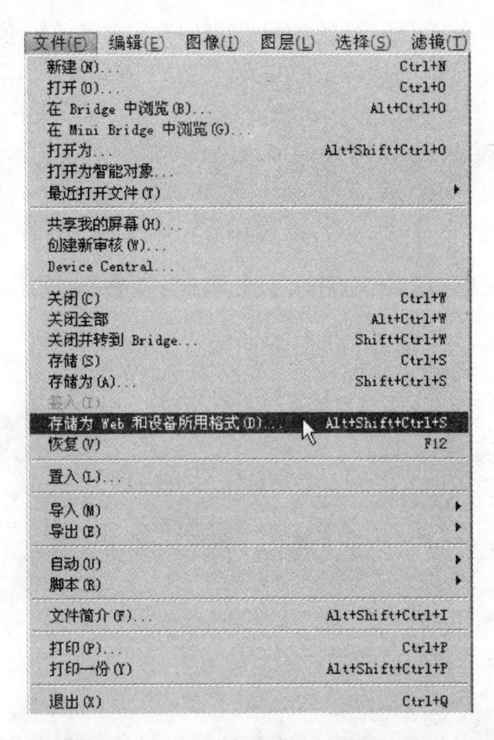

图 6-26　选择存储为动画的选项

图 6-27　选择 GIF 格式保存文件

一个简单的“调皮的小猫眨眼睛的动画”就这样生成了,还以可利用这样的方法编辑设计一些 QQ 表情。

案例 2:“春、夏、秋、冬”四季图片切换的动画效果。

(1) 打开素材文件夹中的“一棵树的四季”中的四幅图片:“春”、“夏”、“秋”、“冬”,如图 6-28 所示。

(2) 新建白色背景的文件,大小与素材图片一致。分别将“春”、“夏”、“秋”、“冬”四幅图像复制到新建文件中,成为文件的 4 个图层:“春”、“夏”、“秋”、“冬”,如图 6-29 所示。

图 6-28 打开素材中的四季图片

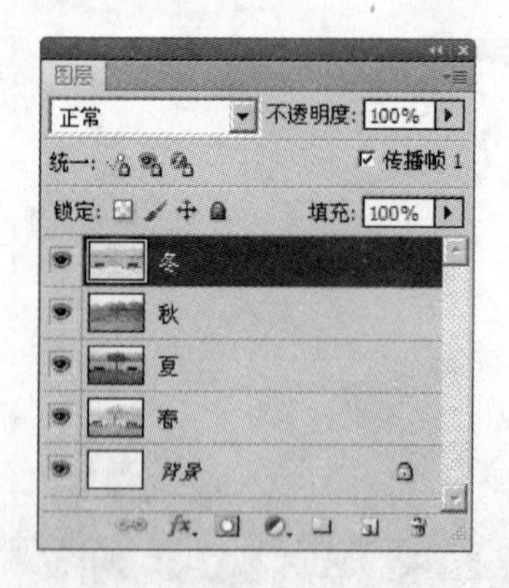

图 6-29 “图层”面板中图层的位置设置

(3) 打开“动画”面板,复制关键帧,播放时间每帧设为 0.3 秒,“动画”面板中关键帧设置如图 6-30 所示,每个关键帧所对应的图层面板设置如下。

“关键帧 1”所对应的“图层”面板设置是:图层“春”的不透明度为 100%,图层“夏”、“秋”、“冬”的不透明度均为 0%。

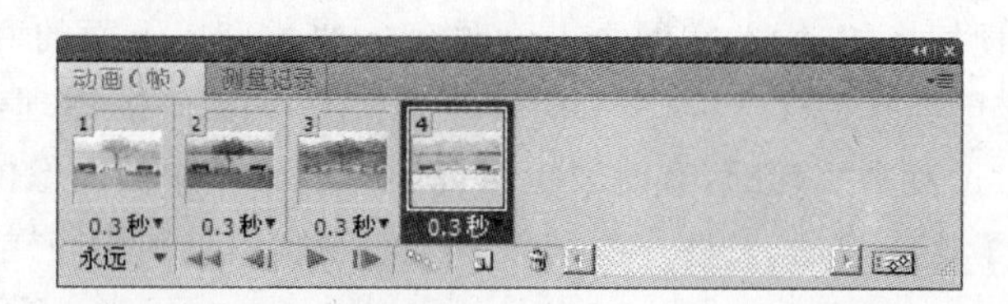

图 6-30　“动画”面板中关键帧及播放时间设置

“关键帧 2”所对应的“图层”面板设置是：图层“夏”的不透明度为 100%，图层“春”、“秋”、“冬”的不透明度均为 0%。

“关键帧 3”所对应的“图层”面板设置是：图层“秋”的不透明度为 100%，图层“春”、“夏”、“冬”的不透明度均为 0%。

“关键帧 4”所对应的“图层”面板设置是：图层“冬”的不透明度为 100%，图层“春”、“夏”、“秋”的不透明度均为 0%。

(4) 选中“动画”面板中的第 2 帧，单击“过渡动画帧”按钮，如图 6-31 所示。

(5) 打开过渡对话框，设置如图 6-32 所示，

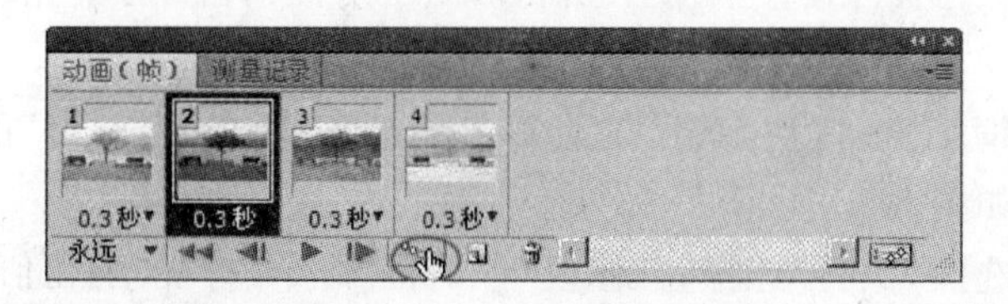

图 6-31　插入过渡帧

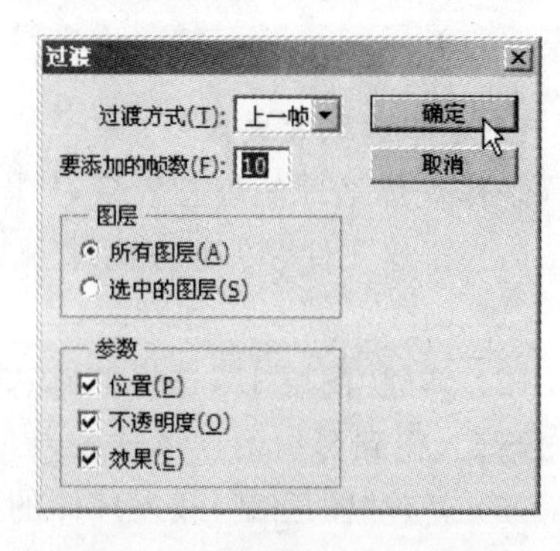

图 6-32　过渡帧对话框设置

(6) 然后再选中第 3 关键帧(当前“动画”面板中的倒数第 2 关键帧)，进行同样的过渡帧设置。

(7) 接下来选中当前“动画”面板中的最后一个关键帧，仍然进行如图 6-32 所示的过渡帧设置。

(8) 保存 PSD 文件，并存储为 GIF 格式。

(9) 单击“动画”面板下方的“播放”按钮，如图 6-33 所示，就可以测试四季图片“春→夏→秋→冬”的动画切换效果了。

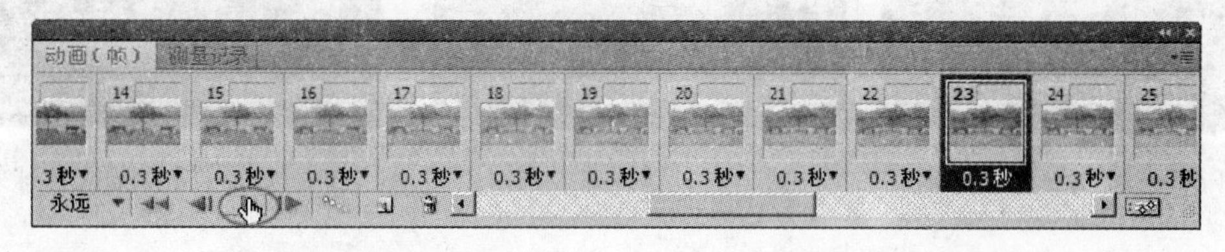

图 6-33　单击“动画”面板中的“播放”按钮

完成的图片显现切换的动画,在网页上常见到。通过完成上面的两个最简单的GIF动画案例,用户应该已经掌握了Photoshop软件制作GIF动画的原理,就是利用图层的可见与否及其透明、过渡来实现的,有时候也可以通过将画布中的图像位置进行改变制作成动画。只要掌握了这些原理,设计一些稍微繁杂的动画也是利用同样的原理。

6.3 新手上路——“转动的地球”动画制作

在Photoshop软件中,有多种生成GIF动画的方法,下面以制作“转动的地球”为例,来分析3种生成GIF动画的方法和技巧。

6.3.1 “转动的地球”制作方法一

采用制作GIF动画最基本的方法,就是将变换了位置的图像依次分布在多个图层中,然后在“动画”面板中依次设置对应每个关键帧让图层依次可见,连续播放形成动画效果。

1. 立体地球效果绘制

制作立体地球的静态效果,如图6-34所示,主要是使用图层的基本操作绘制的。

(1) 新建文件“转动的地球”,10×10cm,分辨率100ppi,RGB模式,背景层填充为黑色。

(2) 新建“图层1”,选择椭圆选框工具,按住Shift键绘制正圆选区,填充“白→黑”的径向渐变,得到黑白的立体球效果,如图6-35所示。

(3) 新建“图层2”,载入球体的选区,执行“选择”|“修改”|“羽化”命令,打开“羽化值”对话框,设置羽化值为15,单击“确定”按钮。设置前景色为青色,按Alt+Delete键为选区填充前景色后,按Ctrl+D键取消选区。然后在“图层”面板中,将“图层2”移至“图层1”下方,效果如图6-36所示。

图6-34 立体地球效果图

图6-35 立体球效果图

图6-36 添加了光晕的立体球效果

(4) 打开素材图片“地图1”,执行“图像”|“画布”命令,打开“画布大小”对话框,如图6-37所示。将原图像定位在左侧,画布的宽度值变为原来的两倍,高度不变。

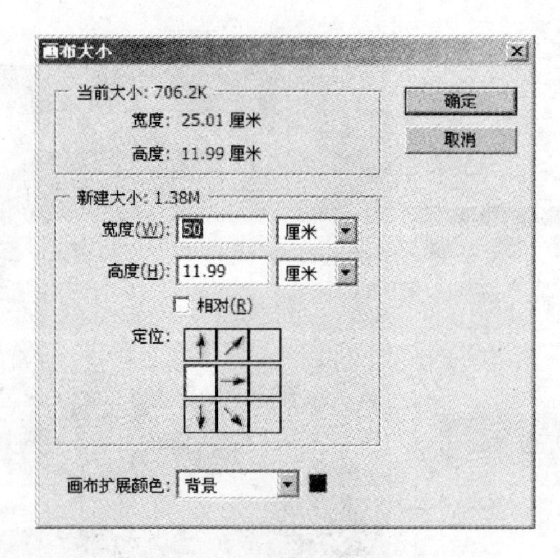

图 6-37　画布对话框设置

(5) 选择魔棒工具，在变宽的画布右侧单击，然后按 Ctrl＋Shift＋I 键反选，选中了地图部分。按 Ctrl＋C 键复制地图图像，按 Ctrl＋V 键将其粘贴在新的图层。选择移动工具，将粘贴的地图移至画布的右半部，将拼接处用工具处理得无接缝痕迹，然后按 Ctrl＋E 键合并图层，便实现了两幅地图的拼接，效果如图 6-38 所示。

图 6-38　两幅地图的拼接效果

小贴士

将两幅相同地图拼接在一起，是为了使地球从一幅图的某个图像位置旋转到另一幅地图的同一图像位置时，如果让图像移动，看起来恰好是旋转了一周的效果。

(6) 选择“移动工具”，将拼接好的地图图片移至“转动的地球”图像中，生成“图层 3”，将“图层 3”移至“图层 1”下方，且在“图层 2”(光晕层)的上方，并按 Ctrl＋T 键进行自由变换，调整“图层 3”的图像大小，使其高度恰好稍高于黑白球体的直径，如图 6-39 所示。

(7) 在“图层”面板中，将“图层 1”的图层混合模式设为“正片叠底”，并载入“图层 1”的选区，激活“图层 3”后，按 Ctrl＋C、Ctrl＋V 键复制并粘贴生成新的“图层 4”，然后执行“滤镜”|“扭曲”|“球面化”命令，按 Ctrl＋D 键取消选区，将“图层 3”设为不可见，效果如图 6-40 所示。

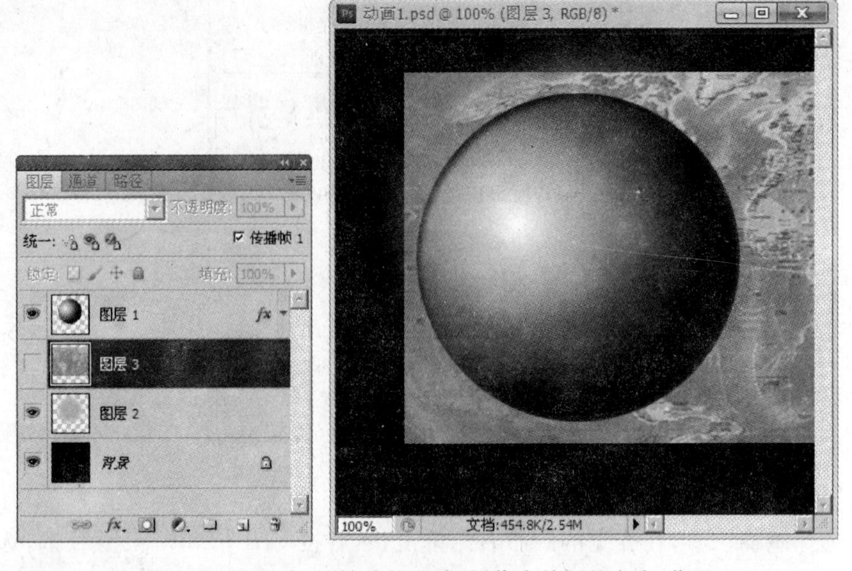

图 6-39　地图移至“转动的地球”图像中并调整大小、位置

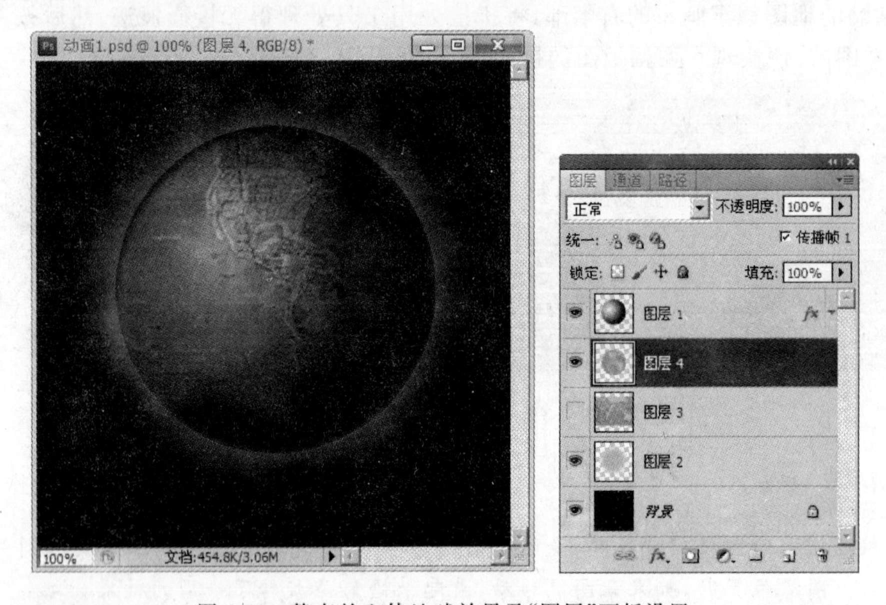

图 6-40　静态的立体地球效果及“图层”面板设置

2. 立体地球移动的各层图像效果

(1) 激活如图 6-40 所示的“图层”面板中的“图层 3”，选择移动工具，按←键将其向左移动几次。

(2) 按住 Ctrl 键单击“图层 4”的缩略图，载入球体的选区后，按 Ctrl+C 键和 Ctrl+V 键，粘贴生成“图层 5”，然后执行“滤镜”|“扭曲”|“球面化”命令，按 Ctrl+D 键取消选区。

(3) 依次重复步骤(1)和(2)，直到最后生成的图层中图像的位置与图层中的图像位置一致为止。“图层”面板的效果如图 6-41 所示。

3. “发光文字”效果制作

(1) 选择文字工具,输入“环球漫游”或者其他适当文字,字体为“黑体”,字号大小适当,并将文字移至图像中球体的底部。

(2) 在“图层”面板中,当该文字图层被激活时,设置其外发光效果和浮雕效果,如图 6-42(a)所示。

(3) 将该文字图层拖至“图层”面板下方的“新建”按钮上,将其复制生成新的文字图层,打开其“图层”样式设置面板,将外发光颜色更改为其他的颜色,如图 6-42(b)所示。

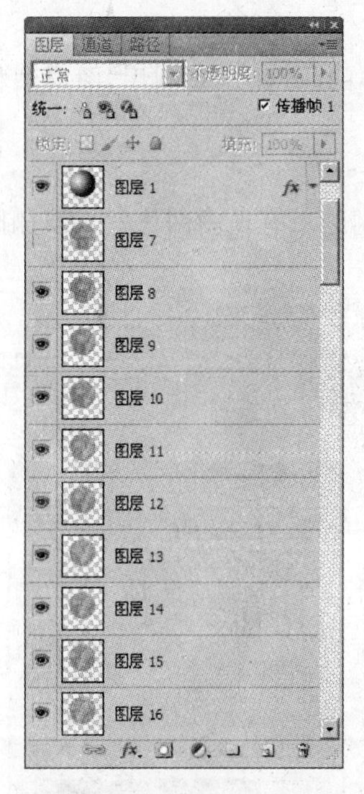

图 6-41 移动复制生成的地球图像各静态帧效果

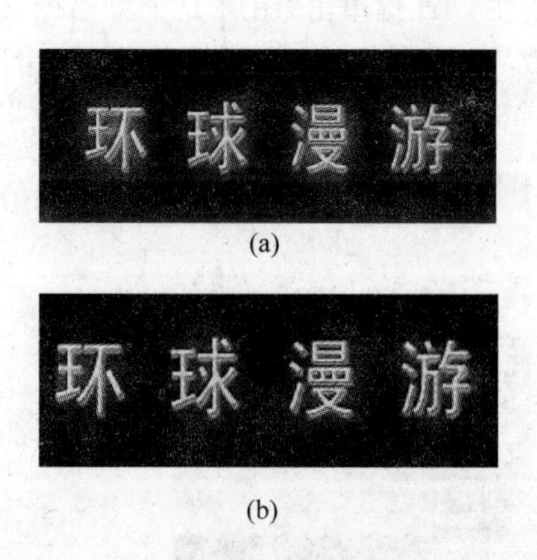

图 6-42 发光文字效果

4. “旋转的地球”动画效果制作

(1) 执行“窗口”|“动画”命令,打开“动画”面板。

(2) 在“图层”面板中,将所有复制的地图图层设为不可见。

(3) 在“动画”面板中将播放时间设为 0.1 秒后,复制所选帧,每复制一帧,从“图层”面板下方依次从下向上打开一个图层,以此类推,直到所有被复制的图层完全被显现为止,“动画”面板中的关键帧效果如图 6-43 所示。

(4) 返回第一个关键帧,依次将每个关键帧所对应的图像中的一个文字图层,设成不同的透明度,透明度的设置要有规律,如 100%,90%,80%,70%,…,0%,将该文字层设为隐藏,单击打开另一文字图层,透明度可以是 0%,10%,20%,30%,…。

(5) 文字和图层设置完成后,在“动画”面板上单击“播放”按钮,测试播放速度和效果,可对不理想的关键帧及其所对应的图层面板进行调整。

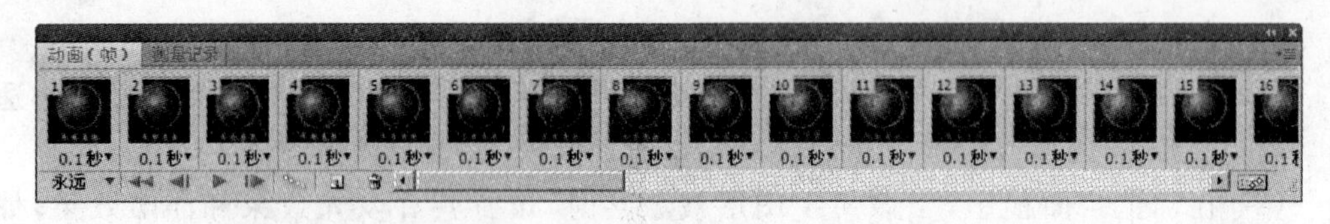

图 6-43 “动画”面板中的关键帧效果图

6.3.2 “转动的地球”制作方法二

无论是哪种方法完成的动画效果都可以是一样的，方法二是利用“图层蒙板”来完成动画制作的，效果如图 6-34 所示。

操作步骤如下。

(1) 在方法一完成操作的“图层”面板中，将复制的所有地图图像效果层删除，将文件保存为“动画 2”，如图 6-44 所示。

(2) 按住 Ctrl 键单击“图层 1”的缩略图，载入球体的选区。

(3) 激活“图层 4”所示的地图图片所在图层，使其可见，然后单击“添加图层蒙板”按钮，如图 6-45 所示。添加了图层蒙板后的效果如图 6-46 所示。

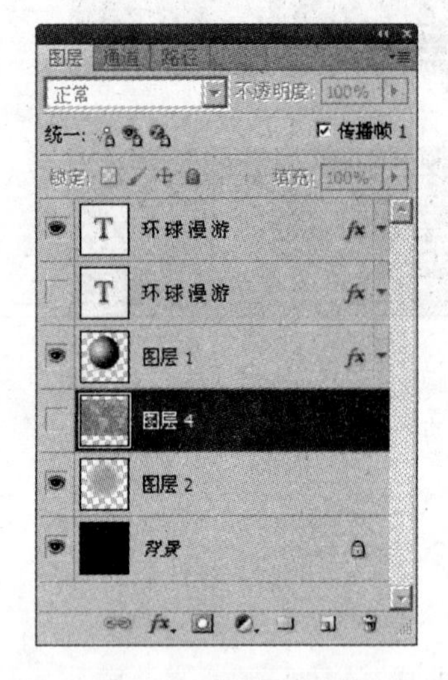

图 6-44 “图层”面板

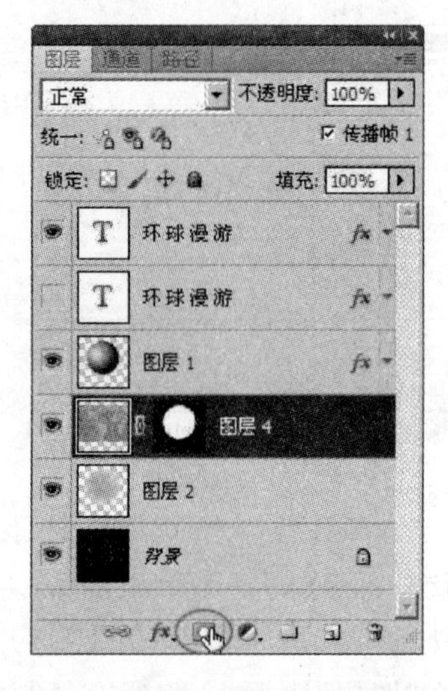

图 6-45 添加图层蒙板效果

(4) 单击“图层 4”中地图与蒙板之间的“链接”按钮，如图 6-47 所示，解除它们的链接关系，然后单击地图的图层缩略图，使其激活。

(5) 选择移动工具，将地图图片向右侧移动，使球体轮廓跟地图的左侧边缘基本对齐(为了便于观察，可以将“图层 1”暂时设为不可见)。

(6) 在“动画”面板中，将第 1 帧播放时间设为 0.1 秒，然后复制所选帧。

(7) 在第 2 帧被激活的状态下，按住 Shift 键向左水平移动“图层 4”所示的地图图片，直到球体中所示图像位置与第 1 帧中图像所示位置一致。

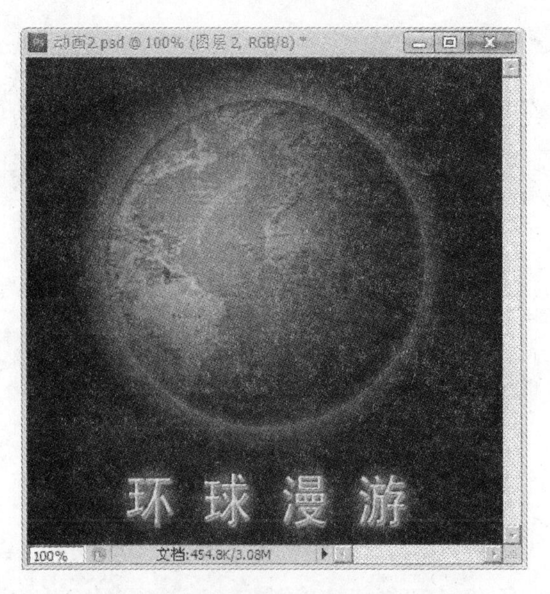

图 6-46 添加了图层蒙板后的效果

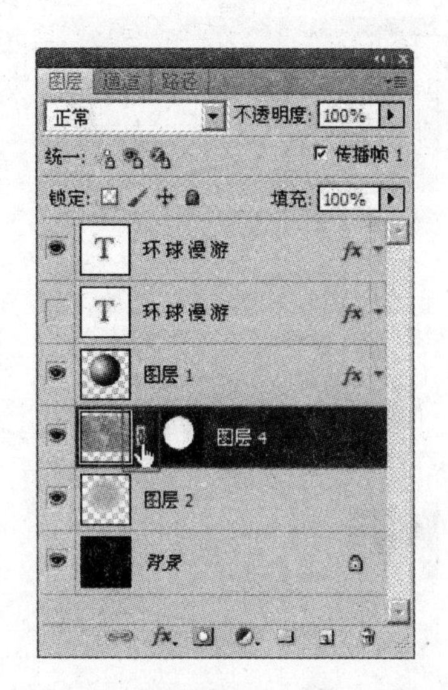

图 6-47 解除图层和蒙板的链接

(8) 将第 2 帧或第 1 帧所对应的文字图层设为透明或半透明效果，然后在“动画”面板中，单击“过渡动画帧”按钮，如图 6-48 所示，“过渡”对话框设置如图 6-49 所示。

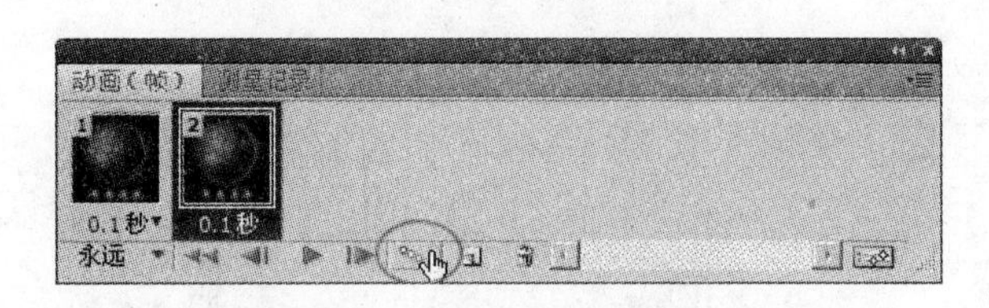

图 6-48 添加过渡动画帧

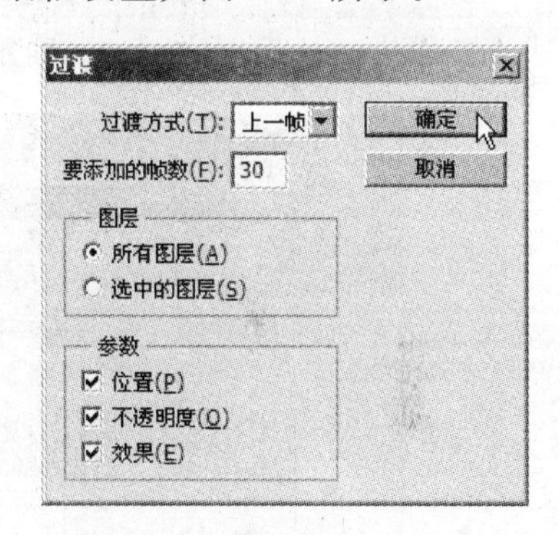

图 6-49 “过渡”对话框设置

(9) 将文件保存为“动画 2. psd”，然后再将其保存为 GIF 格式。

6.3.3 “转动的地球”制作方法三

本方法是利用“动作”面板的批处理功能来完成动画制作的，效果图仍然参考 6-34 所示。

操作步骤如下。

(1) 在方法一完成操作的“图层”面板中，将复制的所有地图图像效果层删除，将文件保存为“动画 3”，“图层”面板效果如图 6-50 所示。

(2) 用移动工具将“图层 4”中的地图位置调整到如图 6-51 所示的位置。

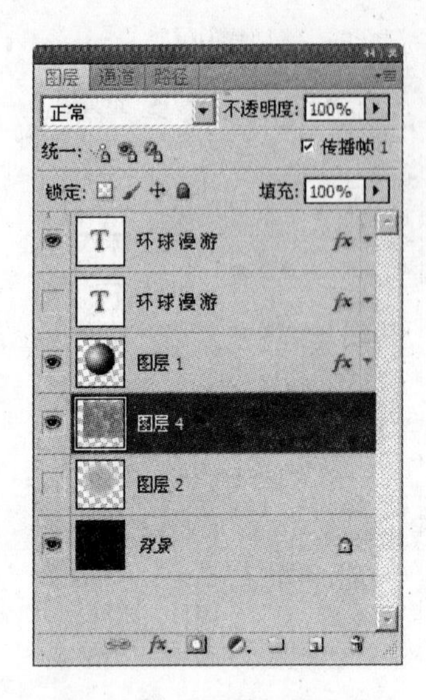

图 6-50 “图层”面板效果

图 6-51 地图所处位置

(3) 执行“窗口”|“动作”命令,打开如图 6-52 所示的面板。

(4) 单击“动作”面板下方的“新建组”按钮,如图 6-53 所示,会弹出“新建组”对话框,默认名称为“组 1”,直接单击“确定”按钮即可生成新组。

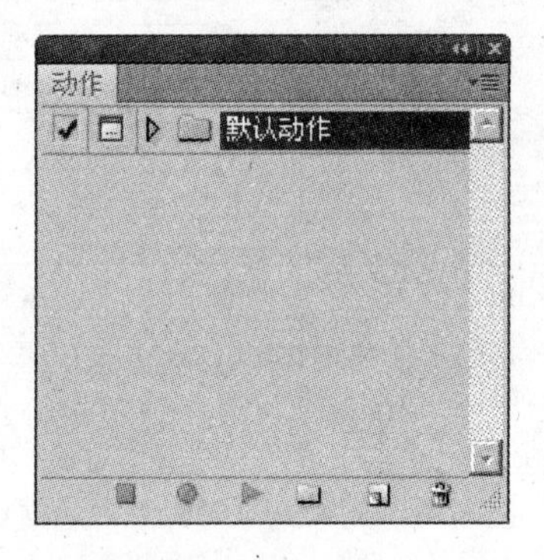

图 6-52 “动作”面板

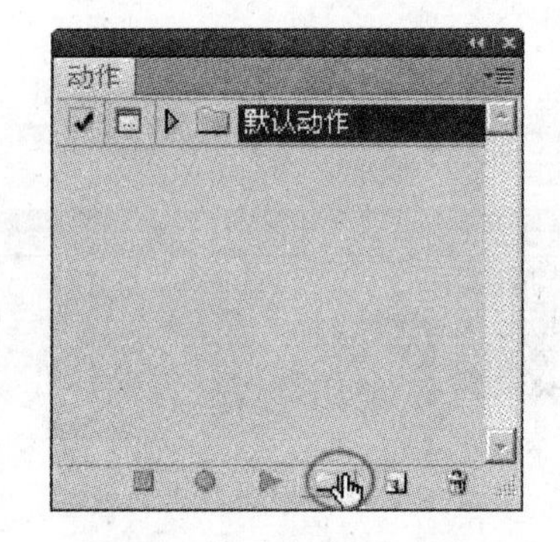

图 6-53 单击“新建组”按钮

(5) 再次单击“动作”面板下方的“新建动作”按钮,如图 6-54 所示,弹出“动作”对话框,单击“确定”按钮直接生成“动作 1”,如图 6-55 所示。单击“录制”按钮,使它变成红色,即转为“开始记录”状态,接下来回到“图层”面板开始操作要录制的内容。

(6) 激活地图图片所在的“图层 4”,选择移动工具后,按光标移动键向左移动 5 次。

(7) 按住 Ctrl 键单击“图层 1”的缩略图,载入球体的选区。

(8) 按 Ctrl+C 键和 Ctrl+V 键,将选区中的地图部分粘贴到新图层中。

(9) 载入新图层的选区,执行“滤镜”|“扭曲”命令,选择“球面化”滤镜,在“球面化”对话框中,直接单击“确定”按钮。按 Ctrl+D 键取消选区。

(10) 回到“动作”面板中,单击“停止记录”按钮,如图 6-56 所示。

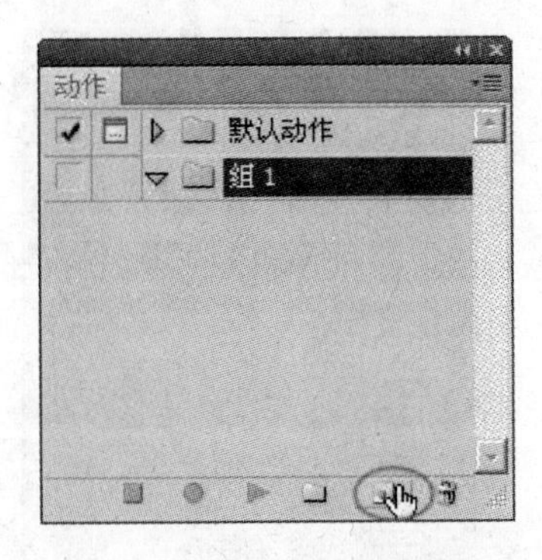

图 6-54 在“组 1”中添加“动作 1”

图 6-55 “录制”按钮显示为“开始录制”状态

(11) 单击“动作”面板上方的动作 1 前面的“收起”按钮，将刚生成的“动作 1”的各个步骤收起来，如图 6-57 所示。

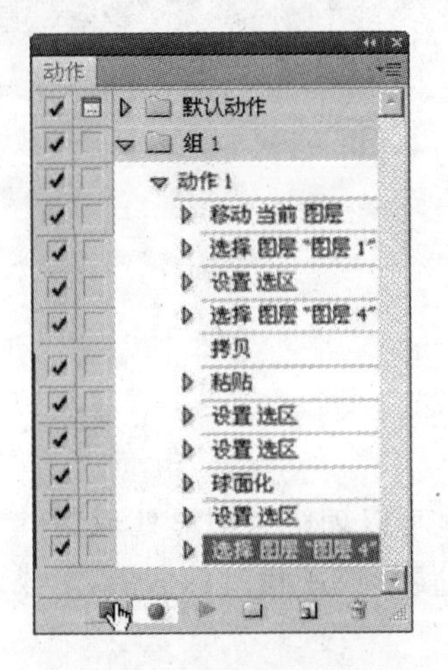

图 6-56 “停止记录”按钮

图 6-57 收起“动作 1”的各项操作列表

(12) 当再次需要生成其他部分时，直接在“动作”面板下方单击“播放”按钮，如图 6-58 所示，单击一次则生成一个图层。

(13) 执行动作若干次后，直到执行到某一幅图的位置和第一幅图的位置一致时，单击“停止播放”按钮，来停止播放重复的动作。

(14) 生成若干个复制的图层后，“图层”面板的效果如图 6-59 所示。

(15) 先将这些移动后复制生成的图层都设为不可见后，打开“动画”面板，复制关键帧，每插入一帧，在“图层”面板上对应打开一个图层，这样按顺序依次创建关键帧，也依次将复制的图层展开……

(16) 保存文件为“动画 3. psd”，并将其存储为 Web 的 GIF 格式。

至此，本项目中利用 3 种方法制作完成“旋转的地球”的 GIF 动画制作过程已经介绍完了，经过比较很容易发现，方法一的制作过程最麻烦，是通过层的可见与否形成系列动画；方法二的制作过程最简单，能帮助用户更深刻地理解图层蒙板的相关知识；方法三是最快捷有效地利用“动作”面板实现批处理的制作方法。

图 6-58　单击"播放"按钮播放重复的动作

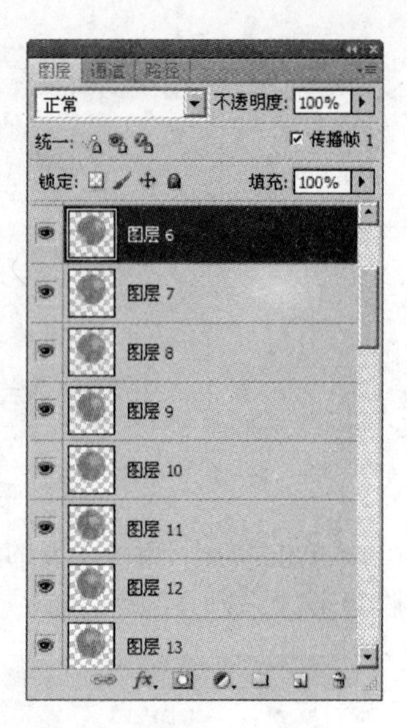

图 6-59　"图层"面板的效果

6.4　知识回顾

一、填空题

1. "动作"功能为使用者提供了一种自动化的(　　)。

2. (　　)是数据在网络上传输的很小的单位,也可以理解为图形处理器(　　)能够刷新几次。一幅静止的画面,快速连续地显示(　　)便形成了运动的假象,形成了动画。

二、选择题

1. 在设置动画播放的次数时,下面哪些选项可以选择?(　　)

A. 1 次　　B. 3 次　　C. 永远　　D. 其他

2. 下面关于动作的说法,哪项是错误的?(　　)

A. "存储动作"选项只能存储动作组,而不能存储单个的动作

B. 载入动作可将在硬盘中所存储的动作文件添加到当前的动作列表之后

C. 操作人员可以快捷地利用"动作"为图像添加各种效果,但是不能为文字效果设置"动作"

D. "动作"面板菜单中的"替换动作"选项,可将当前所有动作命令替换为从硬盘中装载的动作文件

第7章

拓展训练一：宣传海报制作

7.1 效果展示

宣传海报的效果如图 7-1 所示。

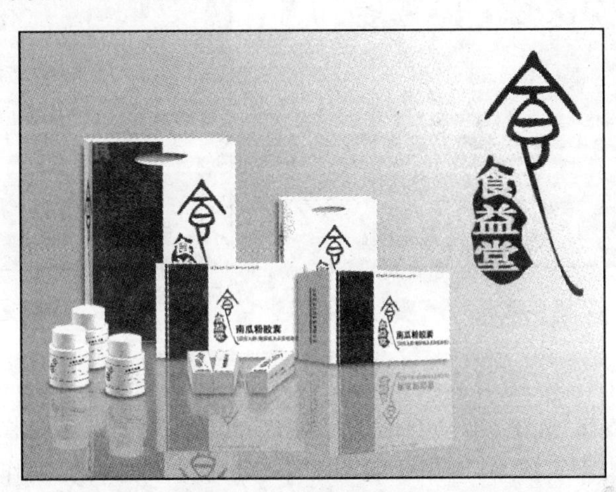

图 7-1 效果图

这个练习项目是关于“食益堂健康连锁机构”的海报制作，整个海报是关于该连锁机构产品的展示。分析它的制作思路，可以看出海报的主体色调符合产品的包装颜色，呈三角构图分布，产品有盒状、瓶状和袋状的包装，每个包装有投影和阴影效果。整个海报可以使用基本工具绘制，分为模型制作(图 7-2)、标志制作(图 7-3)、效果合成 3 个任务来完成。

图 7-2 模型制作

图 7-3 标志制作

7.2 模型制作

(1) 新建文件“食益堂海报”，800×600px，分辨率 72ppi，RGB 模式。将背景层填充为任意颜色。

(2) 在本任务中需要很多的图层，为了便于管理，分成 4 个图层组，依次更名为“手提袋”、“盒子”、“小盒子”、“瓶子”。

(3) 先来绘制盒子。在“盒子”图层组中新建“图层 1”，正面的盒子可以直接使用“矩形选框工具”绘制一个长方形选区，如图 7-4 所示。把前景色设置为浅灰色，对选区进行填充，如图 7-5 所示。按 Ctrl＋D 键取消选区。

图 7-4　矩形选区

图 7-5　填充颜色

(4) 复制“图层 1”为“图层 1 副本”，按 Ctrl＋T 键进行变换。右击该图层，在弹出的快捷菜单中选择“透视”选项，拖动右侧顶点对右边进行透视变换，如图 7-6 所示。

(5) 再次复制“图层 1”为“图层 1 副本 2”，进行缩放和透视变换作出另一侧面。为了便于区分，要改变图像的颜色，按住 Ctrl 键，单击该图层的缩略图就可以找到图像的选区，来填充深灰色，如图 7-7 所示。

图 7-6　透视变换

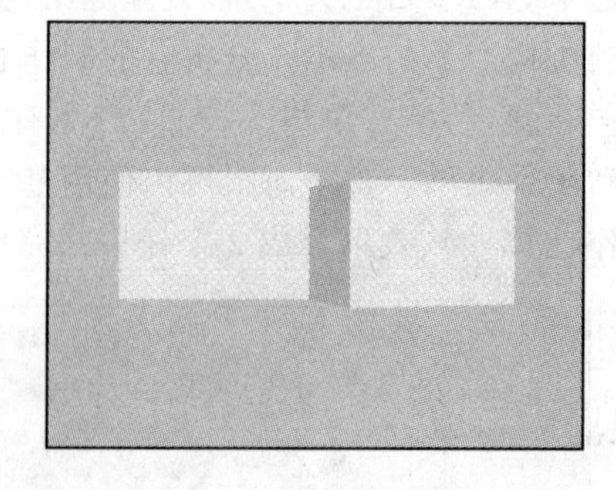

图 7-7　另一盒子效果

(6) 接下来绘制 3 个小盒子。同样也是长方体的形状，只是角度不同，所以透视和刚才的有所区别。新建“图层 2”，选择矩形选框工具，按住 Shift 键来绘制正方形，填充深灰色，如图 7-8 所示。先复制两次“图层 2”作为顶面和侧面。为了便于区分，将这两个面的颜色改为白色和浅灰色，如图 7-9 所示。

图 7-8　绘制正方形

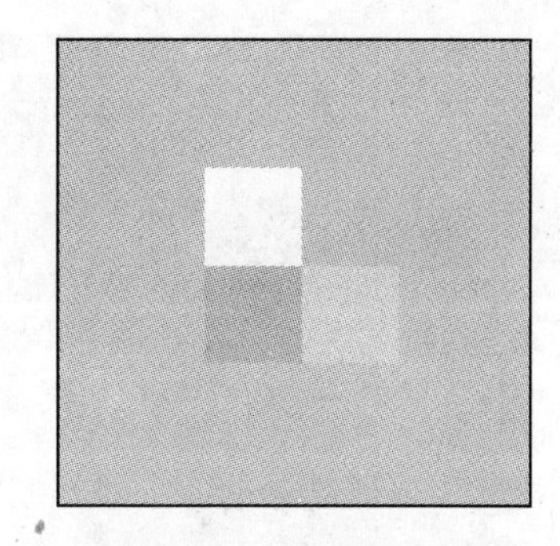

图 7-9　顶面和侧面效果

(7) 对小盒子的顶面斜切变换，拖动上边中间的节点向右进行变换，如图 7-10 所示。侧面也执行“斜切变换”，只是要选择右边中间的节点进行向上拖动。同时可以选择缩放变换来使侧面和顶面很好地对齐。变换后的效果如图 7-11 所示。

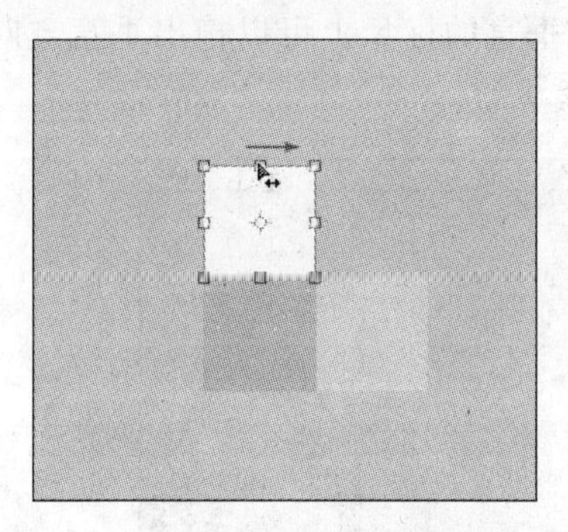

图 7-10　斜切变换

图 7-11　变换后效果

(8) 另外的两个小盒子，和刚才的做法基本相同，只要注意斜切的方向就可以了，如图 7-12 所示。

(9) 现在，要调整 3 个小盒子的大小，只要选中图层组，就可以对图层组里的所有图层一起进行移动、缩放等变换操作，如图 7-13 所示。位置和大小如图 7-14 所示。

图 7-12　小盒子

图 7-13　选择图层组

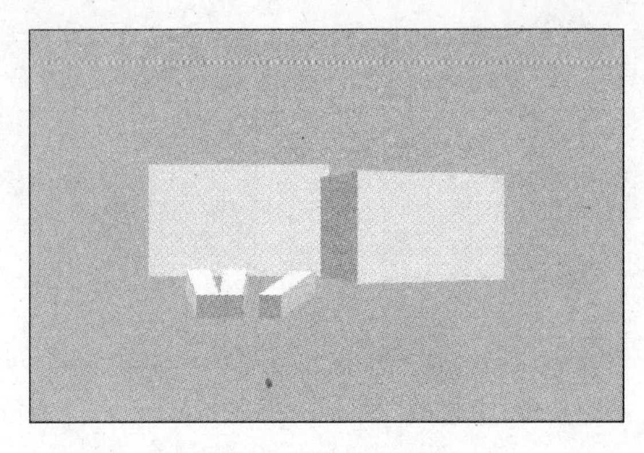

图 7-14 调整大小和位置

(10) 接下来做瓶子。瓶盖和瓶身都是圆柱体,圆柱体需要用矩形和圆形来表现。在制作的时候,借助参考线可以做出精确的图形。先按 Ctrl+R 键打开标尺,在水平的标尺上用鼠标拖曳可以拖出水平方向的参考线,在垂直的标尺上可以拖出垂直方向的参考线。在制作圆柱体时,需要如图 7-15 所示的参考线。

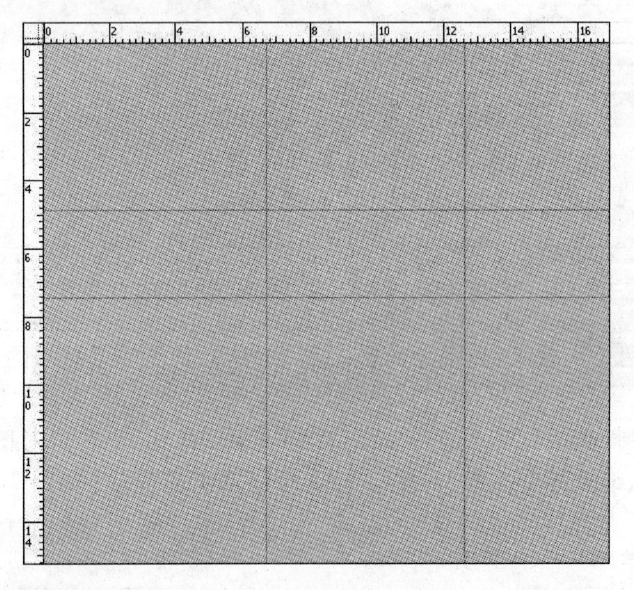

图 7-15 绘制参考线

(11) 选择矩形选框工具,在参考线相交的中间区域,绘制矩形选区,如图 7-16 所示。

(12) 选择渐变工具,打开“渐变编辑器”,在渐变条上编辑如图 7-17 所示的渐变颜色,确定后,选择“线性渐变”。在矩形选区中从左向右拖曳鼠标(可按住 Shift 键来保证水平拖曳)来填充。按 Ctrl+D 键取消选区。填充效果如图 7-18 所示。

(13) 选择椭圆选框工具,以矩形上部的水平参考线为中线,绘制一个如图 7-19 所示的椭圆选区,填充白色。在选区不取消的情况下,选择与选区相关的工具后,可只移动选区而不改变选区内的图像,鼠标的状态和选区的位置如图 7-20 所示。

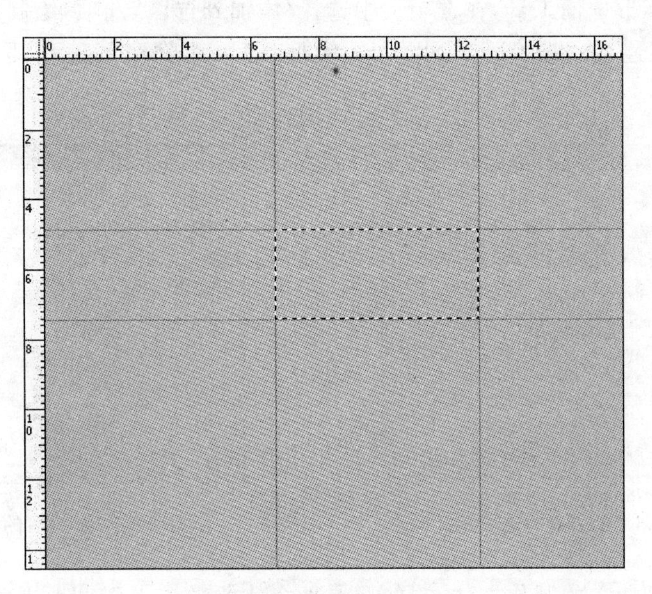

图 7-16　绘制矩形选区

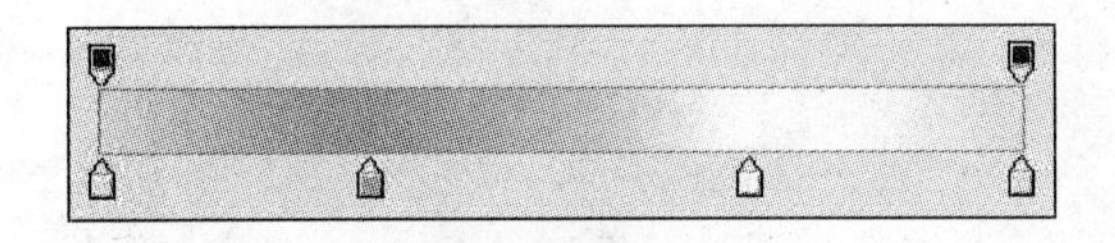

图 7-17　渐变条颜色

图 7-18　填充渐变色

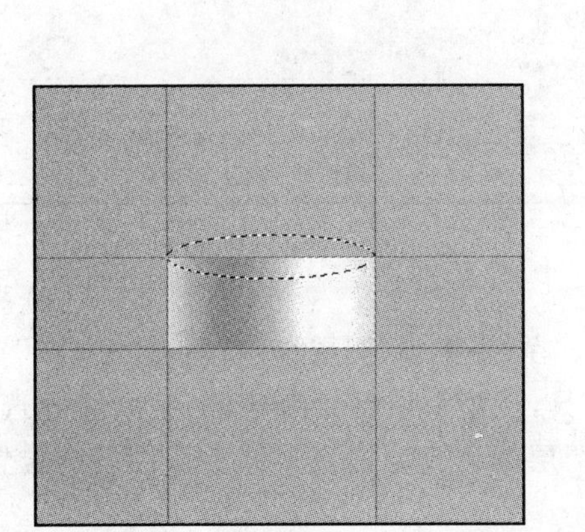

图 7-19　绘制椭圆选区

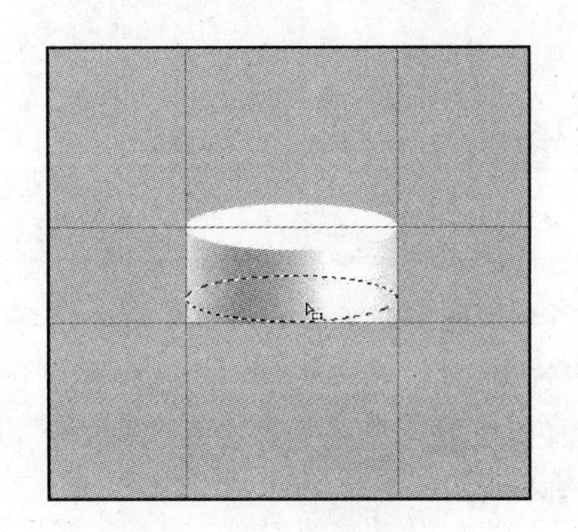

图 7-20　移动选区

(14) 选择矩形选框工具,在选项栏中选择“添加到选区”选项,绘制如图 7-21 所示的选区与椭圆选区连接。按 Ctrl＋Shift＋I 键反选后,删除底部棱角部分,取消选区,如图 7-22 所示。

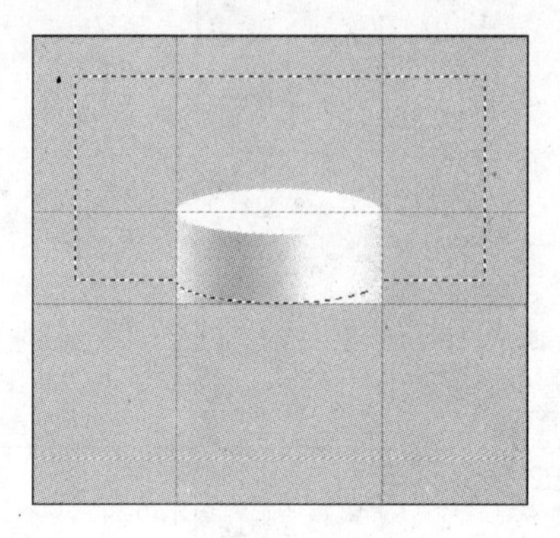

图 7-21　添加选区

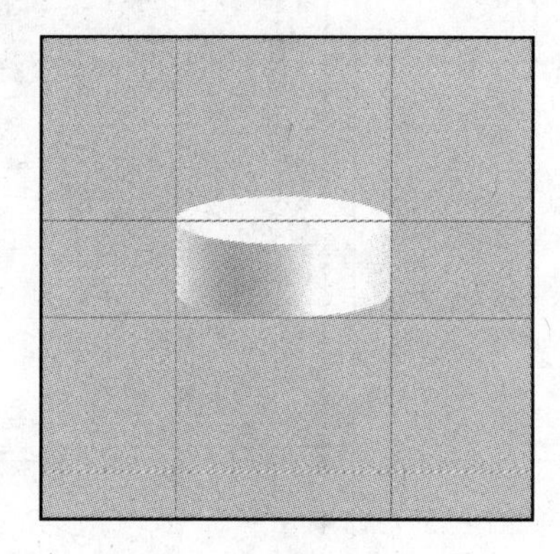

图 7-22　删除后的效果

(15) 瓶身和瓶盖的制作方法一样,只是两条水平的参考线间距要大些(可以选择移动工具来移动参考线的位置),也就是绘制瓶身的矩形要比刚才的高。完成后,调整瓶盖的大小和位置,如图 7-23 所示。

(16) 现在,参考线已经不需要了,可以执行“视图”|“清除参考线”命令来取消参考线。把做完的瓶子复制两个,瓶盖和瓶身在两个图层中,可以按住 Shift 键将两个图层都选中进行复制。调整 3 个瓶子的位置,并把整个图层组进行调整,效果如图 7-24 所示。

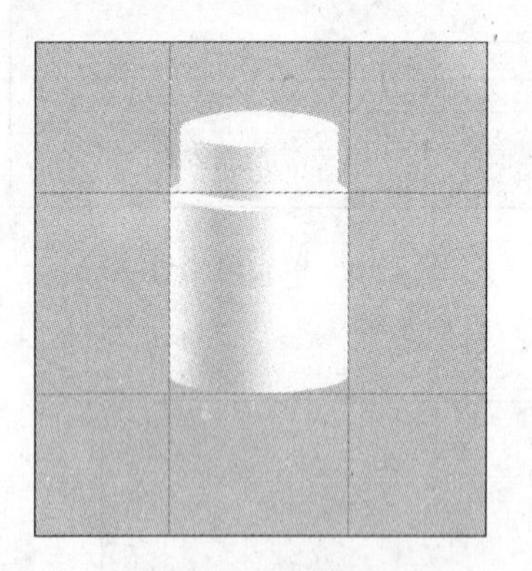

图 7-23　瓶子

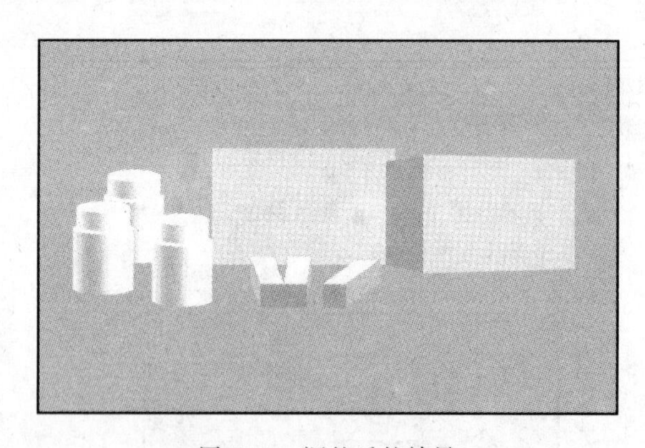

图 7-24　调整后的效果

(17) 现在需要做的就是手提袋的模型了。在“手提袋”图层组中,新建“图层 5”,绘制矩形选区,并填充浅灰色。再选择椭圆选框工具,在矩形上部绘制椭圆选区,删除选区内的颜色,如图 7-25 所示。复制“图层 5”,并把图层颜色改为白色。调整该图层的位置,如图 7-26 所示。

图 7-25 手提袋正面

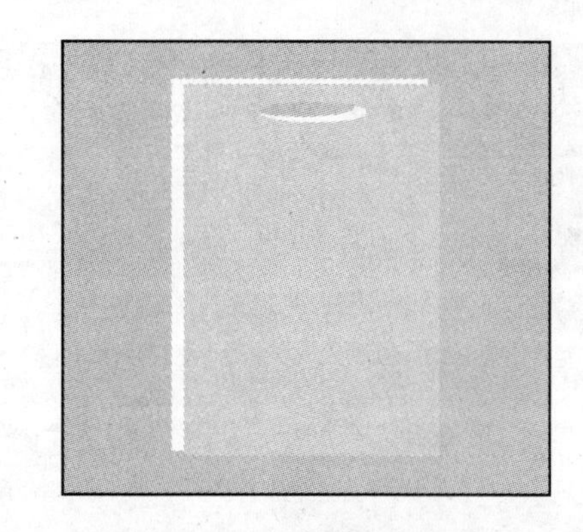

图 7-26 复制并改变颜色

(18) 制作手提袋的侧面。在手提袋正面左侧绘制一个矩形选区，宽度为侧面宽度的一半左右，填充深灰色。按 Ctrl＋T 键进行变换，选择“扭曲”选项调整左侧节点的位置，达到折叠的效果，如图 7-27 所示。

(19) 用同样的方法制作另一半侧面，只是调整的节点为右侧节点，填充浅灰色，如图 7-28 所示。这样，手提袋的模型就制作完成了。

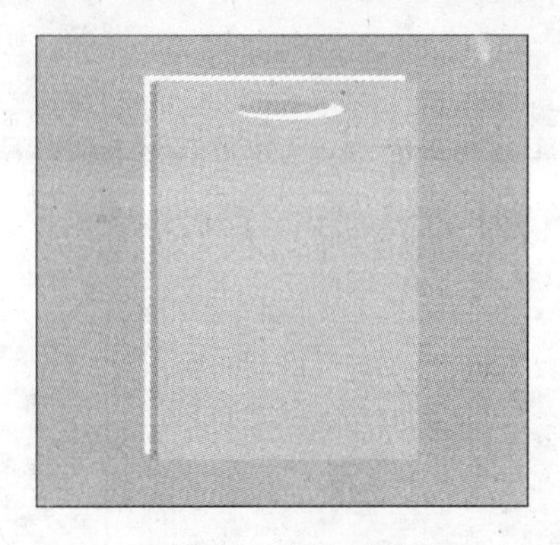

图 7-27 扭曲效果

图 7-28 侧面折叠效果

(20) 把手提袋再复制一个，调整大小和位置。到此为止，模型制作就完成了。

7.3 标识制作

(1) 新建文件“标识”，400×400px，分辨率 72ppi，RGB 模式。为了路径绘制得更精确，执行“视图”|“显示”|“网格命令”(或按 Ctrl＋′键)。为适合本任务需要，执行“编辑”|“首选项”命令修改网格的参数，具体设置如图 7-29 所示。

(2) 使用钢笔工具，选择路径绘制模式，绘制如图 7-30 所示的路径。在创建路径的过程中，锚点越少路径越平滑。所以通常只在不得不添加锚点的地方才添加，目的是要使用最少数量的锚点来寻求最佳的路径效果。使用转换点工具，对路径各锚点进行调整，效果如图 7-31 所示。

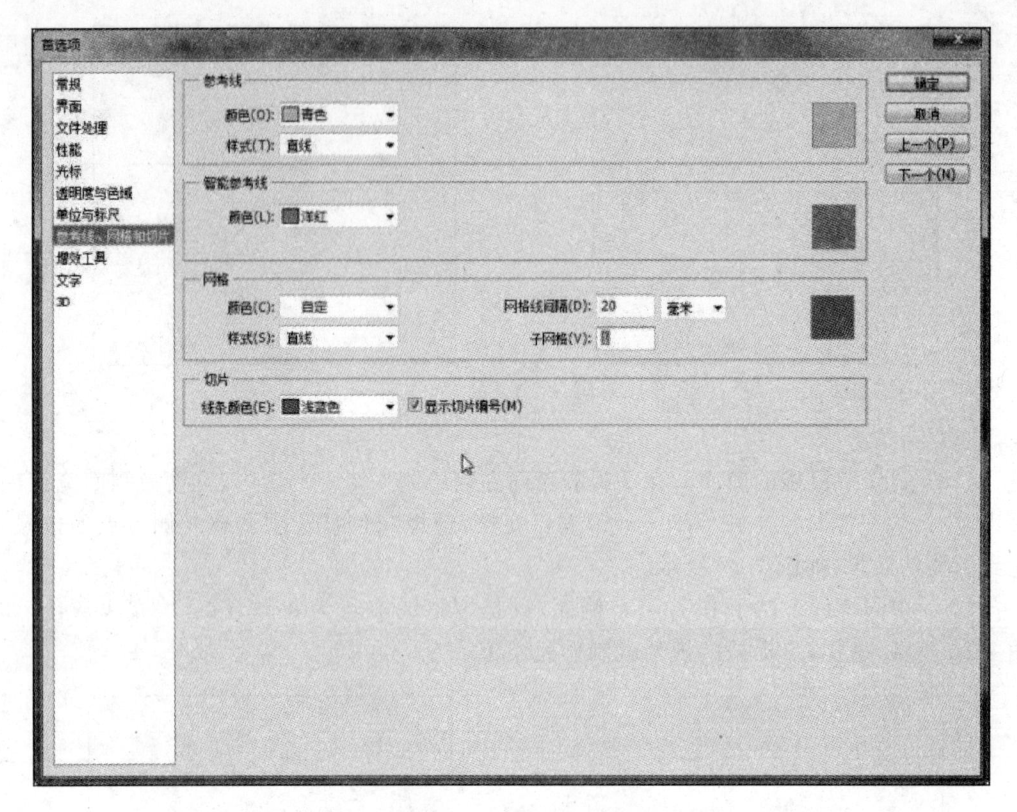

图 7-29　修改网格参数

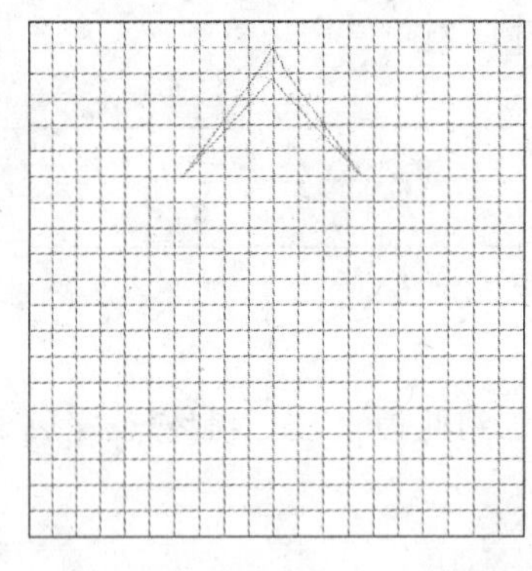

图 7-30　绘制路径

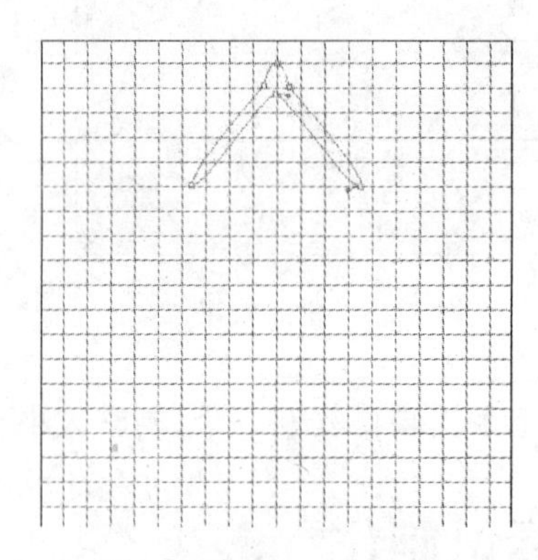

图 7-31　转换点转换

(3) 新建“图层 1”,前景色设置为 RGB(13,88,57)。在“路径”面板中,选择“用前景色填充路径”选项。在“路径”面板空白处单击,可以隐藏路径。填充效果如图 7-32 所示。

(4) 用圆角矩形工具绘制如图 7-33 所示的路径,并新建“图层 2”,用前景色填充。

(5) 用矩形工具绘制如图 7-34 所示的路径,新建“图层 3”,用前景色填充。

(6) 绘制如图 7-35 所示的路径,用前景色填充。

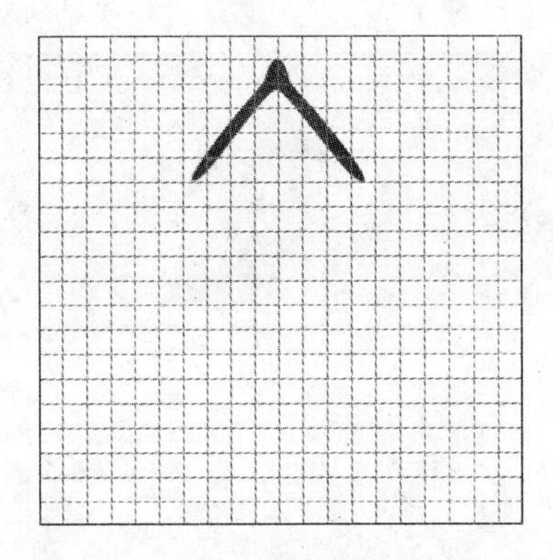

图 7-32　填充路径

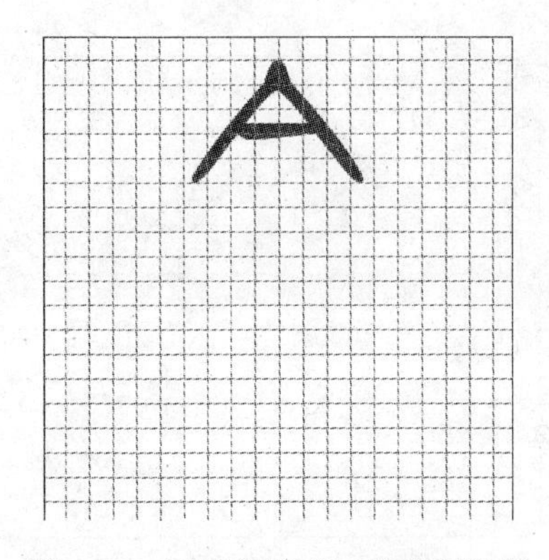

图 7-33　用圆角矩形工具绘制路径

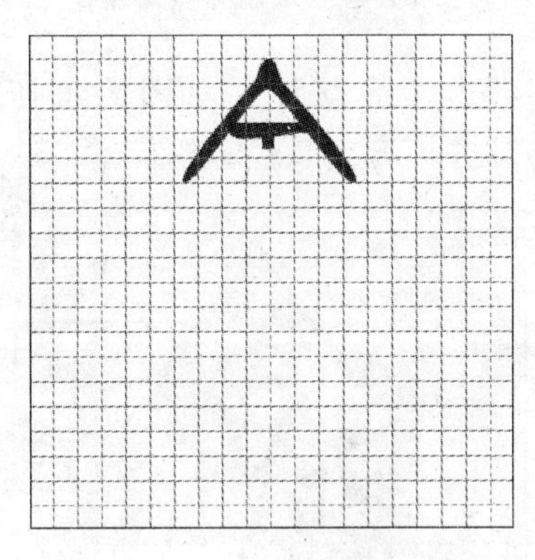

图 7-34　用矩形工具绘制路径

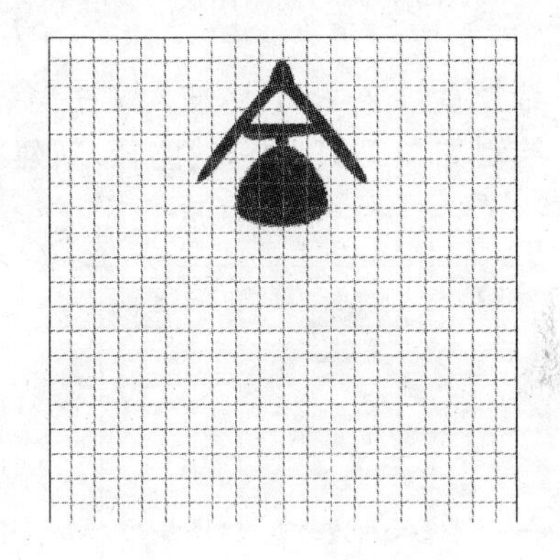

图 7-35　绘制路径并填充

(7) 选择路径选择工具，按 Ctrl＋T 键进行变换。按 Shift＋Alt 键进行缩放可以使变换对象在中心不变的情况下等比例缩放，如图 7-36 所示。

(8) 在“路径”面板中选择“将路径转换为选区”选项后，删除中间区域颜色，如图 7-37 所示。

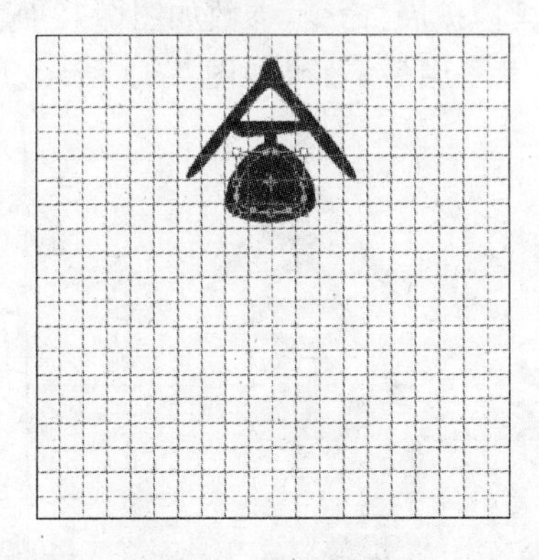

图 7-36　等比例缩小

图 7-37　删除中间区域

(9) 将“图层 2”复制，适当缩小后，移动到如图 7-38 所示的位置。

(10) 绘制如图 7-39 所示的路径，新建“图层 4”，用前景色填充。

图 7-38 复制图层

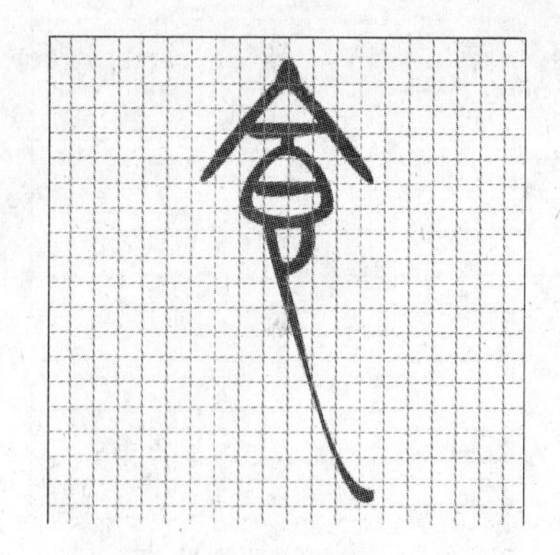

图 7-39 绘制并填充路径

(11) 选择直排文字工具,输入文字“食益堂”,宋体,48 点大小,如图 7-40 所示。

(12) 绘制如图 7-41 所示的路径,新建“图层 5”并填充前景色。

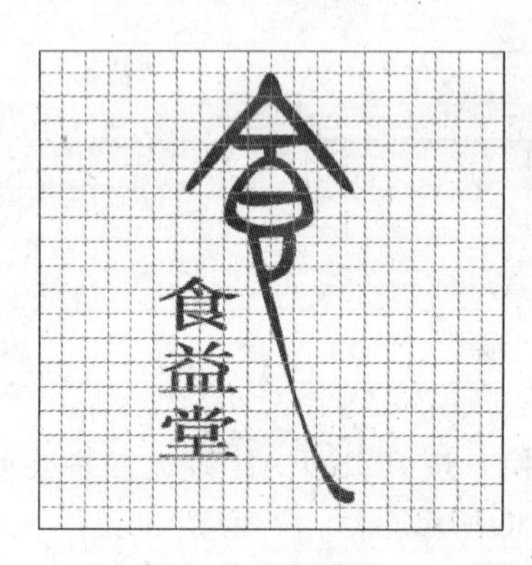

图 7-40 输入文字

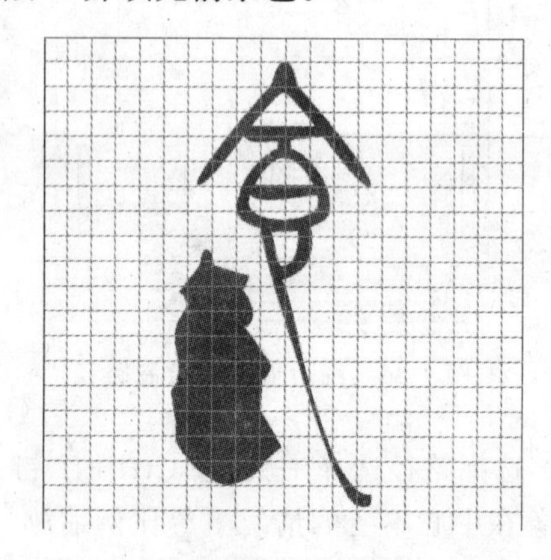

图 7-41 绘制路径

(13) 找到文字图层的选区,执行“选择”|“修改”|“扩展”命令,参数如图 7-42 所示。

(14) 删除“图层 5”中选区内的颜色。隐藏文字图层后,效果如图 7-43 所示。

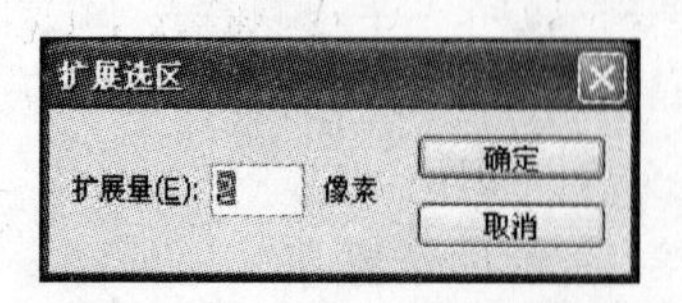

图 7-42 “扩展选区”对话框

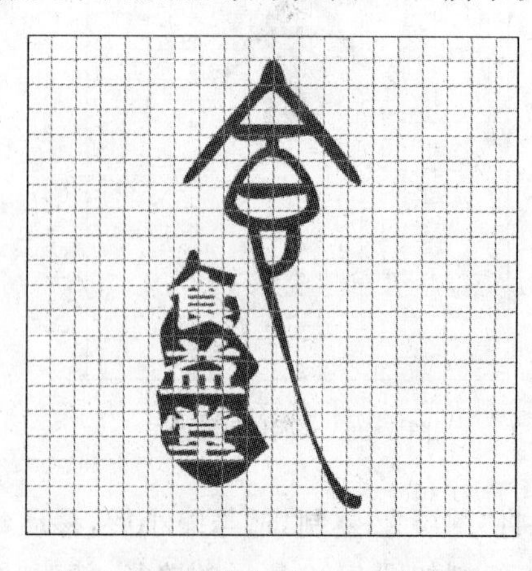

图 7-43 删除文字选区内的颜色

(15) 现在网格已经不需要了。执行“视图”|“显示”|“网格”命令，将“网络”选项前的✔去掉(或者使用 Ctrl+'键)，就可以取消网格显示。

(16) 到此，标识制作的任务也就完成了。为了在效果合成时方便使用，可以将背景层隐藏后，图片的存储格式选为.png。这种格式可以储存背景透明的图片。

7.4　效果合成

(1) 在效果合成中，首先用素材中的图片对这些模型进行贴图。

(2) 打开素材图片“盒子正面”。选择移动工具，拖曳到“盒子”图层组中，生成“图层 7”，注意图层的顺序。贴图的时候，可以把素材图片的图层的不透明度降低，这样可以看到下面的图层，准确调整大小和位置。在确定之后，把不透明度再调回 100%，如图 7-44 所示。

图 7-44　调整大小并移动

(3) 复制“图层 7”，移动到如图 7-45 所示的位置。这个盒子有透视效果，所以要把这个图层做透视变换，并把“图层 7”的混合模式改变为“正片叠底”，能把模型中的明暗变换显示出来，如图 7-46 所示。

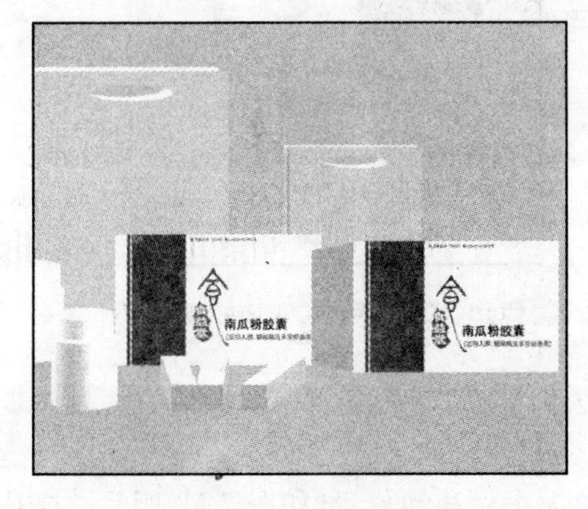

图 7-45　复制图层

图 7-46　变换并改变图层混合模式

(4) 打开素材图片“盒子侧面”,按步骤(2)做侧面的贴图效果,如图 7-47 所示。在制作模型时,为了便于区分,所以各个面都使用不同程度的灰色。做了混合模式以后,如果颜色太深,可以考虑把模型中相应部分的颜色变成更浅的灰色。

(5) 小盒子的贴图使用的素材图片是“小盒子正面”、“小盒子侧面”、“小盒子背面”,方法与盒子的贴图类似,此处不再赘述,效果如图 7-48 所示。

图 7-47 盒子侧面效果

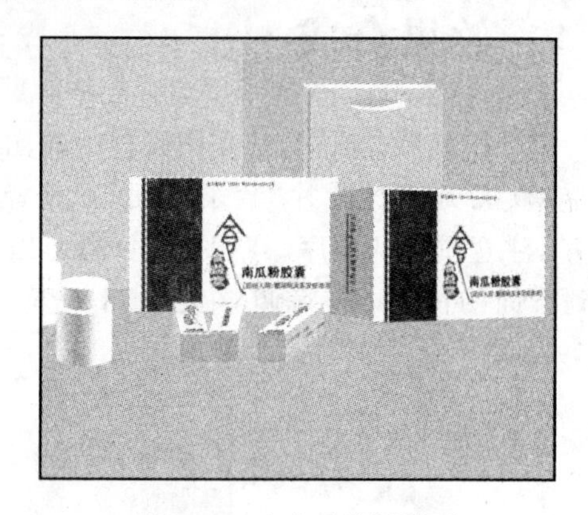

图 7-48 小盒子贴图效果

(6) 打开素材图片“手提袋侧面”,拖曳到“手提袋”图层组中,生成“图层 12”。调整大小后,找到侧面的选区,按 Ctrl+Shift+I 键反选选区后,删除多余的图像。把图层的混合模式改为“正片叠底”,如图 7-49 所示。

(7) 拖曳素材图片“手提袋正面”到图层组中生成“图层 13”,调整大小和位置。把模型中正面的图层(即“图层 6”)作为当前层,选择魔棒工具在中间椭圆区域处单击,回到“图层 13”中,删除选区内的图像,如图 7-50 所示。

图 7-49 手提袋侧面效果

图 7-50 手提袋正面效果

(8) 另一手提袋使用的素材图片是“手提袋侧面”和“手提袋背面”,贴图方法参照步骤(5)和步骤(6),效果如图 7-51 所示。

(9) 瓶子的贴图使用素材图片“瓶身”,调整大小后移动位置,如图 7-52 所示。这是一个圆柱体,要贴图就要对图片进行变形。按 Ctrl+T 键进行变换,执行“变形”命令进行调整，如图 7-53 所示。

(10) 变形后，将图层的混合模式改为“正片叠底”，对于超出瓶身的部分，可以考虑删除，如图 7-54 所示。其他两个瓶子的贴图可以直接复制，注意图层的顺序，效果如图 7-55 所示。

(11) 贴图已经完成了。下面来制作各部分的倒影。

(12) 制作瓶子的倒影可以将“图层”面板中瓶盖、瓶身、贴图 3 个图层都选中(在单击时按住 Shift 键)，3 个图层一起复制生成的 3 个图层副本，按 Ctrl+E 键使其合并到一个图层进行操作。

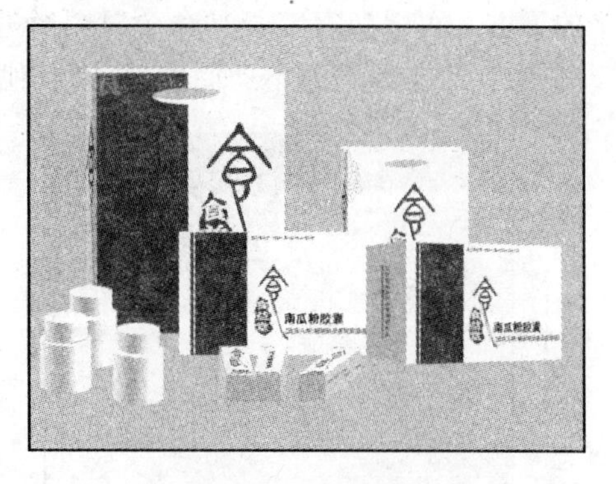

图 7-51　手提袋贴图效果

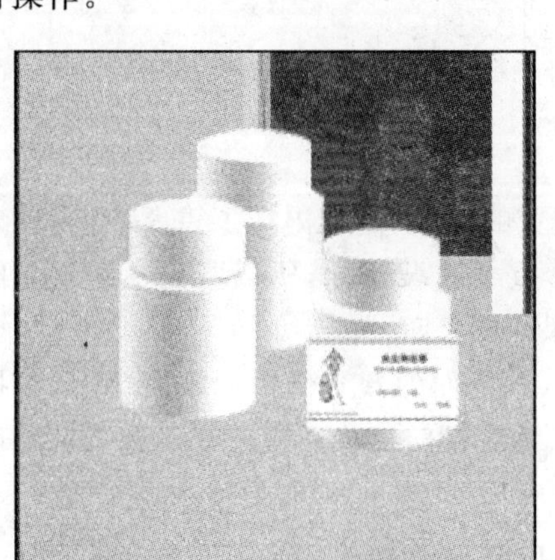

图 7-52　放置素材图片

图 7-53　变形

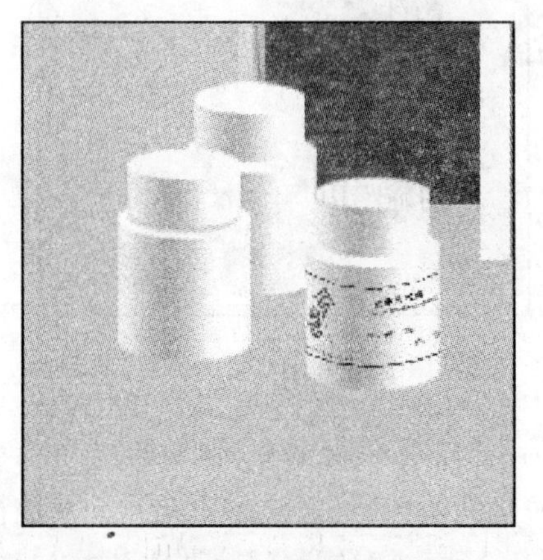

图 7-54　改变混合模式

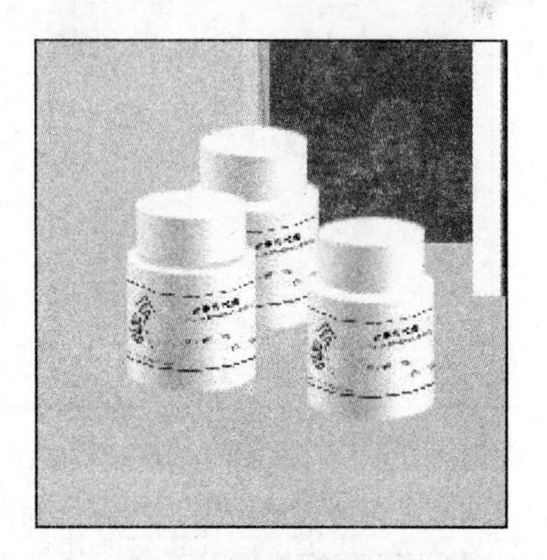

图 7-55　瓶子贴图效果

(13) 对合并的图层按 Ctrl＋T 键进行变换。选择“垂直翻转”选项，将对象移动到瓶子的下方。可以执行“变形”命令对图形进行调整，如图 7-56 所示。

(14) 改变图层的不透明度，复制其他两个瓶子的倒影部分，如图 7-57 所示。

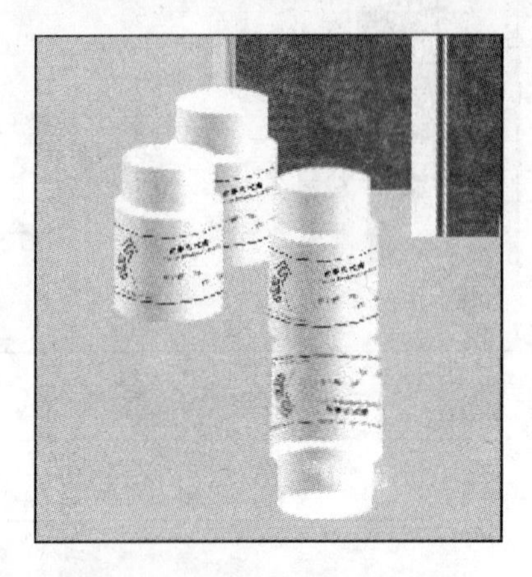

图 7-56　垂直翻转并调整位置

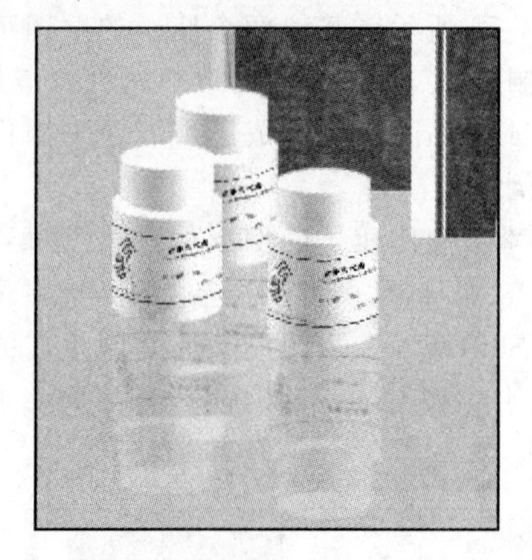

图 7-57　改变不透明度并复制

(15) 可以发现，左边的两个瓶子因为摆放位置的关系，倒影出现了重叠，这种现象不符合常理。所以要把后面瓶子的倒影与前面倒影重叠区域删除，所以要先找到前面倒影的选区，在后一倒影图层中按 Delete 键删除，效果如图 7-58 所示。

(16) 接下来制作盒子的倒影，如图 7-59 所示。正面的盒子倒影比较简单，只要把贴图和原来模型中相应的图层选中以后，统一复制、垂直翻转变换后再改变不透明度即可。

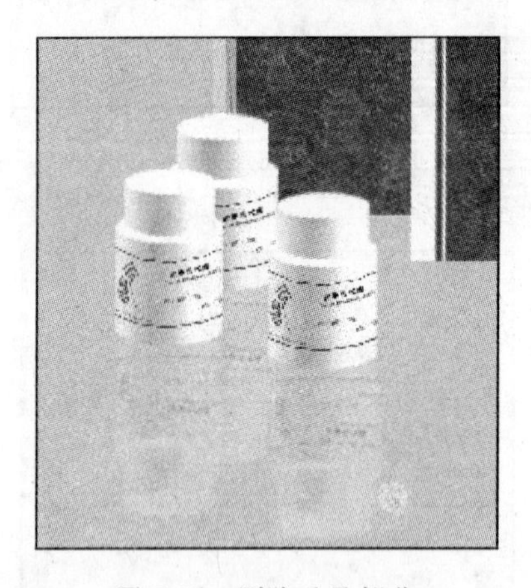

图 7-58　删除重叠部分

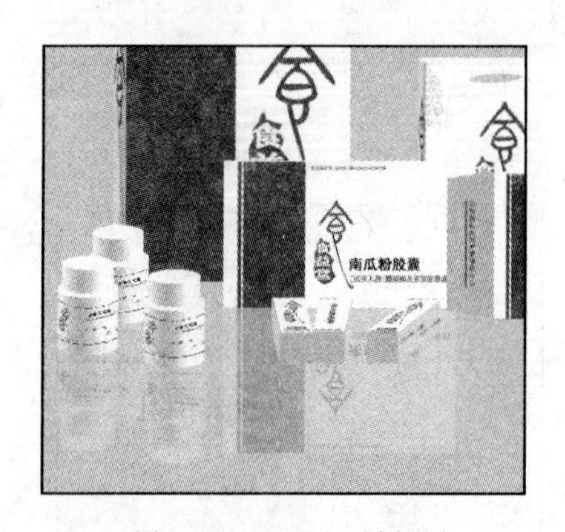

图 7-59　正面盒子倒影

(17) 制作带有透视关系的盒子倒影时，因为两个面的透视效果不一样，所以通常会分别对两个面制作倒影。可以先复制如图 7-60 所示的正面，垂直翻转后移动到正面的下方，在变换框不取消的情况下，执行“斜切”命令，向上拖动右侧中间的节点使其相接，如图 7-61 所示。

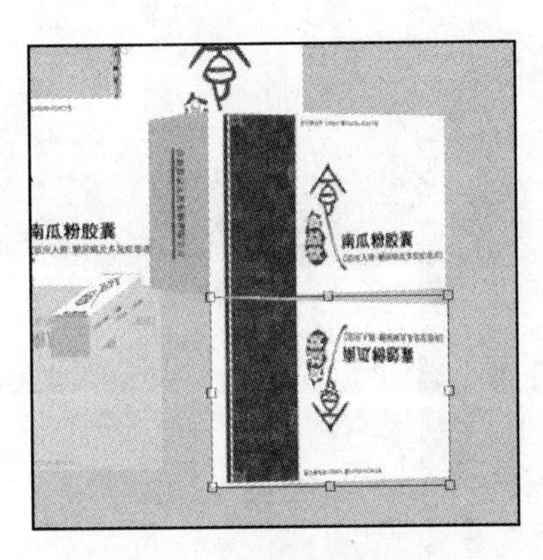

图 7-60　垂直翻转并移动

图 7-61　斜切变换

(18) 另一侧面的倒影部分与其类似，只是注意斜切的方向和角度。调整两个倒影的不透明度，如图 7-62 所示。

(19) 正面的盒子倒影与步骤(17)中的倒影有重合，可参看步骤(14)进行删除，效果如图 7-63 所示。

图 7-62　“倒影”效果

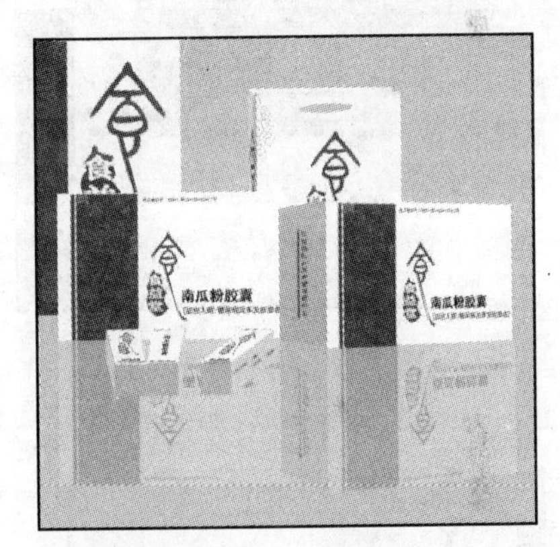

图 7-63　删除重叠区域

(20) 小盒子与手提袋的倒影制作可参看步骤(16)～步骤(18)，此处不再赘述，效果如图 7-64 所示。

(21) 接下来制作简单的投影效果。以盒子为例。按住 Ctrl 键，单击“图层”面板中相应图层的缩略图，找到正面盒子的选区，羽化 3 像素，填充深灰色，如图 7-65 所示。调整图层顺序，移动到如图 7-66 所示的位置。

(22) 带透视效果的盒子投影要两个面分别做投影，选区羽化 3 个像素，就可以实现如图 7-67 所示的效果。

(23) 小盒子和手提袋的投影效果可以参看步骤(20)和步骤(21)，效果如图 7-68 所示。

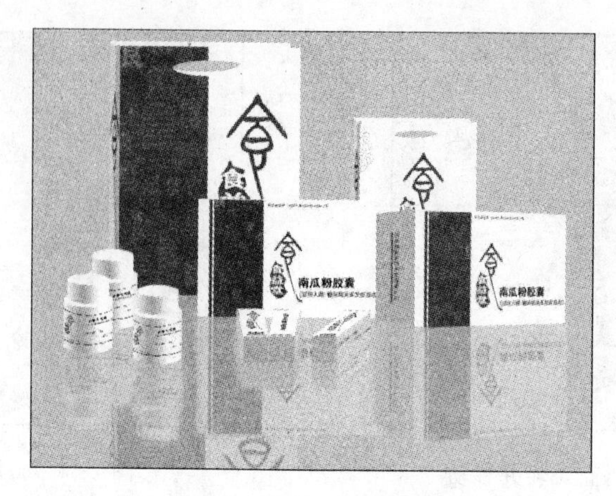

图 7-64　倒影总体效果

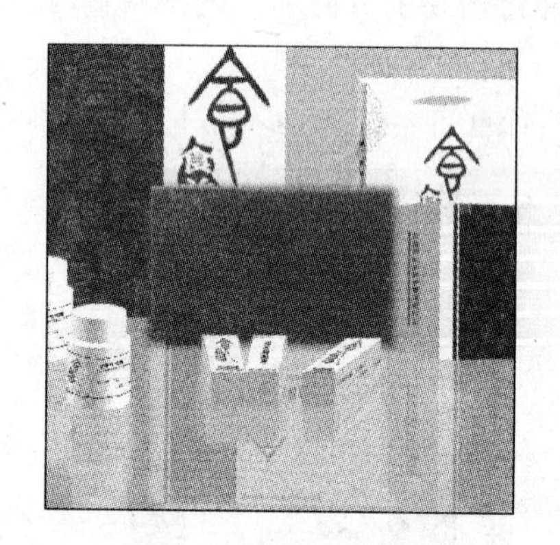

图 7-65　羽化并填充选区

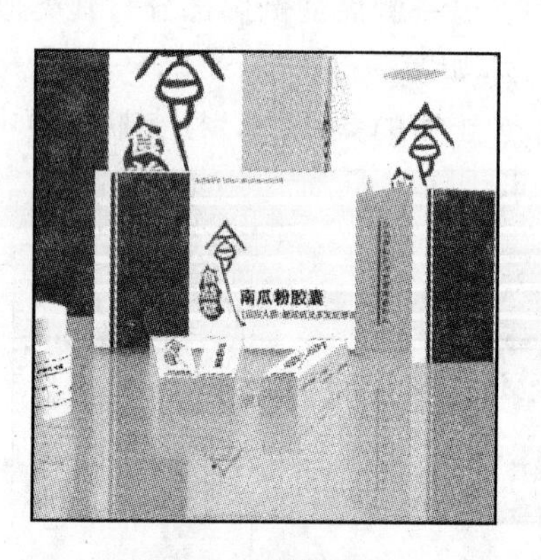

图 7-66　调整位置

图 7-67　盒子的投影效果

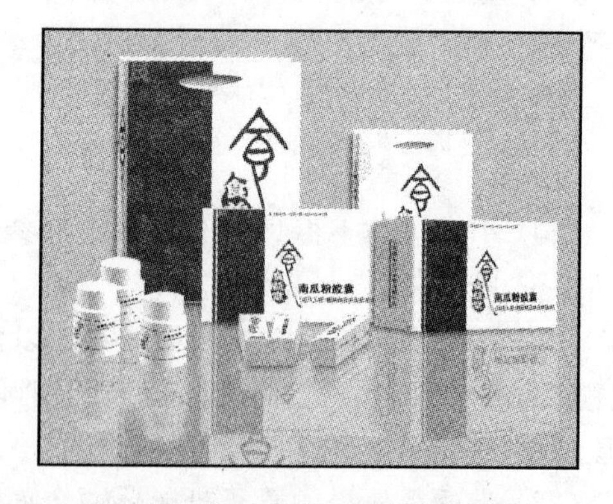

图 7-68　手提袋和小盒子投影效果

(24) 瓶子的投影分为瓶底和瓶盖两部分。因为是圆柱体的瓶子,它的投影部分只在瓶底出现椭圆形的阴影就可以了。所以制作投影时可以先新建图层,使用椭圆选框工具绘制椭圆选区,如图 7-69 所示。羽化 3 像素后,填充深灰色,并调整图层顺序,如图 7-70 所示。

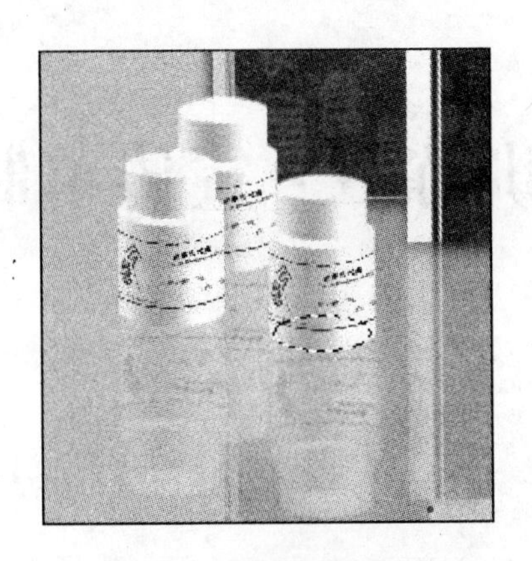

图 7-69　绘制椭圆选区

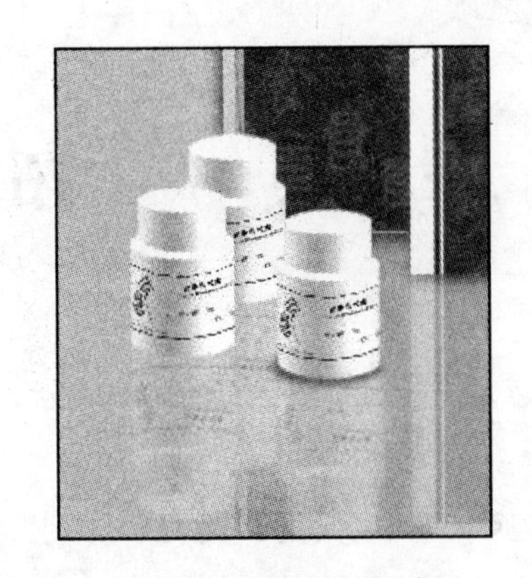

图 7-70　调整图层顺序

(25) 复制这个投影，分别制作瓶盖和其他两个瓶子的投影部分，效果如图 7-71 所示。

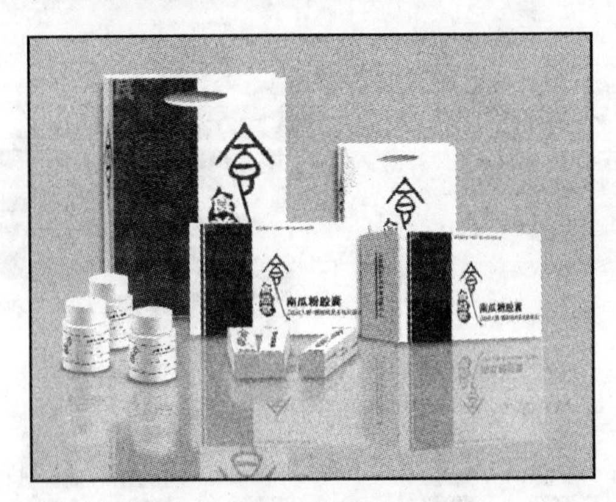

图 7-71　投影总体效果

(26) 回到背景层，选择渐变工具。编辑渐变颜色为 RGB(139,175,160)到白色的渐变，从左下角向右上角线性填充渐变色，并将制作的“标志”拖曳到文件的右上角，最终效果如图 7-72 所示。

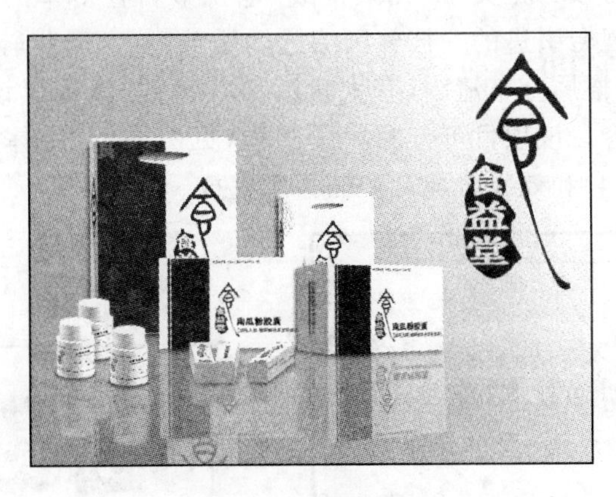

图 7-72　最终效果

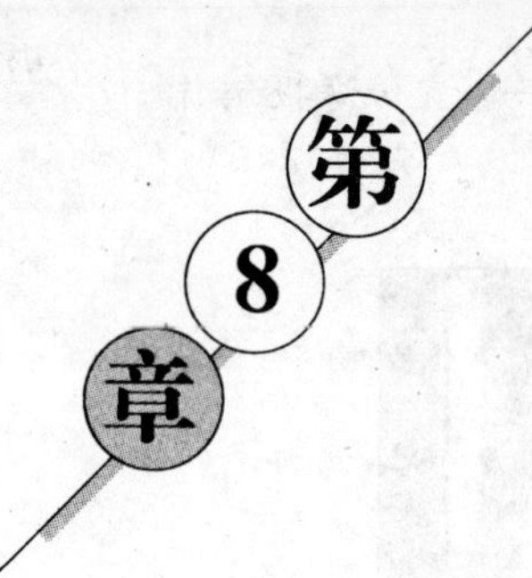

拓展训练二：宣传单制作

8.1 效果展示

宣传单的效果如图 8-1 所示。

图 8-1 宣传单效果图

这个练习项目是关于“无限挑战”电视节目宣传单的制作。“无限挑战”节目是吉林电视台引进的一档韩国综艺娱乐节目，深受年轻人的喜欢。整个宣传单颜色鲜明、格局分布清晰，有大量的照片特效，体现了该节目时尚、新潮及强大的明星阵容。该项目可分为背景制作（见图 8-2）、字体设计（见图 8-3）、图像处理（见图 8-4）和效果合成几个任务来完成。

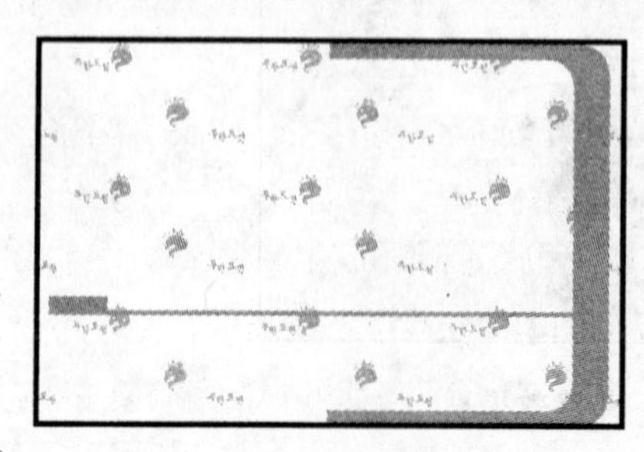

图 8-2 背景制作

图 8-3 字体设计

图 8-4　图像处理

8.2　背景制作

（1）按 Ctrl＋N 键打开“新建”对话框，设置文件属性如图 8-5 所示。

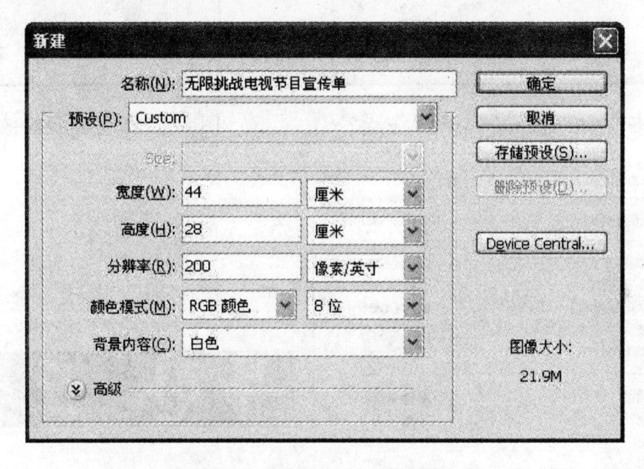

图 8-5　“新建”对话框的设置

（2）在“路径”面板下新建“路径 1”，用钢笔工具绘制如图 8-6 所示的闭合路径。然后切换到转换点工具，调整各锚点，将路径形状调整为如图 8-7 所示效果。

（3）在“路径”面板下新建“路径 2”，再次用钢笔工具绘制一条闭合路径，调整后效果如图 8-8 所示。

（4）在“图层”面板中新建“图层 1”，在“路径”面板中将“路径 1”和“路径 2”调整并组合后，用深灰色填充路径，然后对标志加以修饰，效果如图 8-9 所示。

（5）接下来输入“无限挑战”4 个韩文字。可以下载一些韩文字体安装或直接粘到字库中，可以运用翻译工具，将“无限挑战”的韩语解释复制到 Photoshop 文件中。选择文字工具，确定文字起点后，将已复制的 4 个韩文字粘贴出来即可，然后调整字体如图 8-10 所示。

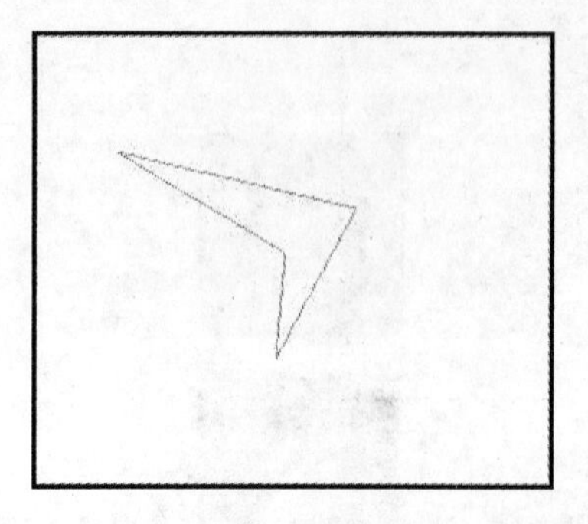

图 8-6　绘制闭合“路径 1”

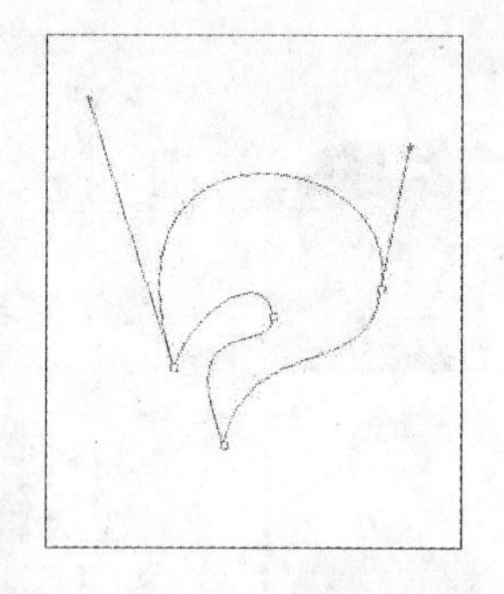

图 8-7　用转换点工具调整路径

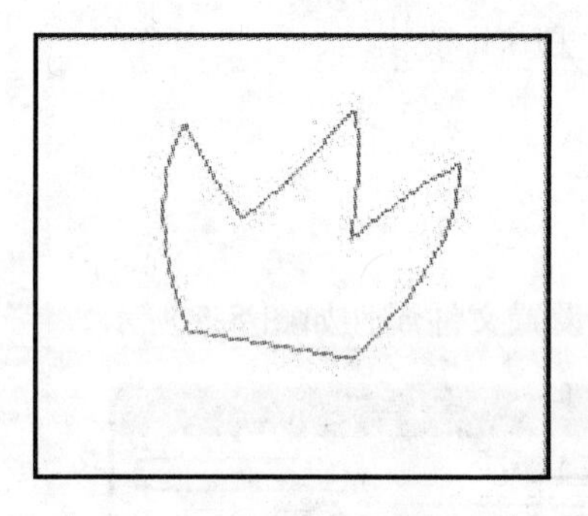

图 8-8　绘制并调整闭合“路径 2”

图 8-9　填充路径后效果

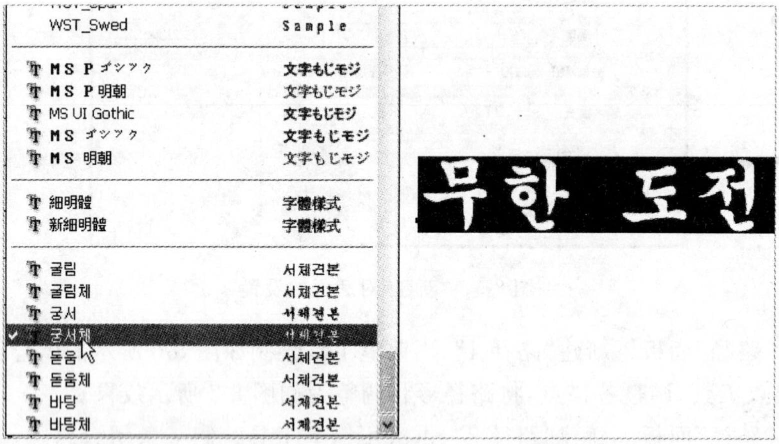

图 8-10　设置韩文字的字体

(6) 调整文字大小后，在“文字图层”面板上右击，选择“栅格化文字”选项，这样便将文字图层变成了普通图层，调整文字排列位置，效果如图 8-11 所示。

(7) 将标志图案图层和文字图层位置进行调整后，用矩形选框工具框选，然后执行“编辑”|“定义图案”命令，如图 8-12 所示。

(8) 执行“编辑”|“填充”命令，选择已定义好的图案将背景填充，可适当调整图层透明度，填充效果如图 8-13 所示。

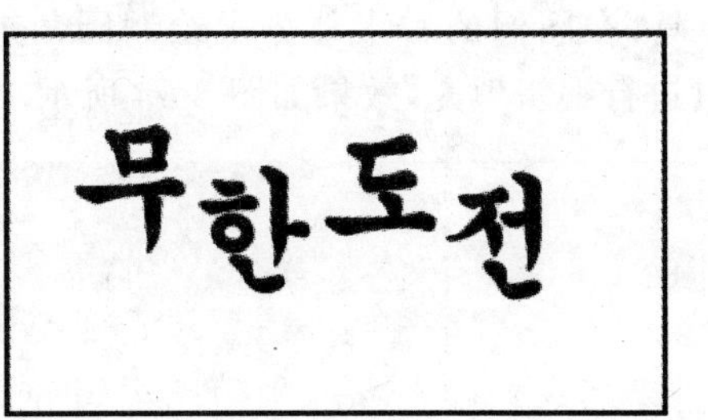

图 8-11　调整文字排列位置后的效果

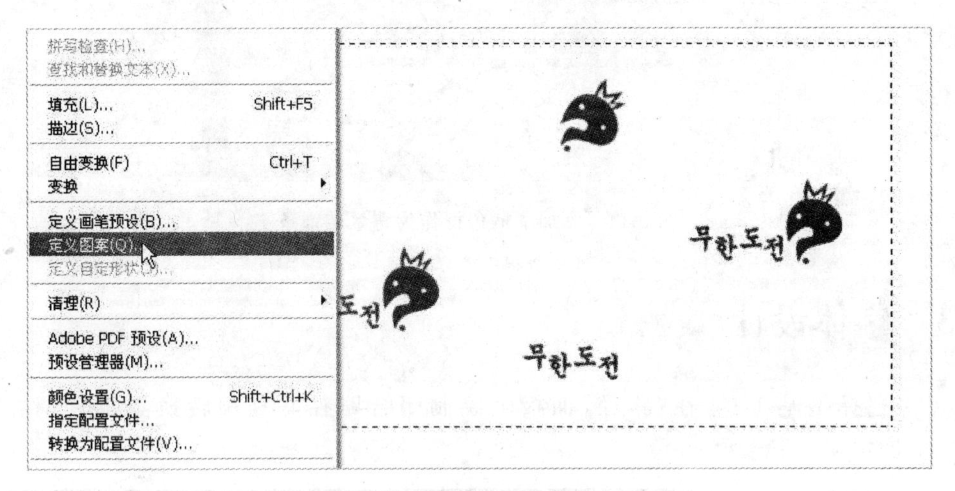

图 8-12　定义标志及文字组合的图案

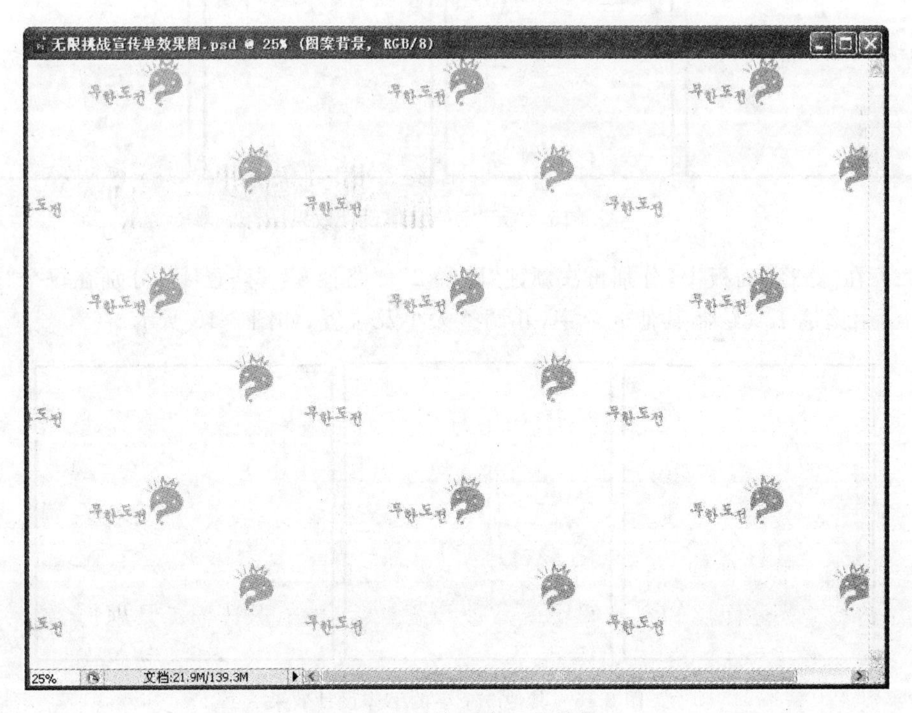

图 8-13　填充图案后的效果

(9) 选择圆角矩形工具,在图像的右半部分中绘制圆角矩形后变换并填充橘黄色。其他位置用矩形选框工具进行编辑填充,效果如图 8-14 所示。

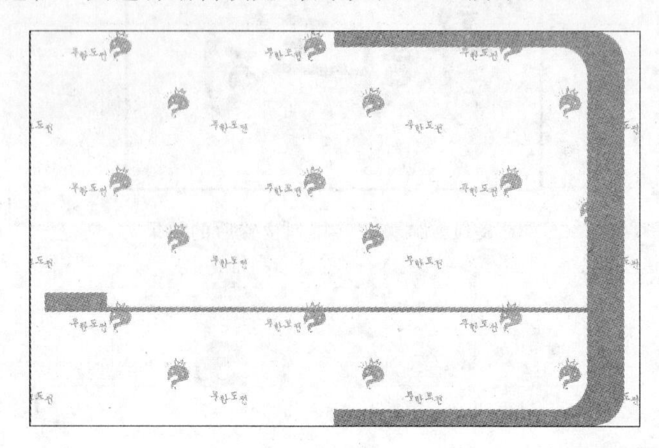

图 8-14 添加了橘色框作为背景装饰条

8.3 字体设计

(1) 选择钢笔工具,在"路径"面板上绘制闭合路径并利用转换点工具调整,如图 8-15 所示。

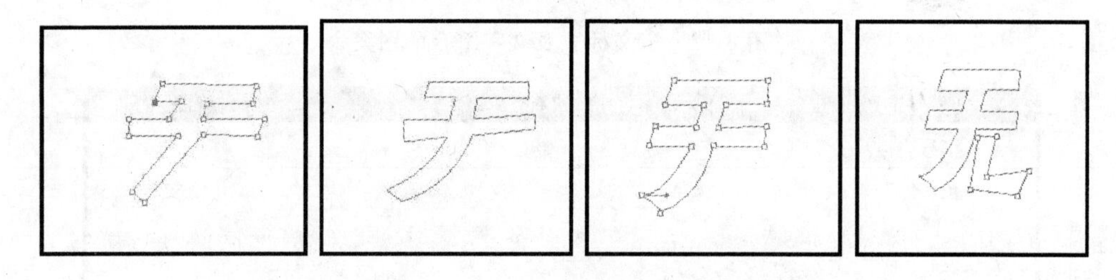

图 8-15 "无"字的字体设计效果

(2) 在"路径"面板中,分别再次新建"路径 2"、"路径 3"、"路径 4",分别在每个"路径"面板上,用钢笔工具绘制其他 3 个字,并调整大小及位置,如图 8-16 所示。

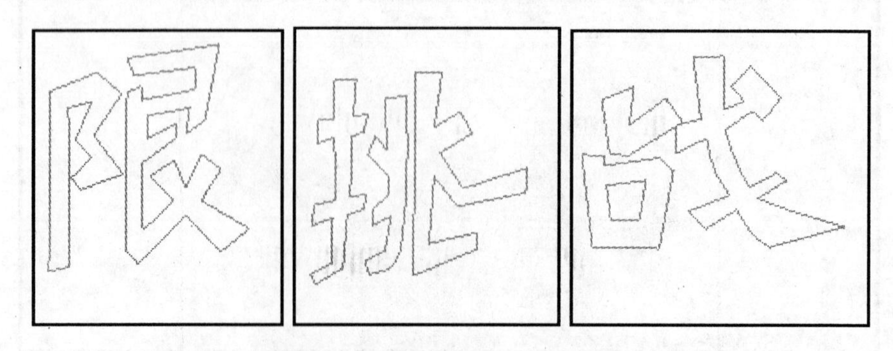

图 8-16 其他 3 个字的字体设计效果

（3）依次新建 4 个图层，选择不同的前景色。在“路径”面板中，依次激活“路径 1”、“路径 2”、“路径 3”、“路径 4”，在对应的图层中，分别执行填充路径操作，图层效果如图 8-17 所示。

图 8-17　填充了不同颜色的路径文字

（4）在其中一个文字的图层中，设置“投影”和“描边”的图层样式后，在“图层”面板上右击，选择“拷贝图层样式”选项，在其他 3 个文字的图层中分别执行“粘贴图层样式”命令，效果如图 8-18 所示。

图 8-18　设置图层样式后的字体效果

8.4　图像处理

（1）打开素材文件夹“神话 PK 6 大名嘴”中的素材图片，分别移入到宣传单文件中生成的一系列图层，链接这些图层后，按 Ctrl＋T 键变换图像的大小，然后取消链接。

（2）分别调整各图层图像位置后，将每个图层都添加图层蒙板。

（3）设置前景色为黑色，选择柔角画笔工具，在每个图层的蒙板中涂抹图像的边缘，使边缘不可见，这样一组图片调整完后，效果如图 8-19 所示。

图 8-19　图层蒙板调整后的第一组图像效果

(4) 用同样的方法设置并调整其他两组图像效果，使每组图像中的各图片的边缘不可见，看起来一组图片很自然地融合在一起，效果分别如图 8-20 和图 8-21 所示。

图 8-20　第二组图像效果

图 8-21　第三组图像效果

(5) 在需要调整颜色、亮度/对比度、色阶等色彩校正的图像上右击，快速切换到其所在图层，执行“图像”|“调整”子菜单中的各命令，进行色彩校正。

(6) 分别在每组图像的最下层的下方新建图层，再依次设置前景色为浅黄色、浅青色、浅灰色等颜色，选择画笔刷形分别为喷溅和粉笔等，如图 8-22 所示。在图像组的下方沿着图像的边缘涂抹，然后用相同刷形的橡皮擦工具修整画笔绘制的图像边界效果，如图 8-23～图 8-25 所示。

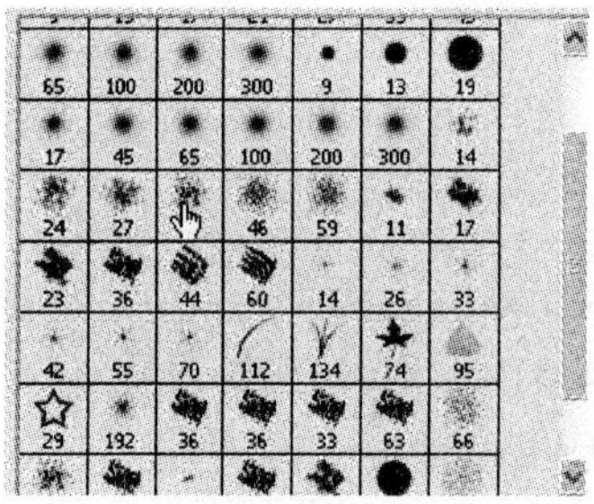

图 8-22　选择适当的画笔刷形

图 8-23　添加了图像边缘效果的第一组图像

图 8-24　第二组图像效果

图 8-25　第三组图像效果

(7) 接下来进行图像下部的人物抠图和效果处理。具体的方法可以参见前面学过的知识，具体情况具体分析，分别将 12 张图片进行处理。这个步骤应该是最费时间的，如果想将图像效果处理得得心应手，需要不断地练习，这里就不赘述了。

(8) 将两组各 6 张图片调整为大小基本一致后叠放在一起，然后选择圆角矩形工具，设置合适的圆角半径，在临近这组图像边缘内侧绘制圆角矩形路径后，在"路径"面板将路径转换为选区。

(9) 按 Ctrl＋Shift＋I 键，反选选区后，分别激活 6 张图片的各个图层，按 Delete 键删除图片的外边，使每组图像大小完全一致。

(10) 按 Ctrl＋R 键打开标尺，选择移动工具从水平和垂直标尺上分别拖动画出多个参考线，对齐标尺相应刻度，确定各个图像图层的所在位置进行调整，与参考线对齐。

(11) 对某一图层的图像设置"投影"和"描边"图层样式效果后，复制图层样式并粘贴到其他图像所在图层中，并输入与图片对应的文字，设置同样的图层样式，效果如图 8-26 和图 8-27 所示。

图 8-26　第一组嘉宾阵容的排列效果

图 8-27　第二组嘉宾阵容的排列效果

8.5　效果合成

(1) 从标尺上拖出水平和垂直参考线各两条，确定一个文本所在的矩形区域。选择横排文字工具，沿着参考线所框选的矩形边缘拖动确定输入文本区域，如图 8-28 所示。

(2) 在文本框内输入相应文字，然后分别选中此文字图层中的相应文字，进行字体、字号、字间距的设置，如图 8-29 所示。

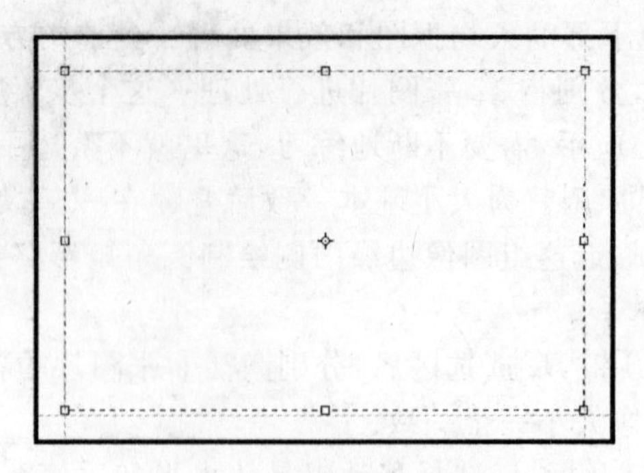

图 8-28　确定文本输入区域

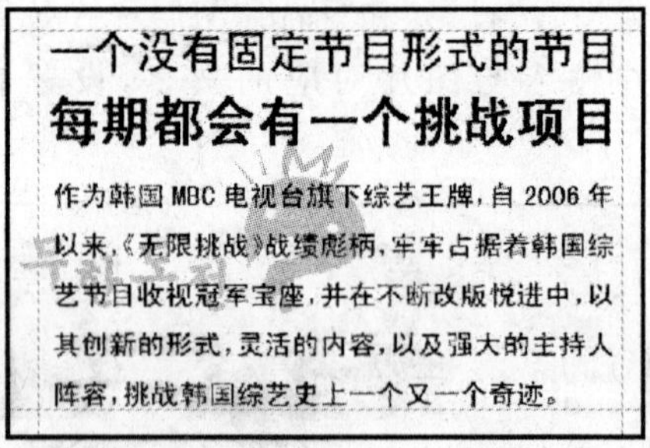

一个没有固定节目形式的节目
每期都会有一个挑战项目
作为韩国 MBC 电视台旗下综艺王牌，自 2006 年以来，《无限挑战》战绩彪柄，牢牢占据着韩国综艺节目收视冠军宝座，并在不断改版悦进中，以其创新的形式，灵活的内容，以及强大的主持人阵容，挑战韩国综艺史上一个又一个奇迹。

图 8-29　对同一段文本设置不同的文字效果

(3) 再次选择横排文字工具，输入其他文字，如图 8-30 所示。其中相同效果的图层可通过复制图层后，再选中其文字就可更改文字信息。

专业运动
如橄榄球、剑道、跆拳道、乒乓球、高尔夫、格斗、舞蹈、花样滑冰、足球等。
休闲游戏
如心有灵犀、文字接龙、猜拳、追赶火车等。
生活技能
如打扫房间、厨艺比赛、用最短的时间或最少的钱从某地到某地等；演艺、搞笑类，如模仿表演某个舞蹈或某个电影、到一个陌生的国家检验自己的人气、脸蛋搞笑对决、模特表演。

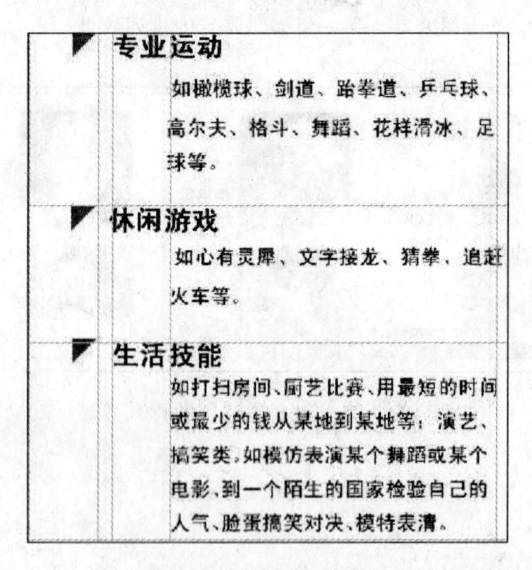

图 8-30　文字设置效果

(4) 将本项目中其他部分所涉及的文字依次输入后设置适当效果，调整本项目中各组图像的位置以及大小比例等。按 Ctrl＋H 键隐藏参考线，宣传单最终效果如图 8-1 所示。

第9章

拓展训练三：杂志广告制作

9.1 效果展示

杂志广告的效果如图 9-1 和图 9-2 所示。

图 9-1　插页广告外页效果图

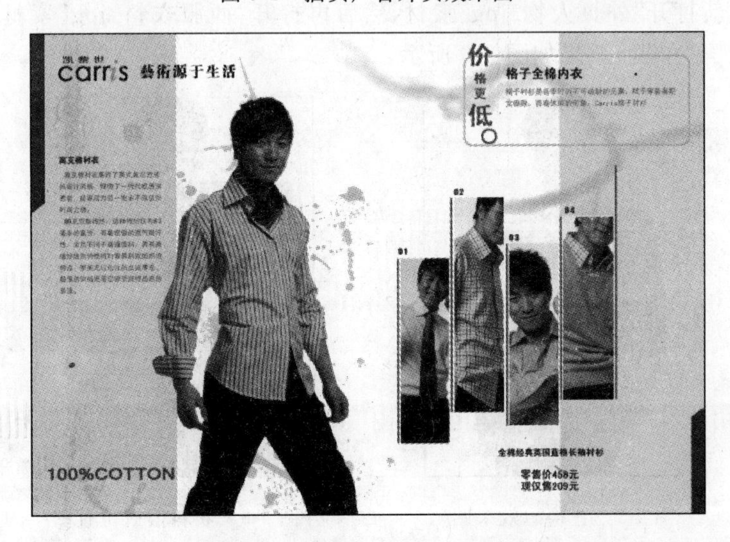

图 9-2　插页广告内页效果图

这个项目是“凯黎世”全棉内衣广告。这是一本时尚杂志的插页广告,该插页广告是二折页广告,分外页和内页两部分,图 9-1 和图 9-2 分别是插页广告外页和插页广告内页效果图。广告的主色调灰色和背景中水墨效果搭配在一起,彰显着企业浓厚的文化气息。另外画面中的模特及多款男式衬衫的展示,不但表现得非常大气,也充分体现了时代的气息,整个广告给人一种时尚感。该项目分为服饰处理、背景制作和效果图合成 3 个任务。

9.2 服饰处理

(1) 制作置换源。打开如图 9-3 所示的素材“外页人物.jpg”,首选复制背景层,然后执行“图像”|“调整”|“去色”命令,再执行“图像”|“调整”|“色阶”命令,主要是增强黑白对比度,要适度,不要太过,调整色阶的参数,如图 9-4 所示。然后将其存为 PSD 格式的文件,作为置换滤镜的置换源,效果如图 9-5 所示。

图 9-3 外页人物素材

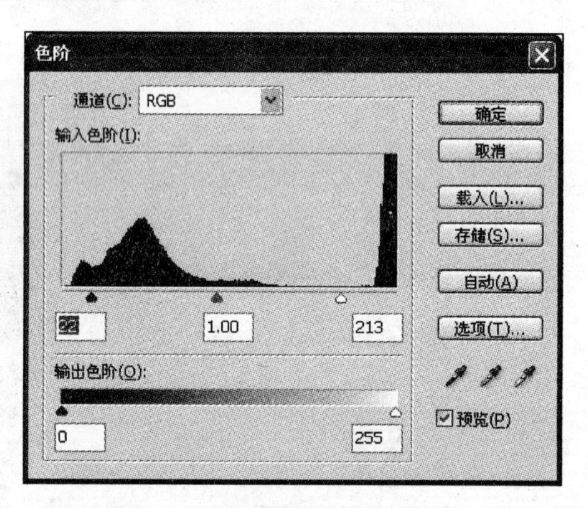

图 9-4 调整色阶

(2) 再重新打开“外页人物.jpg”素材,然后再打开“西服衣料.jpg”素材,并将其拖放到人物身上,摆好位置,效果如图 9-6 所示。

图 9-5 置换源效果图

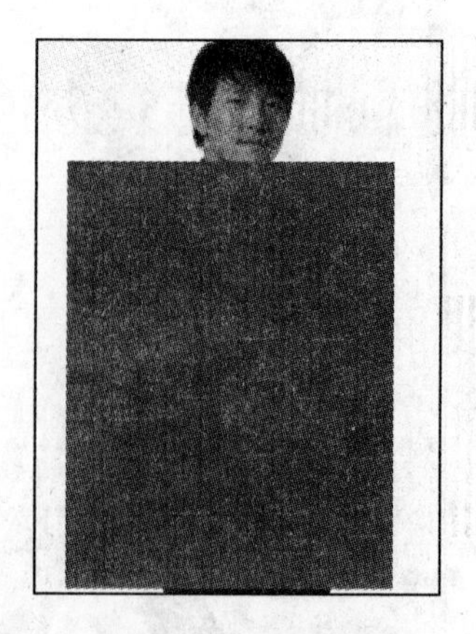

图 9-6 衣料摆放位置图

(3) 执行"滤镜"|"扭曲"|"置换"命令，弹出"置换"对话框，对话框参数设置如图 9-7 所示。单击"确定"按钮后，置换图选择刚才保存好的那个 PSD 格式的文件，置换后效果如图 9-8 所示。

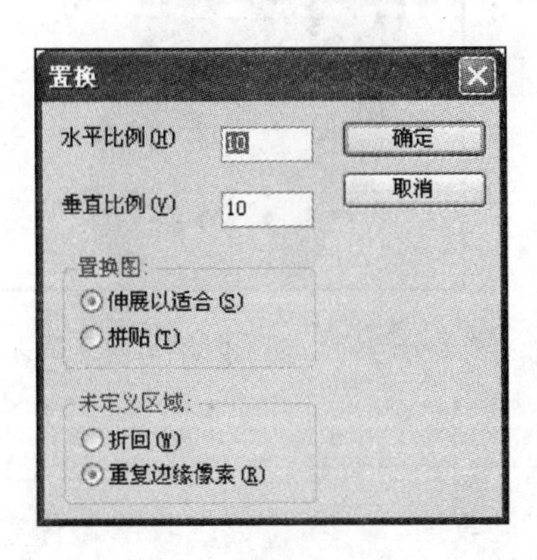

图 9-7　"置换"对话框

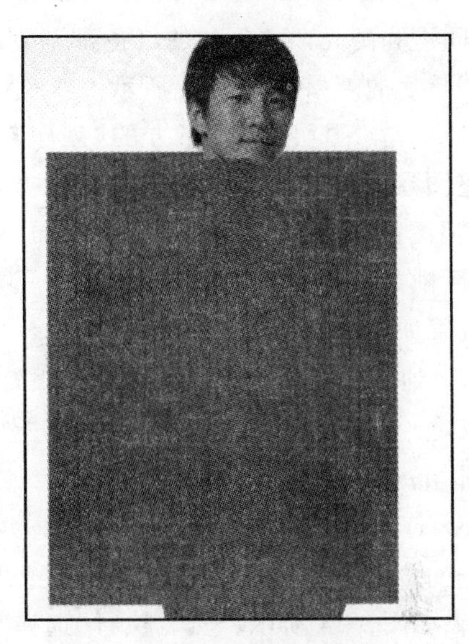

图 9-8　置换后效果图

(4) 选区制作。先隐藏布料层，制作出如图 9-9 所示的西服选区，并羽化 1 像素，反选，然后显示并选中布料层，按 Delete 键删除多余的布料，并将布料层的图层混合模式改为正片叠底，效果如图 9-10 所示。

图 9-9　西服选区

图 9-10　删除多余布料后效果图

(5) 调整西服的颜色。复制布料层，然后将其隐藏，在布料副本图层中执行“图像”|“调整”|“色彩平衡”命令，在“色彩平衡”对话框中，将阴影、中间调和高光 3 种色调的红色都调到最大值。色彩调整后的效果如图 9-11 所示。

图 9-11 色彩调整后效果图

(6) 单击“图层”面板下方的“创建新的填充和调整图层”按钮，在所有图层的最上方添加“曲线调整”图层，使整个图像的明度增加一些，“曲线”对话框中参数设置如图 9-12 所示。调整后的图像效果如图 9-13 所示。

(7) 到此为止，该广告外页人物服饰处理已经完成，分别保存成“外页人物.psd”和“外页人物效果图.jpeg”两种格式的文件。

(8) 打开刚保存过的图像文件“外页人物效果图.jpeg”。选取魔棒工具，并选中“连续”选项，选中白色的背景，按 Ctrl+Shift+I 键反选，效果如图 9-14 所示。然后执行“选择”|“修改”|“收缩”命令，将选区收缩 1 像素。再按 Ctrl+J 键复制图层中选区部分的内容到新的图层，效果如图 9-15 所示。

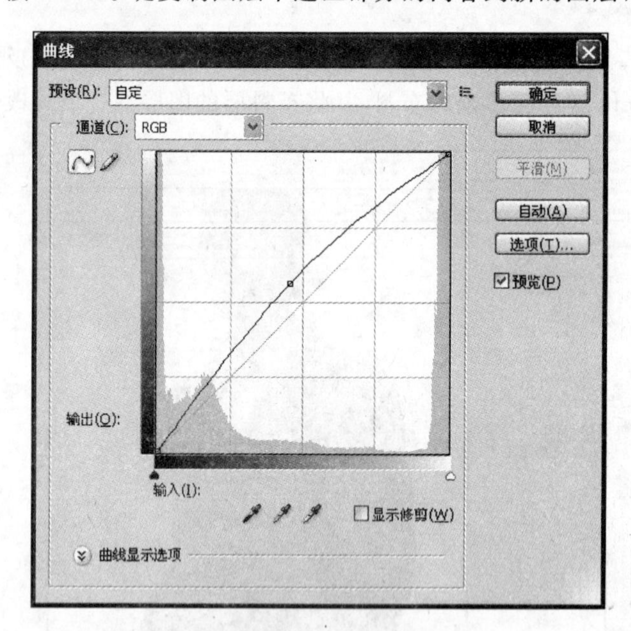

图 9-12 “曲线”对话框

图 9-13 曲线调整后效果图

(9) 可以看到人物头发部分有一些杂色，所以继续利用“抽出”滤镜进行抠图，将头发丝抽出。这里有关“抽出”滤镜的用法不再重复讲解，请读者自己练习。抽出后人物效果如图 9-16 所示。

图 9-14 反选后效果图

图 9-15 复制图层后效果

(10) 将文件另存为“外页人物抠图.psd”,为任务 3 做准备。

(11) 用同样的方法,打开素材文件“内页人物.jpeg”,抠取其中的人物图像。抠出后效果如图 9-17 所示。

图 9-16 抽出后效果

图 9-17 抠出图效果

(12) 将文件另存为“内页人物抠图.psd”,为任务 3 做准备。

9.3 背景制作

1. 插页广告外页背景制作

(1) 新建文件,宽度为420mm,高度为297mm,分辨率72ppi,RGB颜色模式,背景设为白色。

(2) 按Ctrl+R键,打开标尺。在210mm处拖曳一条垂直参考线,效果如图9-18所示。

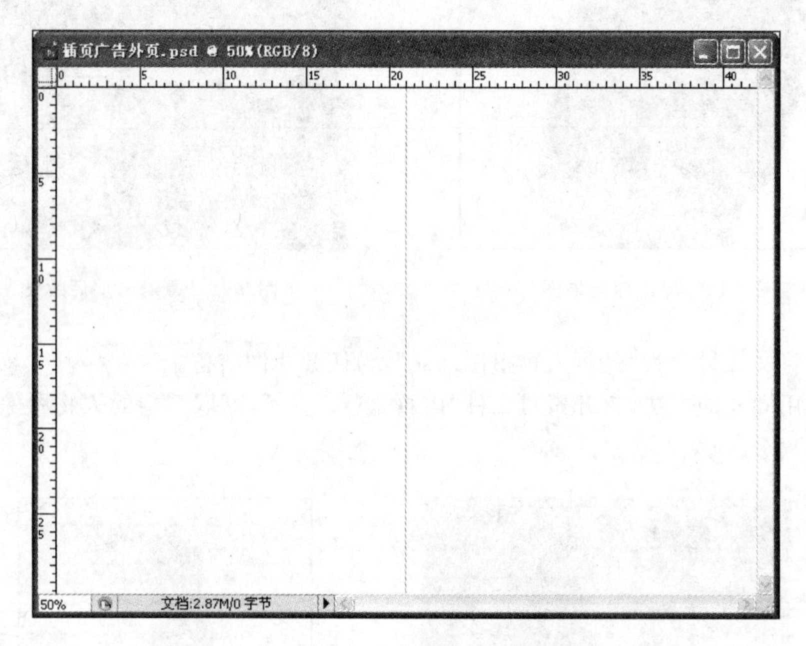

图9-18 参考线效果

(3) 新建图层,并设置前景色为RGB(208,212,211)。然后选取矩形选框工具,在参考线的左侧制作一个矩形选区,按Alt+Delete键填充前景色,效果如图9-19所示。

图9-19 填充后效果

(4) 新建图层,按Ctrl+Shift+I键对选区进行反选,然后设置前景色和背景色,分别为 RGB(234,236,237)、RGB(167,168,169)。再选取渐变工具，选择前景到背景渐变，并适当调整左侧色标的位置，如图 9-20 所示。选择渐变工具选项栏中的“径向渐变”，对选区填充颜色，效果如图 9-21 所示。

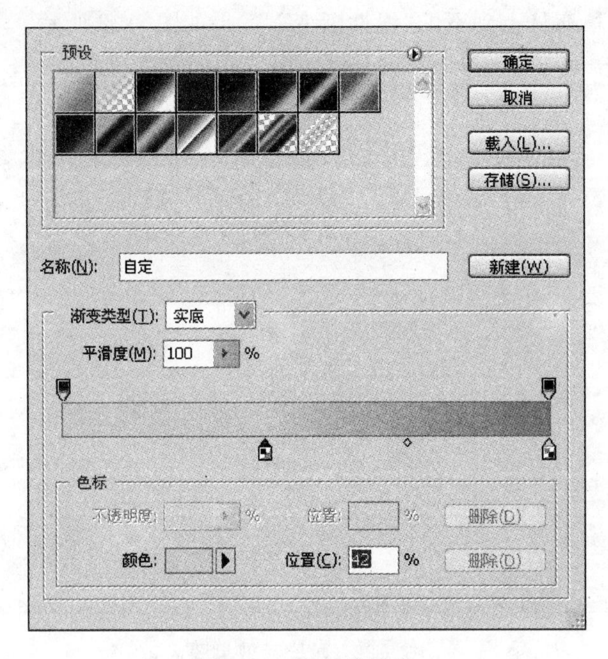

图 9-20 渐变编辑器

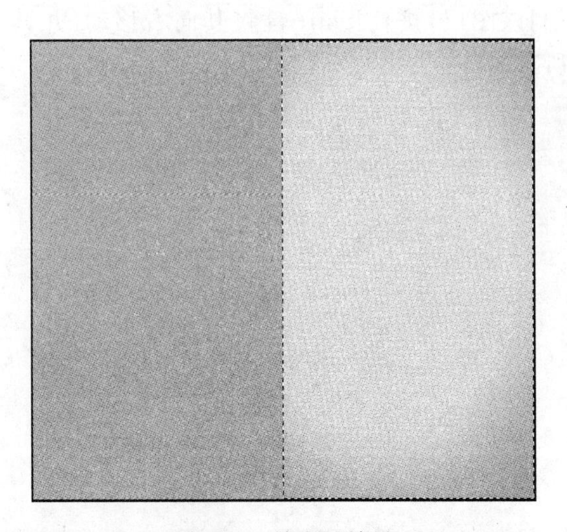

图 9-21 填充后效果

(5) 按 Ctrl+D 键取消选区，插页广告外页背景制作完成。

(6) 保存文件，文件名为“插页广告外页. psd”。

2. 插页广告内页背景制作

(1) 新建文件，宽度为 420mm，高度为 297mm，分辨率 72ppi，RGB 颜色模式，背景设为白色。

(2) 按 Ctrl＋R 键,打开标尺,在 210mm 处拖曳一条垂直参考线。

(3) 新建图层,选取矩形选框工具,在参考线的左侧制作一个矩形选区,该选区宽度为 90mm。然后选取渐变工具,前景色、背景色分别设置为 RGB(228,228,232)、RGB(230,230,231),并填充从上到下的“线性渐变”,效果如图 9-22 所示。

图 9-22　填充后效果图

(4) 取消选区,复制该图层,按住 Shift 键将其向右移动,并调整该图层的不透明为 84%,效果如图 9-23 所示。

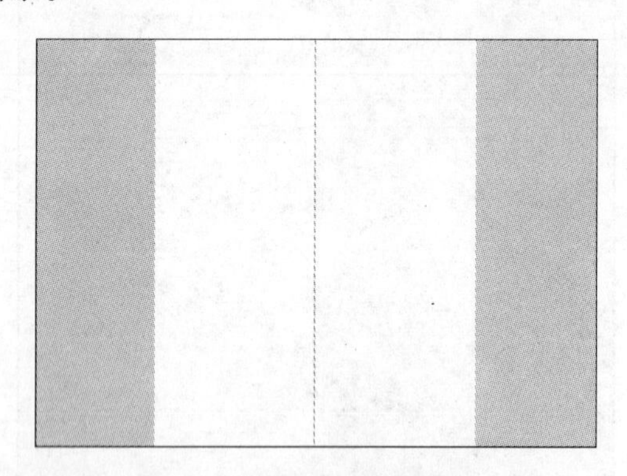

图 9-23　复制移动后效果

(5) 新建图层,使用钢笔工具绘制如图 9-24 所示的路径,按 Ctrl＋Enter 键,填充前景色 RGB(89,87,87),效果如图 9-25 所示。

(6) 复制该图层,对该图层图像进行水平翻转和垂直翻转,并进行适当的调整和移动,效果如图 9-26 所示。

(7) 选择画笔工具,在对应的“画笔”选项栏中选择如图 9-27 所示的“喷枪双重柔边圆形画笔”。

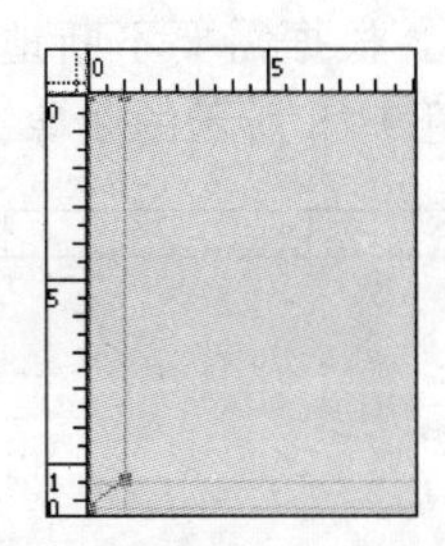

图 9-24　用钢笔工具绘制的路径

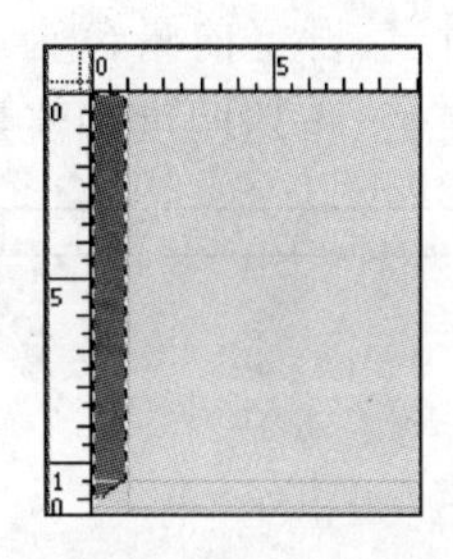

图 9-25　填充后效果

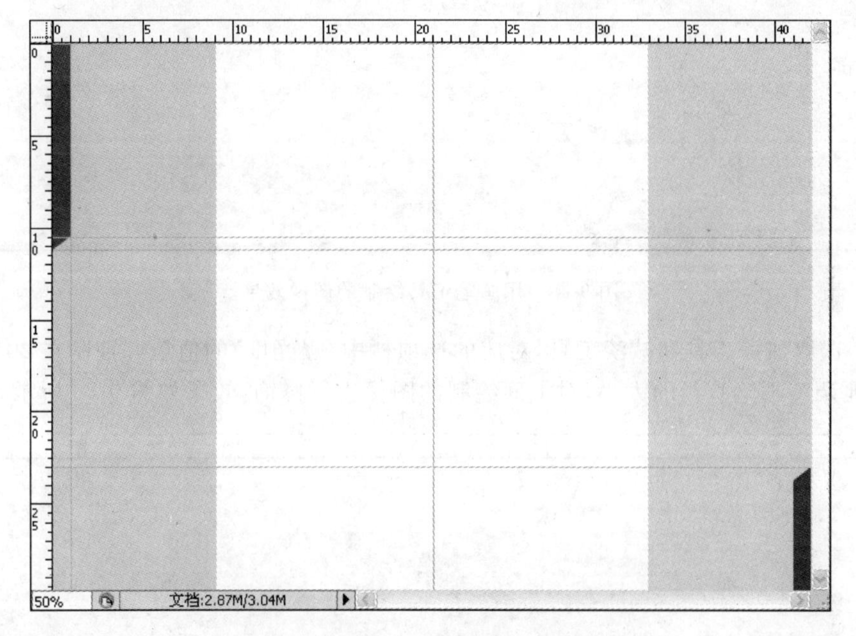

图 9-26　复制调整后效果

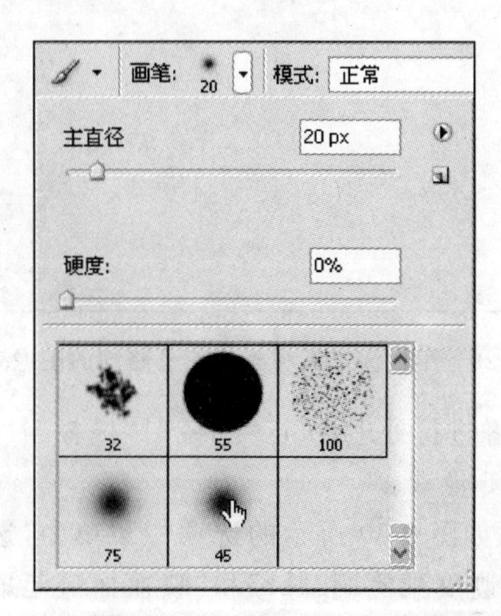

图 9-27　画笔工具选项栏中的画笔

(8) 新建图层，设置前景色为 RGB(207,207,208)。根据需要不断地调整画笔工具选项栏中画笔直径、不透明度和流量的大小值，绘制如图 9-28 所示的图像。

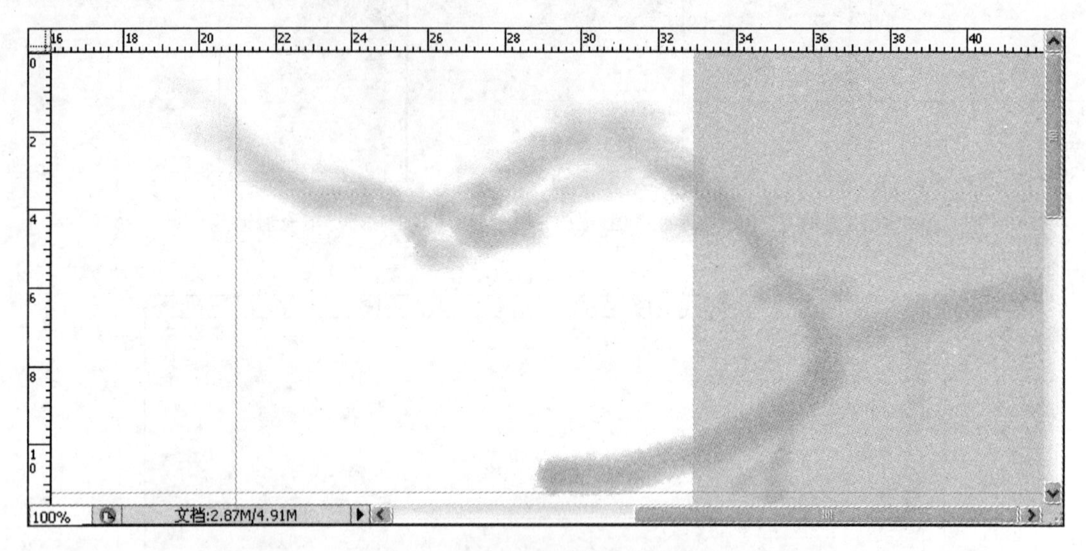

图 9-28 用画笔工具绘制的图像效果

(9) 选取加深工具和减淡工具，对应的选项栏中“曝光度”的值最好控制在 20%以内，并不断地调整画笔直径的大小，对上面绘制的图像进行修饰，效果如图 9-29 所示。

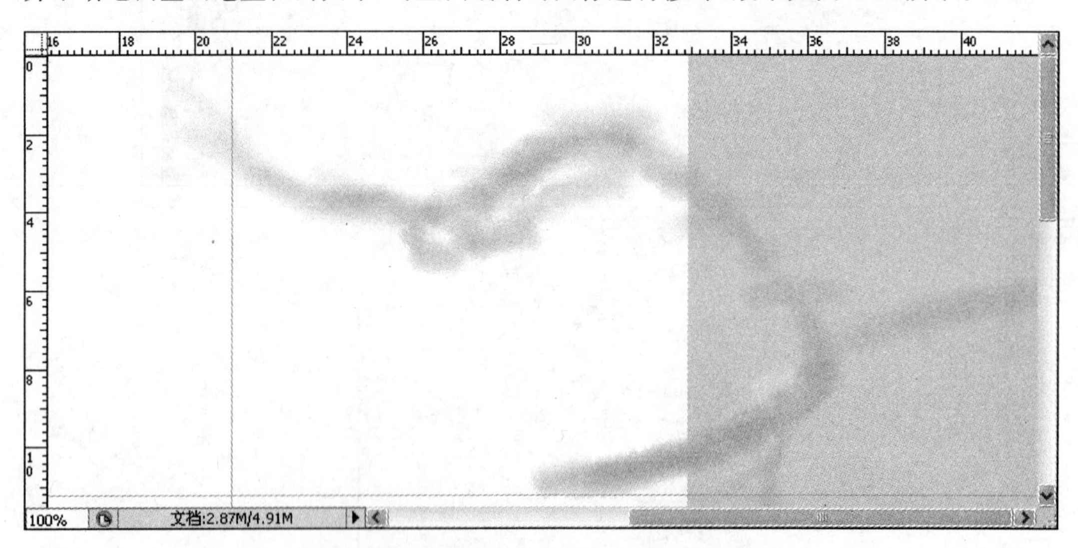

图 9-29 用加深工具和减淡工具修饰的图像效果

(10) 继续对绘制的图像进行处理，执行“滤镜”|“模糊”|“高斯模糊”命令，在弹出的对话框中，将半径值设为 0.5 像素。

(11) 选择画笔工具，在如图 9-30 所示的选项栏菜单中，选择“载入画笔”选项，在打开的对话框中分别载入“墨迹喷溅笔刷.abr”和“喷血血迹笔刷.abr”。然后在如图 9-31 所示的选项栏窗格中就能看到载入的笔刷了。

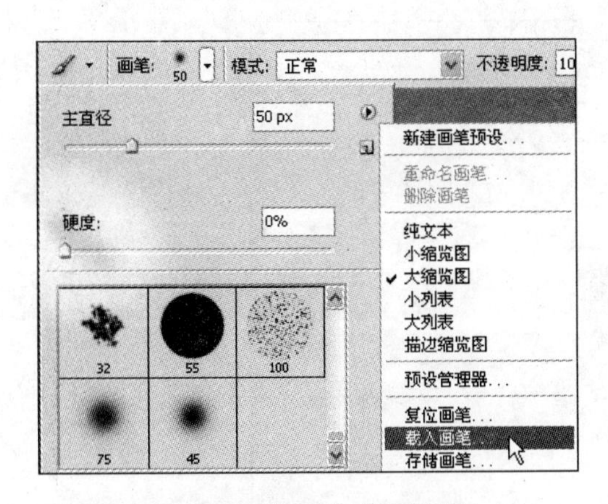

图 9-30　画笔工具选项栏菜单

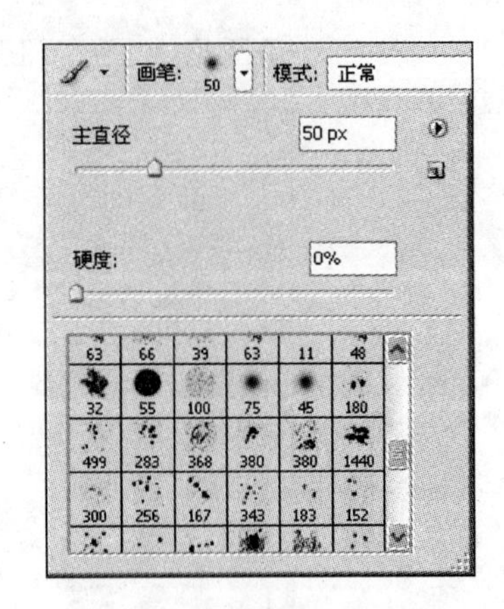

图 9-31　在画笔工具选项栏中载入的画笔

(12) 分别选取新载入的画笔 Sampled Brush10、blood drops2、Sampled Brush3 和 blotch3、splash，绘制如图 9-32 所示的背景图像。

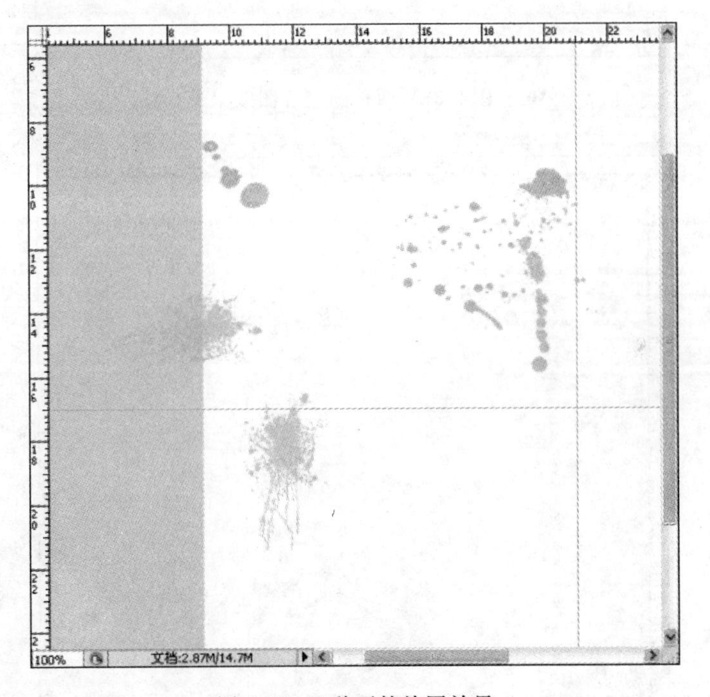

图 9-32　5 种画笔绘图效果

(13) 分别选取新载入的画笔 Sampled Brush2 和 blood，绘制如图 9-33 所示的背景图像。

(14) 分别选取新载入的画笔 drop、blood blotch2、blood splatter2 和 Sampled Brush7，绘制如图 9-34 所示的背景图像。

(15) 分别选取新载入的画笔 blood splatter2 和 Sampled Brush11，绘制如图 9-35 所示的背景图像。

景图像。

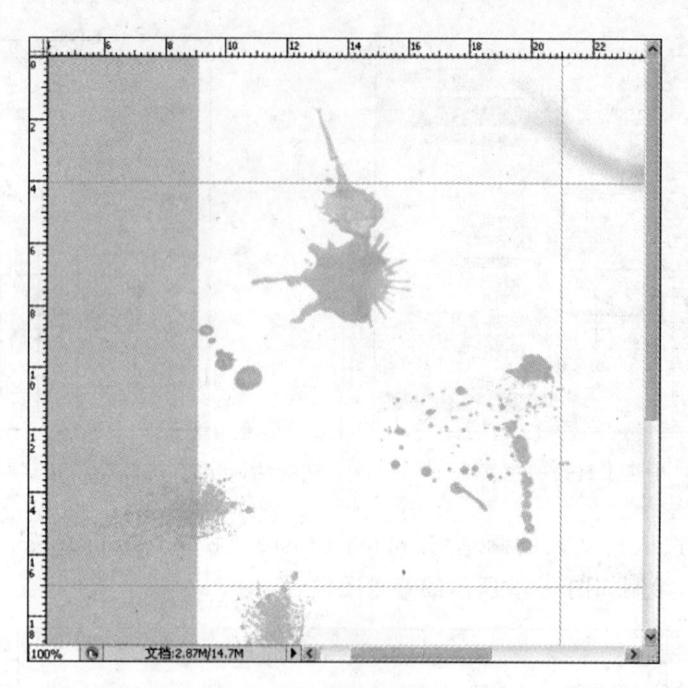

图 9-33　两种画笔绘图效果

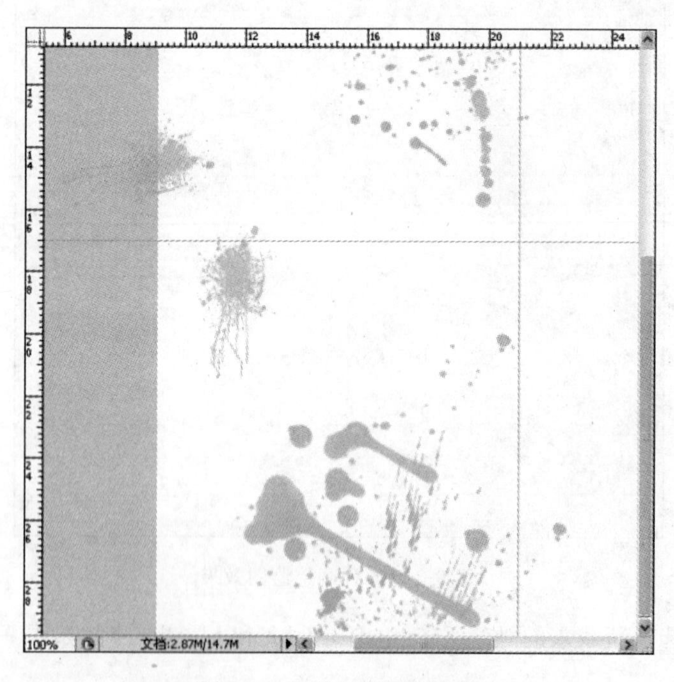

图 9-34　4 种画笔绘图效果

(16) 分别选取新载入的画笔 blood splatter2 和 splatter1，绘制如图 9-36 所示的背景图像。

(17) 分别选取新载入的画笔 blood 和 splatter4，绘制如图 9-37 所示的背景图像。

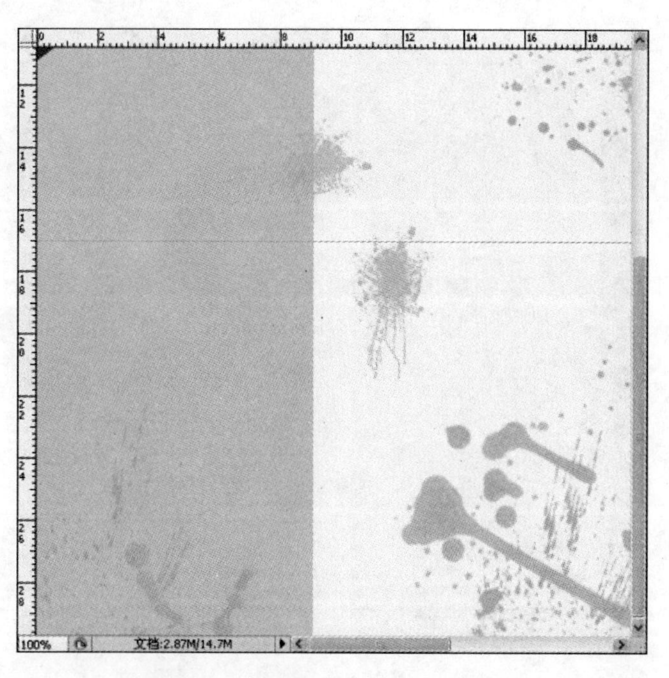

图 9-35　步骤(15)的画笔绘图效果

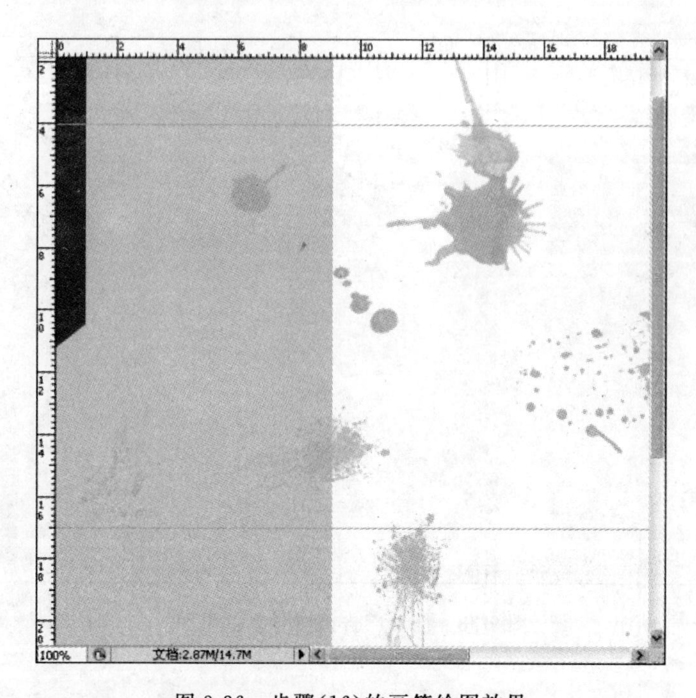

图 9-36　步骤(16)的画笔绘图效果

(18) 到此，插页广告内页背景制作完成，效果如图 9-38 所示。

(19) 保存文件，文件名为“插页广告内页. psd”。

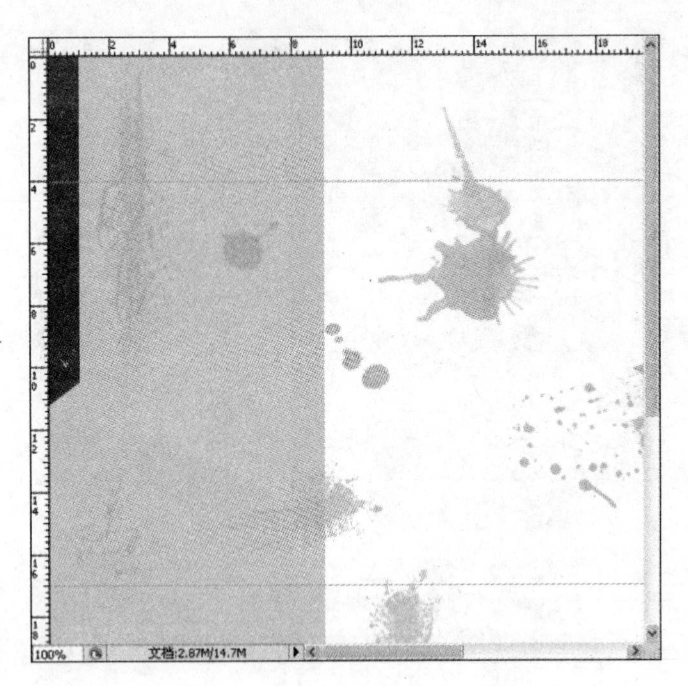

图 9-37　步骤(17)的画笔绘图效果

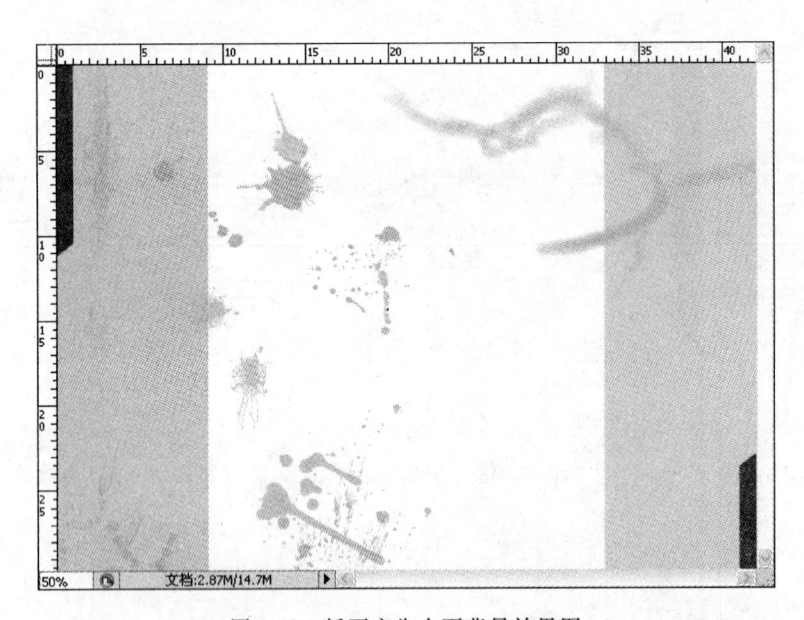

图 9-38　插页广告内页背景效果图

9.4　效果图合成

1. 插页广告外页效果图合成

(1) 打开文件“插页广告外页.psd”。

(2) 新建图层，设置前景色为RGB(175,175,176)。然后选取圆角矩形工具，工具选项栏的设置如图9-39所示，绘制如图9-40所示的图形。

图9-39 工具选项栏的设置

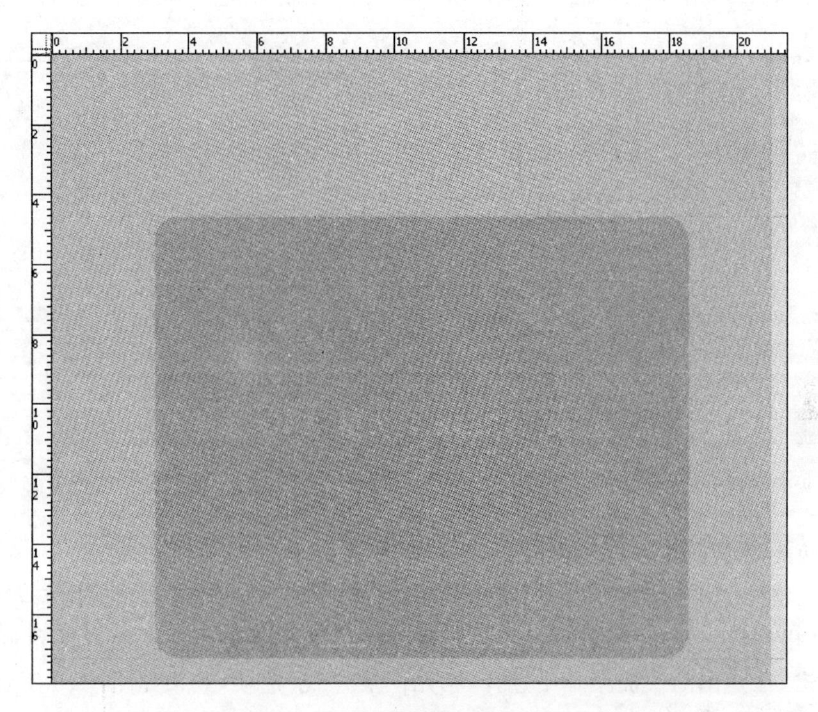

图9-40 绘制的圆角矩形效果

(3) 新建图层，设置前景色为RGB(227,229,227)，并载入圆角矩形的选区。执行"选择"|"修改"|"收缩"命令，将该选区收缩10像素，按Alt+Delete键填充前景色，效果如图9-41所示。

(4) 新建图层，选择画笔工具，载入外挂画笔(任务2中用到的两个笔刷文件)。选取splatter4和blood2两种画笔绘画，并对所绘制的图形进行变形等操作，效果如图9-42所示。

图9-41 选区收缩后的填充效果

图9-42 外挂画笔绘画效果

(5) 打开素材文件"衬衫 1.jpg",利用魔棒工具将衬衫抠出,并复制到当前文件中。用同样的方法将素材文件"衬衫 2.jpg"、"衬衫 3.bmp"和"衬衫 4.bmp"中的 3 件衬衫分别抠出,并分别复制到当前文件中。对 4 件衬衫分别进行大小变换,同时进行适当的旋转,并移动到圆角矩形内,效果如图 9-43 所示。

(6) 打开素材文件"领带.jpg",利用魔棒工具将领带抠出,并复制到当前文件中,效果如图 9-44 所示。

图 9-43 调整变换后的衬衫效果

图 9-44 添加领带后的衬衫效果

(7) 选取文字工具,输入如图 9-45 所示的文字内容。

(8) 选择任何一件衬衫所在的图层都可以,添加"投影"图层样式。然后在该图层上右击,在弹出的快捷菜单中选择"拷贝图层样式"选项,然后分别在其他衬衫和领带所在的图层上右击,在弹出的快捷菜单中选择"粘贴图层样式"选项,效果如图 9-46 所示。

图 9-45 添加文本后的效果

图 9-46 添加样式后的衬衫效果

(9) 打开“外页人物抠图. psd”文件，将抠出的人物复制到当前的文件中，自由变换后调整大小，并移动到相应的位置，效果如图 9-47 所示。

图 9-47　添加人物后的广告外页效果

(10) 新建图层，前景色设为白色。选择形状工具组中的矩形工具，绘制如图 9-48 所示的矩形效果。

图 9-48　绘制的矩形区域效果

(11) 选择文字工具，输入如图 9-49 所示的文字效果。

图 9-49　添加文本后的矩形区域效果

(12) 选取渐变工具,编辑如图 9-50 所示的“白→深灰→白”渐变。然后选择白色矩形框所在图层,并创建图层蒙板。选择图层蒙板,利用渐变工具从左到右进行线性渐变填充,效果如图 9-51 所示。

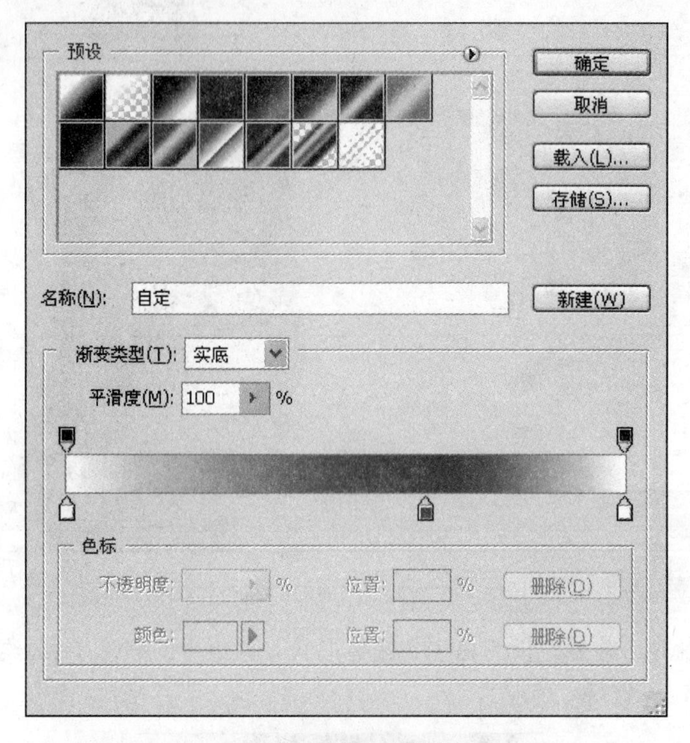

图 9-50 编辑渐变色效果

图 9-51 矩形区添加图层蒙板后的效果

(13) 选择人物所在的图层,添加投影样式,效果如图 9-52 所示。

(14) 新建图层,利用钢笔工具绘制如图 9-53 所示的路径。

图 9-52　给人物添加投影后的效果

图 9-53　绘制的路径效果

(15) 利用前面学习的方法为路径填充颜色，效果如图 9-54 所示。

图 9-54　路径填充颜色后的效果

(16) 利用形状工具组中的椭圆工具和文字工具，完成如图 9-55 所示的效果。

(17) 选择文字工具，输入文本内容。文本“carrs”的字体设置为 Century Gothic 字体；文本“i”的字体设置为 Monotype Corsiva；文本“凯黎世”的字体设置为“方正中倩简体”,效果如图 9-56 所示。

图 9-55 添加期刊文本效果

图 9-56 品牌文字效果

(18) 至此,插页广告外页效果合成已经完成,最终效果如图 9-57 所示。

图 9-57 插页广告外页效果图

2. 插页广告内页效果图合成

(1) 打开任务 2 中准备好的文件 “插页广告内页. psd”。

(2) 打开任务 1 中准备好的“内页人物抠图. psd”文件,将抠出的人物复制到当前文件“插页广告内页. psd”中,自由变换后调整大小,并移动到相应的位置,效果如图 9-58 所示。

(3) 打开素材文件 01. jpg、02. jpg、03. jpg、04. jpg,并分别复制到当前文件中,调整每个图像的位置,效果如图 9-59 所示。

图 9-58　添加人物到插页广告内页效果

图 9-59　添加多幅照片到插页广告内页效果

(4) 新建图层，设置前景色为 RGB(98,97,97)。选取形状工具组中的直线工具，在其对应的工具选项栏中，选择“填充像素”选项，并将“粗细选项”的值设为 3 像素。然后，按住 Shift 键绘制如图 9-60 所示的直线。

图 9-60　添加直线后的效果

(5) 选择形状工具组中的圆角矩形工具，在其对应的工具选项栏中，选择“路径”选项，并将“半径”选项的值设为 15 像素，绘制如图 9-61 所示路径。

(6) 新建图层，设置前景色为 RGB(98,97,97)。按 Ctrl＋Enter 键将路径转换成选区，执行“编辑”|“描边”命令，给该选区描 3 像素的边，效果如图 9-62 所示。

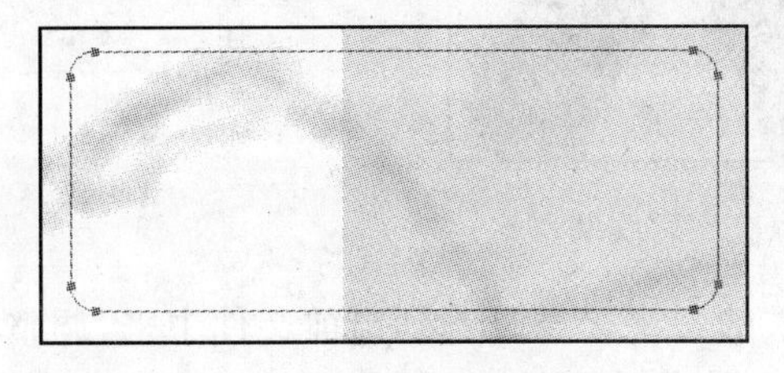

图 9-61　路径效果

图 9-62　描边后效果

(7) 选择文字工具,输入如图 9-63 所示的文字内容。

图 9-63 步骤(7)输入文字后效果

(8) 选择文字工具,输入如图 9-64 所示的文字内容。

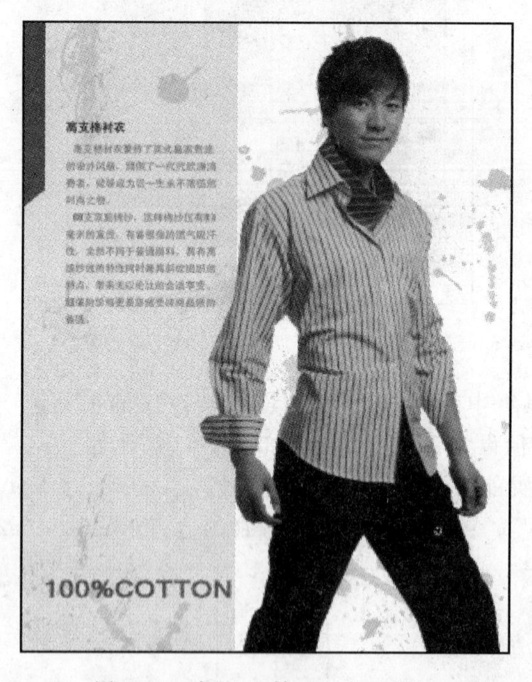

图 9-64 步骤(8)输入文字后效果

(9) 将外页广告中制作好的凯黎世纯棉内衣的文字标志复制到当前文件中来,调整好大小并移动到合适的位置。再选择文字工具,字体设置为“方正大标宋繁体”,然后输入如图 9-65 所示的文字内容。

图 9-65　步骤(9)输入文字后效果

(10) 至此，插页广告内页效果图合成全部完成，最终效果如图 9-66 所示。

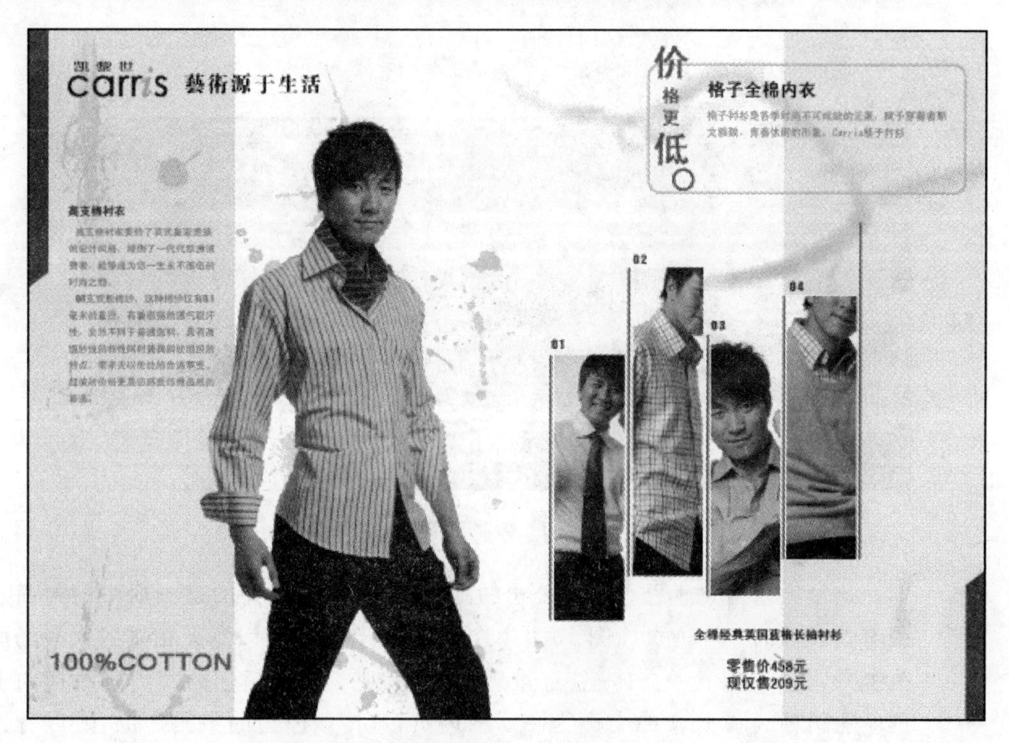

图 9-66　插页广告内页效果图

第10章

拓展训练四：画册制作

10.1 效果展示

画册制作的效果如图 10-1 所示。

图 10-1 效果图展示

这个项目是关于思丞科技公司的画册制作，这里选择的是画册中的封面及最有代表性的一个内页。图 10-1 中左侧为画册的封面，以海天相接的大气场面为背景，公司的 Logo 立体感、重量感较强，展现了公司超强的实力和拼搏向上的企业精神。图 10-1 中右侧为画册的内页，宣传该公司的数码产品，所以背景部分通过数字和圆圈来表现科技感，色调与封面色调协调一致。该项目分为封面制作和内页制作两个任务。

10.2 封面制作

(1) 将素材当中的外挂滤镜“燃烧的梨树”，复制到 Photoshop CS5 安装目录下的滤镜目录(Plug-Ins 目录)当中，启动 Photoshop CS5 软件。

(2) 新建文件“封面”，1200×800px，分辨率 72ppi，RGB 模式。按 Ctrl+R 键打开标尺，竖向拖动绘制一条参考线，将封面分割成左右两部分，方便分布画册封面的信息。

(3) 打开素材图片“云”，拖曳到新建文件中，生成新图层。按 Ctrl+T 键执行

“变换”命令，按住 Shift 键将图片等比例缩小，使其与新建文件大小一致，如图 10-2 所示。

图 10-2　调整“云”图片大小和位置

(4) 执行“滤镜”|“燃烧的梨树”|“水之语”命令，生成海天相接的效果。具体参数设置如图 10-3 所示，生成的效果如图 10-4 所示。

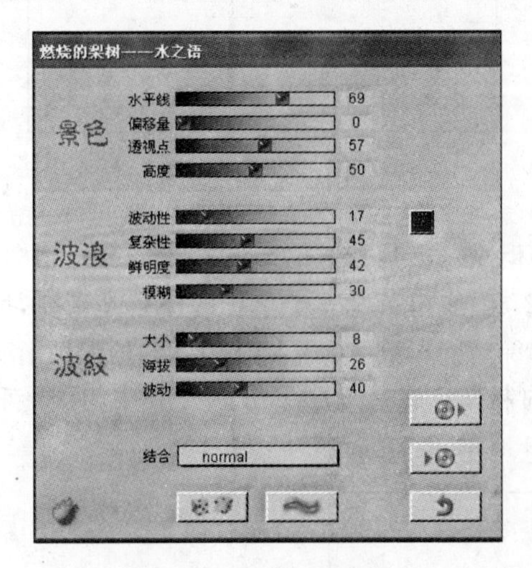

图 10-3　滤镜参数设置

图 10-4　使用滤镜之后的效果

(5) 现在图像的颜色中红色过多，执行“图像”|“调整”|“色彩平衡”命令来进行校色，色彩平衡可以更改图像的整体颜色混合，具体参数设置如图 10-5 所示，调整后的图片效果如图 10-6 所示。

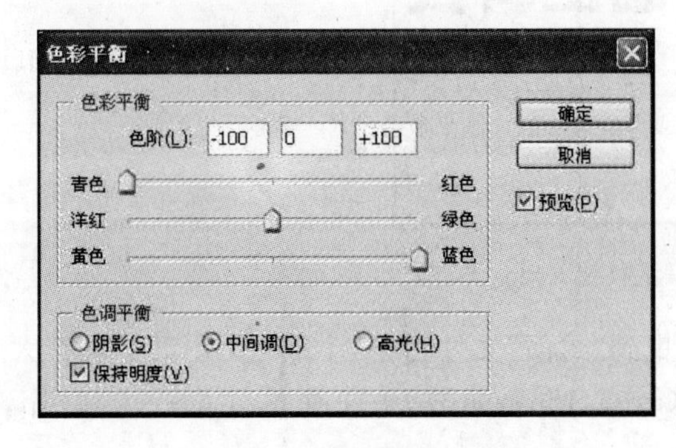

图 10-5　滤镜参数设置

图 10-6　调整后的图片效果

(6) 封面的立体字使用的是思丞科技的标志 Logo,在任务 2 中内页制作的时候也要用到这个 Logo,所以先新建一个文件,完成 Logo 的制作,留待随时使用。

(7) 新建文件"Logo",大小为 400×400px,分辨率为 72ppi,RGB 模式。利用钢笔工具绘制如图 10-7 所示的路径。新建两个图层,分别填充 RGB(82,54,26)和 RGB(148,17,18),调整方向和位置,如图 10-8 所示。

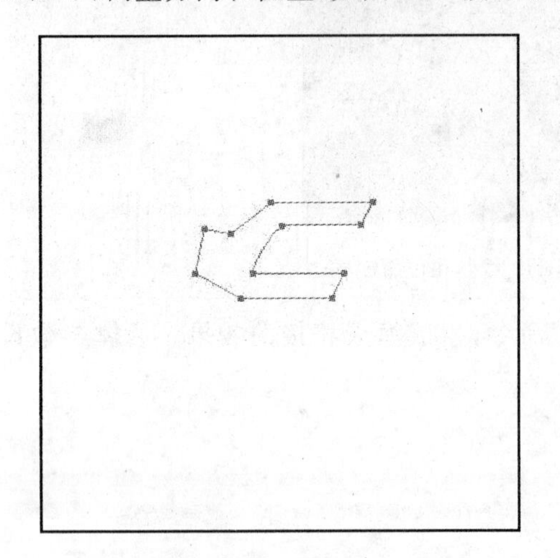

图 10-7 路径形状

图 10-8 颜色效果

(8) 输入文字"思丞科技",设置字体为黑体、50 点、加粗,颜色为 RGB(82,54,26)。再输入英文缩写"SICAN",设置字体为黑体、72 点、加粗。这几个字母的颜色是渐变,所以要选择文字选区,新建图层并填充由 RGB(148,17,18)到 RGB(187,93,92)的线性渐变色。最后调整文字和图像的位置,完成 Logo 的制作。在封面中要分别对其中的图形和文字进行编辑,所以存储为.psd 格式,如图 10-9 所示。

图 10-9 思丞科技 Logo

(9) 将 Logo 文件中的路径形状部分拖曳到"封面"文件当中,生成"图层 2"。调整大小合适后,找到形状的选区,填充颜色 RGB(3,45,168),如图 10-10 所示。

(10) 选区不取消的情况下，在“通道”面板中单击“将选区存储为通道”按钮直接保存 Alpha 1，如图 10-11 所示。

图 10-10　填充颜色后效果

图 10-11　存为通道 Alpha 1

(11) 现在要制作这个图形的立体效果。执行“滤镜”|“模糊”|“动感模糊”命令，参数设置如图 10-12 所示。动感模糊的作用可以将图像在指定方向上进行拉伸模糊，执行后的效果如图 10-13 所示。

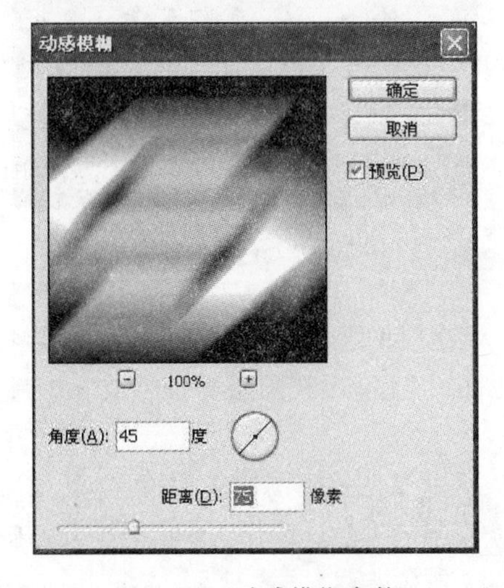

图 10-12　动感模糊参数

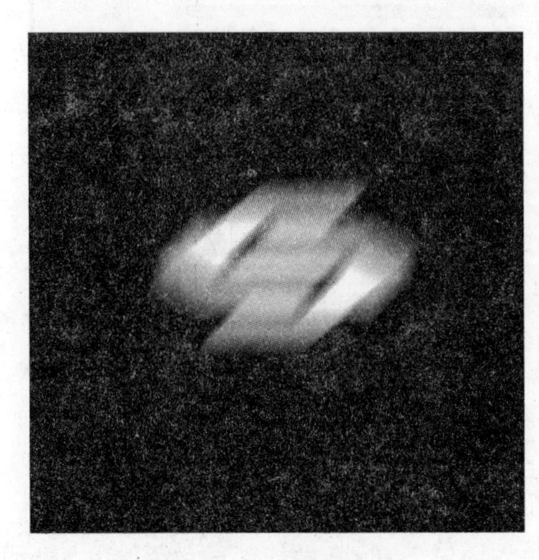

图 10-13　动感模糊效果

(12) 执行“滤镜”|“风格化”|“查找边缘”命令，可使图像边界清晰，如图 10-14 所示。

(13) 在通道中使用此滤镜之后，要用 Ctrl＋I 键反相，以便于找到正确的选区，如图 10-15 所示。

(14) 反相后，白色的部分不是很明显，可以执行“图像”|“调整”|“色阶”命令调整图像中的黑白对比度，使白色部分突出。具体参数如图 10-16 所示，调整后的效果如图 10-17所示。

图 10-14 滤镜执行效果

图 10-15 反相后效果

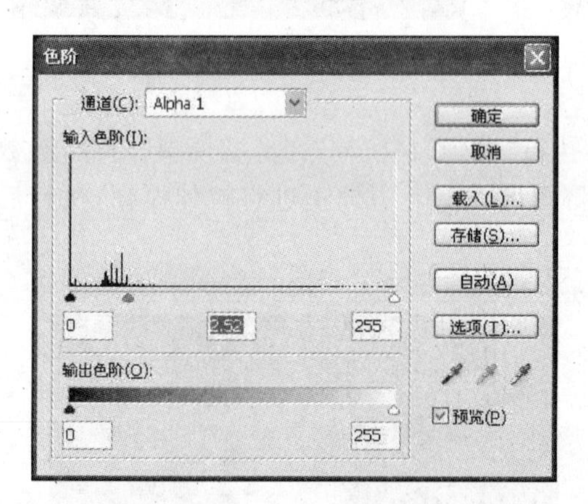

图 10-16 色阶调整参数

图 10-17 色阶调整效果

(15) 载入 Alpha 1 的选区，在“图层”面板中新建“图层 3”，填充颜色 RGB(3,45,168)。如果颜色效果不深，可以多填充两次。将“图层 3”移动到“图层 2”的下方，并调整图像的位置，生成立体效果，如图 10-18 所示。

(16) 这个立体效果只有线条，而缺乏厚重感。所以要先找到图层 2 的选区，新建“图层 4”，在“图层 4”中填充颜色 RGB(49,127,222)。选区不取消，按住 Ctrl+Alt 键，并不断按方向键↑和←，进行斜向的复制，效果如图 10-19 所示。

(17) 将“图层 4”移动到“图层 3”的下方，对“图层 3”用橡皮擦工具进行部分擦除。再利用加深工具、减淡工具对“图层 4”的效果进行加工处理。这个步骤就要考验读者的耐心和细心了，生成的立体效果如图 10-20 所示。

(18) 因为立体的颜色与背景非常相似，所以感觉立体的边缘效果不够突出。这时选择“图层 4”的选区，新建“图层 5”，执行“编辑”|“描边”命令来对“图层 4”的选区进行描边处理，具体参数设置如图 10-21 所示。

(19) 描边后，边缘效果过于清晰，需要对“图层 5”进行高斯模糊 3 像素，最终效果如图 10-22 所示。

图 10-18　填充 Alpha 1 选区效果

图 10-19　复制后效果

图 10-20　立体效果

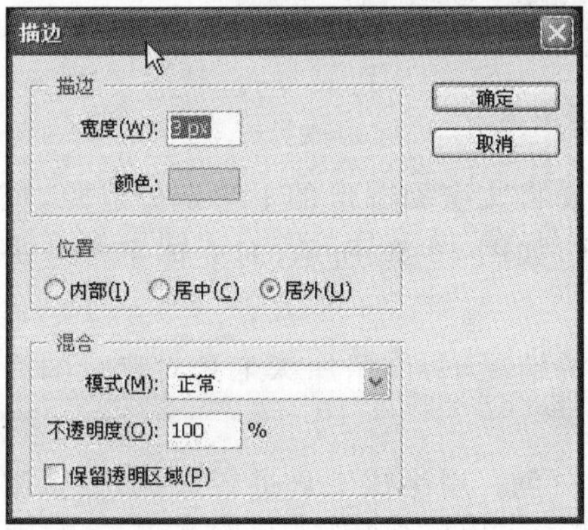

描边
描边
宽度(W)：3 px
颜色：
位置
○内部(I)　○居中(C)　⊙居外(U)
混合
模式(M)：正常
不透明度(O)：100 %
□保留透明区域(P)
确定
取消

图 10-21　描边参数设置

图 10-22　边缘发光效果

(20) 输入文字“SICAN”,设置字体为黑体、220 点、加粗,文字颜色填充为 RGB(3,45,168)。在“文字”面板中调整文字的间距,使其看起来平衡、美观,如图 10-23 所示。

(21) 调整后,栅格化文字图层变为普通图层。文字下方呈现百叶窗状,可以选择矩形选框工具,在相应位置对文字部分进行删除,生成效果如图 10-24 所示。

图 10-23 输入文字效果

图 10-24 裁切效果

(22) 文字的立体效果制作步骤,可参照步骤(9)~步骤(19),制作的文字立体效果如图 10-25 所示。

图 10-25 文字立体效果

(23) 为了呈现立体字从海天相接处出现,需要将文字和图形的下半部分删除,可以选择矩形选框工具沿着海天交接处绘制矩形选区,如图 10-26 所示,对立体字部分进行删除。

(24) 为了使画面更有层次感,在选区不取消的情况下,使用加深工具对背景的海天相接部分进行加深效果处理,如图 10-27 所示。

(25) 新建“图层 9”,绘制一个圆形选区,填充白色。用涂抹工具进行涂抹,模拟阳光照射的效果。根据需要,利用橡皮擦工具或图层不透明度进行修饰,复制几个,效果可自己调整,如图 10-28 所示。

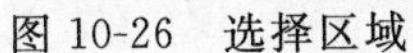
图 10-26　选择区域

图 10-27　处理效果

图 10-28　添加光线效果

(26) 添加其他说明文字，字体大小可自行定义，如图 10-29 所示。

图 10-29　添加文字

(27) 将 Logo.psd 中的 Logo 拖曳到“封面”文件中，调整大小后，执行“编辑”|“描边”命令，具体参数设置如图 10-30 所示。

(28) 最后封面效果如图 10-31 所示。

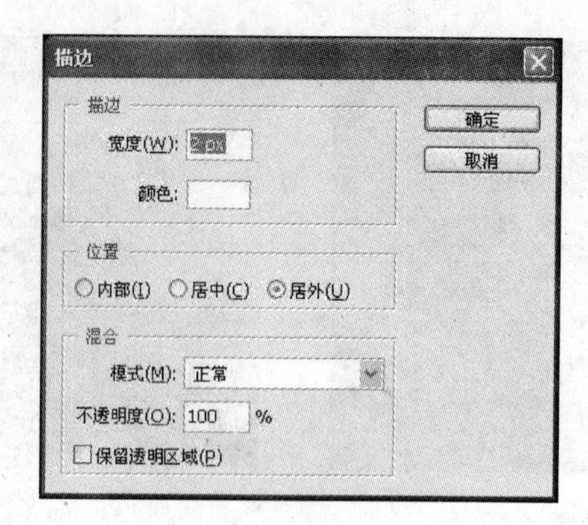

图 10-30 描边参数设置

图 10-31 最终效果

10.3 内页制作

(1) 新建文件“内页”,大小为 600×800px,分辨率为 72ppi。按 Ctrl+R 键打开标尺,拖动绘出横、竖两条参考线,以确定同心圆的中心点,如图 10-32 所示。

(2) 在背景层中,选择渐变工具,渐变方式为径向渐变,从参考线交点出发,填充从 RGB(112,140,168)到 RGB(41,50,61)的渐变色,如图 10-33 所示。

(3) 选择椭圆选框工具,按住 Shift+Alt 键,从参考线交点向外画正圆选区,右击选择“通过拷贝的图层”选项,生成“图层 1”。为“图层 1”添加外发光、内发光的图层样式。参数设置如图 10-34 和图 10-35 所示。

(4) 依照此方法,分别生成“图层 2”至“图层 5”逐渐扩大的正圆图形,根据圆形的大小分别设置外发光、内发光图层样式的数值,完成同心圆的制作。效果如图 10-36 所示。值得注意的是,如果两个图层添加的图层样式一致,可以在设置其中一个图层的图层样式后，在“图层”面板中右击该图层，选择“拷贝图层样式”选项，再右击需要添加图层样式的图层，选择“粘贴图层样式”选项。

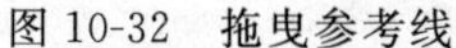
图 10-32　拖曳参考线

图 10-33　填充渐变色

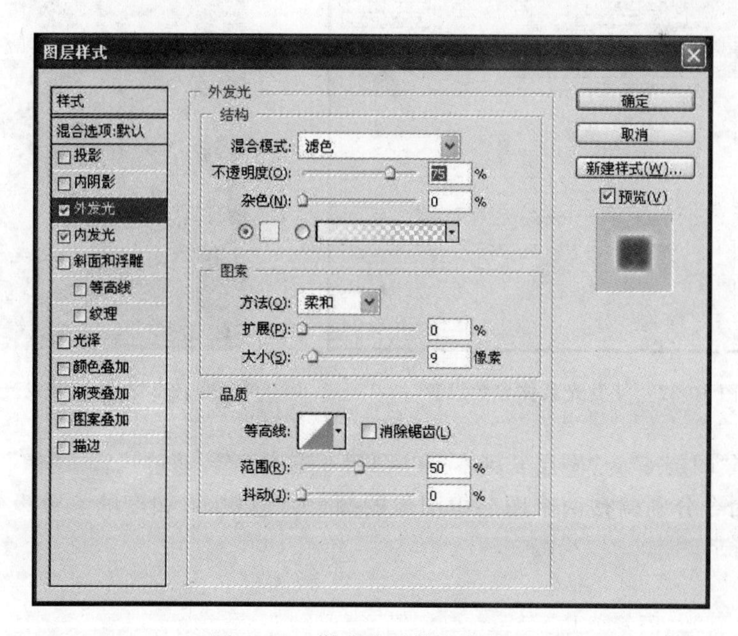

图 10-34　外发光具体参数设置

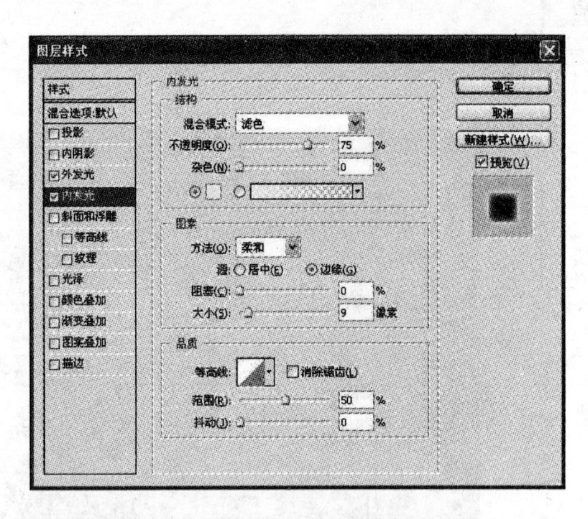

图 10-35 内发光具体参数设置

图 10-36 各图层添加图层样式后效果

(5) 打开素材图片 SiCanKey,调入生成“图层 6”。按 Ctrl+T 键执行“变换”命令,旋转合适角度后添加外发光的图层样式。外发光的参数设置如图 10-37 所示,添加后的图像效果如图 10-38 所示。

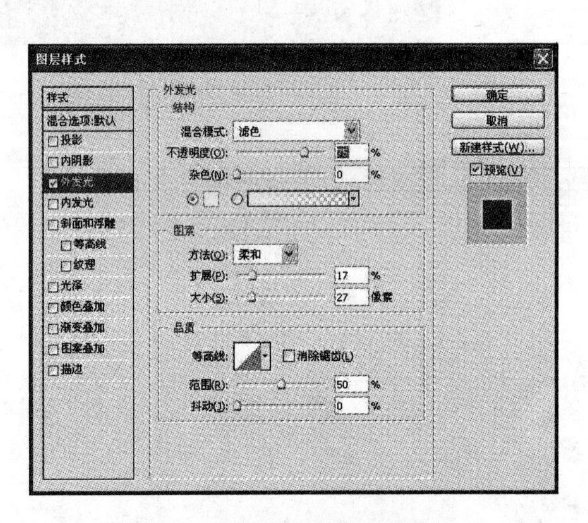

图 10-37 外发光具体参数设置

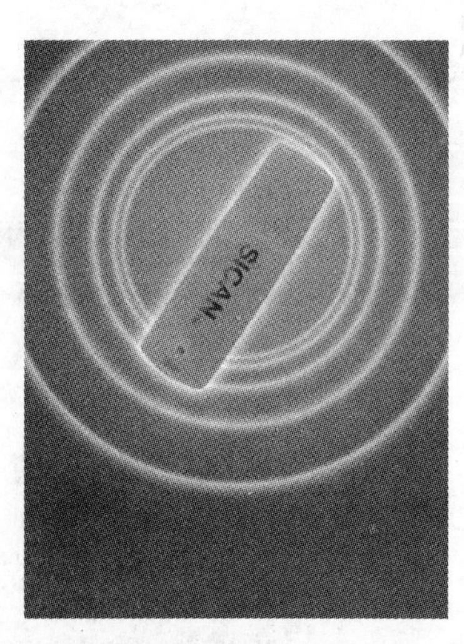

图 10-38 添加外发光后效果

(6) 复制“图层 6”为“图层 6 副本”和“图层 6 副本 2”。通过执行“图像”|“调整”|“色相/饱和度”命令分别调整两个图层中图像的颜色。色相/饱和度的参数设置如图 10-39 和图 10-40 所示。

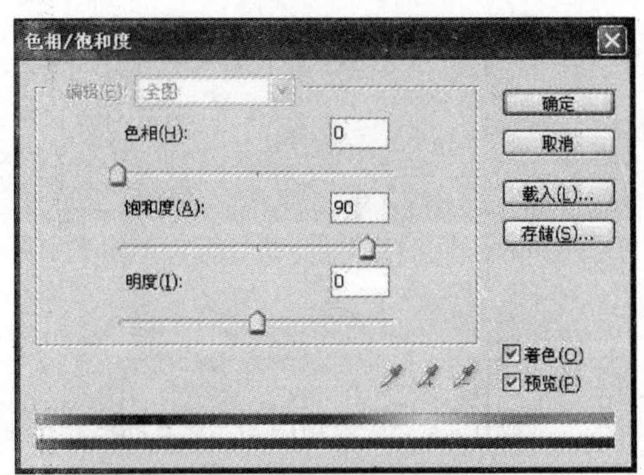

图 10-39　副本的色相/饱和度参数

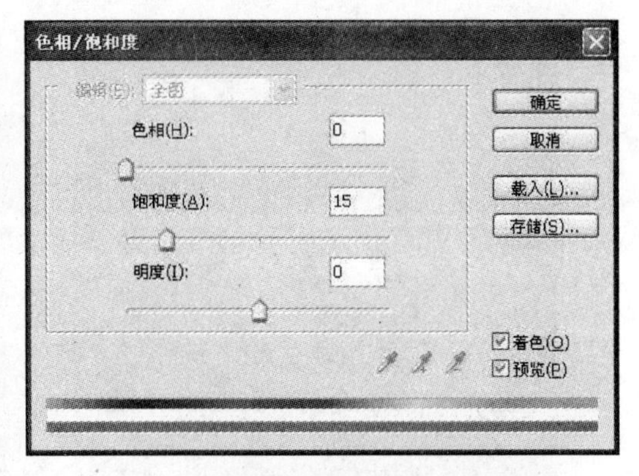

图 10-40　副本 2 的色相/饱和度参数

(7) 将两个图层中的图像等比例调整大小后，调整位置，如图 10-41 所示。

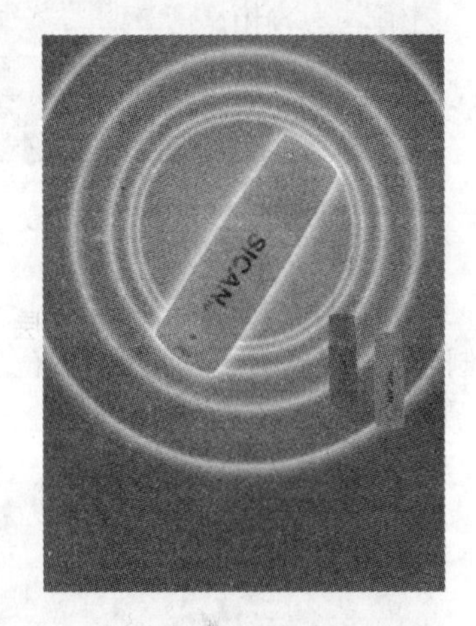

图 10-41　调整后的效果

(8) 分别复制这两个图层，垂直翻转后，添加图层蒙板来模仿倒影效果。在图层蒙板中分别添加黑白渐变色，黑色部分遮盖图像，白色部分显示出来。图层蒙板的填充如图 10-42 所示。再分别调整两个图层的不透明度为 50%，效果如图 10-43 所示。

(9) 创建球形文字。选择文字工具，将前景色设置为白色，输入字符"0"和"1"，模拟计算机的二进制进位，如图 10-44 所示。

(10) 将文字图层栅格化以后，利用椭圆选框工具将文字裁选出需要的圆形，如图 10-45 所示。

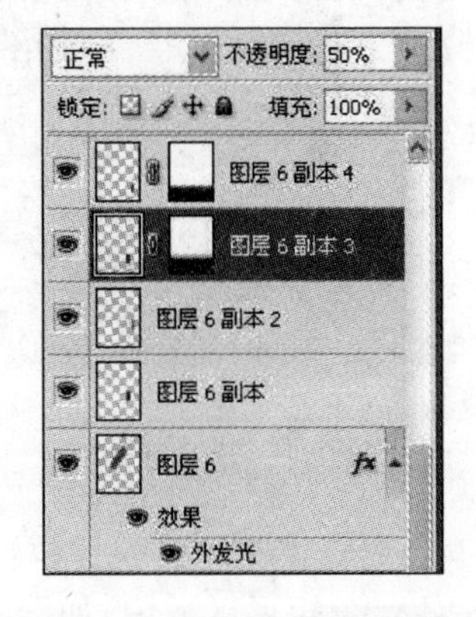

图 10-42　为图层添加图层蒙板

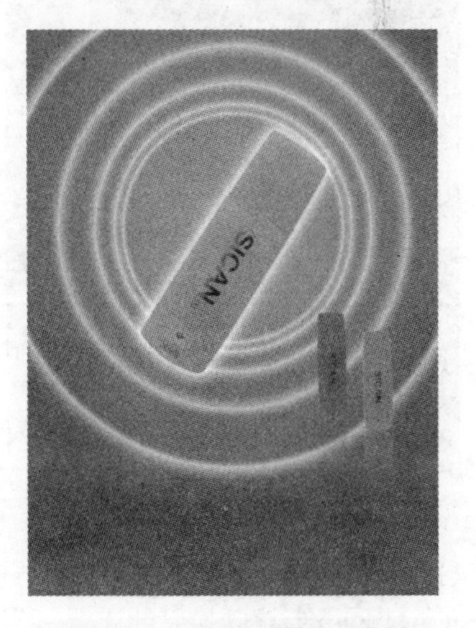

图 10-43　添加图层蒙板后效果

图 10-44　输入文字

图 10-45　裁选出需要的文字

(11) 执行“滤镜”|“扭曲”|“球面化”命令，参数用默认数值，效果如图 10-46 所示。复制两层后，调整各自的大小、位置、方向，并调整图层顺序，将文字层置于“图层 6”的下方，如图 10-47 所示。

图 10-46　应用“球面化”滤镜效果

图 10-47　复制并调整

(12) 新建图层，在图像左侧绘制矩形选区，填充蓝色 RGB(18,35,68)。输入横排文字“SICAN KEY”，将其逆时针旋转 90°，放置到左侧蓝色矩形区域内，如图 10-48 所示。

(13) 用钢笔工具绘制如图 10-49 所示的路径。新建图层，选择画笔工具，将前景色

图 10-48　添加竖排文字

定义为 RGB(244,162,26)，选择不带羽化值的笔尖形状，笔尖大小根据图像需求设置。在“路径”面板中选择“用画笔描边路径”选项对路径进行描边，效果如图 10-50 所示。

图 10-49　绘制路径

图 10-50　描边路径

(14) 利用魔棒工具选择描边路径下方的空白区域，新建图层，填充白色后，调整图像位置和图层顺序，效果如图 10-51 所示。

(15) 添加文字效果。把前面已经做过的思承科技的 Logo 放到该文件中。

(16) 再次调整图像中各图片的位置，确定效果如图 10-52 所示。

图 10-51　填充白色部分

图 10-52　完成效果图制作

知识回顾答案

第 1 章

一、填空题

1. RGB、72、像素　2. 角度渐变、对称渐变、菱形渐变　3. Shift

二、选择题

1. C　2. C

第 2 章

一、填空题

1. 锚点、钢笔　2. 选区

二、选择题

1. C　2. D

第 3 章

一、填空题

1. 存储颜色信息、存储选区　2. 模式、4、RGB、红、绿、蓝　3. 快速蒙板、图层蒙板

二、选择题

1. B　2. A

第 4 章

一、填空题

1. 像素　2. 相邻像素的平均颜色值　3. 塑料包装　4. 凸出或凹陷

二、选择题

1. B　2. AC　3. AD

第 5 章

一、填空题

1. 选中"着色"复选框　2. 匹配颜色

二、选择题

1. D　2. C　3. A　4. D

第 6 章

一、填空题

1. 批处理操作　2. 帧、每秒钟、帧

二、选择题

1. ABCD　2. C